国外油气勘探开发新进展丛书

GUOWAIYOUQIKANTANKAIFAXINJINZHANCONGSHU

二十四

STRESS CORROSION CRACKING OF PIPELINES

管道应力腐蚀开裂

【加】Y. Frank Cheng 著

付安庆 苏 航 吕乃欣 王荣敏 王登海 等译

石油工业出版社

内 容 提 要

本书是关于管道应力腐蚀开裂(SCC)的系统性著作。内容涉及管道 SCC 理论基础和工程实践,重点对油气管道 SCC 的危害、金属 SCC 基本原理、近中性 pH 值环境管道 SCC、高 pH 值环境管道 SCC、酸性土壤环境管道 SCC、管道焊缝 SCC、高强度管线钢 SCC 以及 SCC 管理等方面进行了系统介绍,内容深入浅出且全面实用。

本书适用于从事管道运行管理、管道 SCC 科研和教学的科学技术人员使用,还可以作为腐蚀与防护专业的研究生参考阅读。

图书在版编目(CIP)数据

管道应力腐蚀开裂 /(加)程玉峰(Y. Frank Cheng)著;付安庆等译. —北京:石油工业出版社,2023.5
书名原文:Stress Corrosion Cracking of Pipelines
ISBN 978-7-5183-5702-4

Ⅰ.①管… Ⅱ.①程… ②付… Ⅲ.①长输管道-应力腐蚀开裂 Ⅳ.①U177

中国国家版本馆 CIP 数据核字(2023)第 067459 号

Stress Corrosion Cracking of Pipelines
by Y. Frank Cheng
ISBN 9781118022672
First published by John Wiley & Sons, Inc.
Copyright C 2013 by John Wiley & Sons, Inc.
All Rights Reserved. This translation published under license. Authorizedtranslation from the English language edition, published by John Wiley & Sons. No part of this book may be reproduced in any form without thewritten permission of the original copyrights holder, John Wiley & Sons, Inc. Copies of this book sold without a Wiley sticker on the cover areunauthorized and illegal.
本书经 John Wiley & Sons, Inc. 授权翻译出版,简体中文版权归石油工业出版社有限公司所有,侵权必究。本书封底贴有 Wiley 防伪标签,无标签者不得销售。
北京市版权局著作权合同登记号:01-2020-4588

出版发行:石油工业出版社
(北京安定门外安华里 2 区 1 号楼　100011)
网　　址:www.petropub.com
编辑部:(010)64523687　图书营销中心:(010)64523633
经　　销:全国新华书店
印　　刷:北京中石油彩色印刷有限责任公司

2023 年 5 月第 1 版　2023 年 5 月第 1 次印刷
787×1092 毫米　开本:1/16　印张:12.75
字数:284 千字

定价:90.00 元
(如出现印装质量问题,我社图书营销中心负责调换)
版权所有,翻印必究

《国外油气勘探开发新进展丛书(二十四)》
编委会

主　　任：李鹭光

副 主 任：马新华　张卫国　郑新权

　　　　　何海清　江同文

编　　委：(按姓氏笔画排序)

　　　　　于荣泽　付安庆　向建华

　　　　　刘　卓　范文科　周家尧

　　　　　章卫兵

《管道应力腐蚀开裂》
翻 译 组

组　　长：付安庆

副组长：苏　航　吕乃欣　王荣敏　王登海

成　　员：赵雪会　韩　燕　蔡　锐　李发根

　　　　　徐秀清　龙　岩　李文升　李轩鹏

　　　　　陈子晗

审　　校：尹成先　白真权　付安庆　袁军涛

序

"他山之石，可以攻玉"。学习和借鉴国外油气勘探开发新理论、新技术和新工艺，对于提高国内油气勘探开发水平、丰富科研管理人员知识储备、增强公司科技创新能力和整体实力、推动提升勘探开发力度的实践具有重要的现实意义。鉴于此，中国石油勘探与生产分公司和石油工业出版社组织多方力量，本着先进、实用、有效的原则，对国外著名出版社和知名学者最新出版的、代表行业先进理论和技术水平的著作进行引进并翻译出版，形成涵盖油气勘探、开发、工程技术等上游较全面和系统的系列丛书——《国外油气勘探开发新进展丛书》。

自2001年丛书第一辑正式出版后，在持续跟踪国外油气勘探、开发新理论新技术发展的基础上，从国内科研、生产需求出发，截至目前，优中选优，共计翻译出版了二十三辑100余种专著。这些译著发行后，受到了企业和科研院所广大科研人员和大学院校师生的欢迎，并在勘探开发实践中发挥了重要作用。达到了促进生产、更新知识、提高业务水平的目的。同时，集团公司也筛选了部分适合基层员工学习参考的图书，列入"千万图书下基层，百万员工品书香"书目，配发到中国石油所属的4万余个基层队站。该套系列丛书也获得了我国出版界的认可，先后四次获得了中国出版协会的"引进版科技类优秀图书奖"，形成了规模品牌，获得了很好的社会效益。

此次在前二十三辑出版的基础上，经过多次调研、筛选，又推选出了《储层岩石物理基础》《地质岩心分析在储层表征中的应用》《数据驱动分析技术在页岩气油气藏中的应用》《水力压裂与天然气钻井的问题与热点》《水力压裂与页岩气开发的问题和对策》《管道应力腐蚀开裂》等6本专著翻译出版，以飨读者。

在本套丛书的引进、翻译和出版过程中，中国石油勘探与生产分公司和石油工业出版社在图书选择、工作组织、质量保障方面积极发挥作用，一批具有较高外语水平的知名专家、教授和有丰富实践经验的工程技术人员担任翻译和审校工作，使得该套丛书能以较高的质量正式出版，在此对他们的努力和付出表示衷心的感谢！希望该套丛书在相关企业、科研单位、院校的生产和科研中继续发挥应有的作用。

中国石油天然气股份有限公司副总裁 李鹭光

原书序言

在本书中，Y. Frank Cheng 教授深入讨论了管道的应力腐蚀开裂，分享了管道这种复杂失效模式的科学认识和见解。我们的社会依赖于管道来满足对能源的需求，应力腐蚀开裂影响到基础设施管道的可靠性，因此他希望将这本书分享给所有有意愿了解管道应力腐蚀开裂的读者。

Y. Frank Cheng 教授巧妙地将这种腐蚀失效类型的基本性质与管道行业的实际工程经验(包括案例)联系起来进行阐述和说明。他概述了多年来在管道服役期间导致应力腐蚀裂纹萌发和扩展的过程。他让读者从原子尺度上理解管道应力腐蚀开裂科学知识，并讨论了管道焊接施工和维护过程中的土壤环境和工程条件，以及焊接区域的复杂性等问题。

在回顾了管道应力腐蚀开裂原理和工程技术后，Y. Frank Cheng 教授提出了应力腐蚀开裂的控制措施和管理策略，即通过预防、检测和监测来实现零事故的目标，从而确保管道的可靠性、能源的供应能力、环境保护和公众安全。全书将管道应力腐蚀开裂治理技术作为维护管道完整性的重要内容进行了深入讨论。

总之，Y. Frank Cheng 教授通过撰写本书，为防治管道应力腐蚀开裂和提升管道完整性技术提供了宝贵的理论知识和信息来源。我向所有关注管道应力腐蚀开裂技术研究领域的同行推荐这本书，这个快速发展的技术领域对所有从事油气管道工作和依靠油气能源生活的人们来说都是至关重要的。

Wiley 集团腐蚀系列丛书主编　R. Winston Revie
2012 年 7 月于加拿大安大略省渥太华市

原书前言

油气管道在国民经济、自然环境及全球能源基础设施中具有关键核心地位。"深水地平线(Deepwater Horizon)"钻井平台爆炸带来的巨大的环境灾难已让公众对让碳氢化合物释放到自然环境中的人类活动容忍度大大降低。在石油管道工业远离公众关注几十年之后,现又成为全球性的涉及多方复杂利益的关注焦点。

20世纪60年代在美国管道中首次发现应力腐蚀开裂(SCC),后来在20世纪80年代的加拿大管道中相继被发现,管道SCC无论是在对管道运行安全日益关注的工程领域,还是研究人员试图了解这一复杂失效过程详细机理的科学领域,都是一个非常具有挑战性的课题。本书总结了管道SCC最新的科学认识和相关工程实践进展现状。此外,本书的编写旨在向众多为管道SCC领域认识作出贡献的研究人员和工程师致敬。

本书共分为9章,旨在面向管道SCC领域科学家、工程师、管理人员、技术专家、学生等不同人群的需求。本书第1章主要介绍了全球管道行业的发展,以及SCC对管道系统完整性的危害。第2章探讨了金属SCC的基本原理,具体包括:(1)引起SCC的金属—环境组合。(2)其冶金、力学和环境方面的问题。(3)金属应力腐蚀裂纹萌发和扩展的各种机制。此外,还分析了氢损伤和腐蚀疲劳损伤的发生过程和特征,并与SCC进行了比较,以及讨论了微生物活动在SCC过程中的作用。第3章至第6章主要介绍了SCC导致管道失效的现象和机制。涵盖了与管道运行相关的环境条件,包括近中性pH值和高pH值电解质、酸性土壤环境。此外,还总结了管道SCC的主要特点和诱发因素,以及SCC裂纹扩展动力学、预测方法和裂纹诱发机制的理论和工程实践知识。第7章重点介绍了管道焊缝的腐蚀和SCC。这些腐蚀和SCC与钢铁冶金和电化学特性有着密切的联系。第8章讨论了高强度管线钢的工艺和冶金。高强度管线钢作为一种先进的管道材料,与传统的管线钢相比有着独特的冶金、力学和微电化学特性,所有这些特性都可能与氢损伤、腐蚀和SCC相关。特别介绍了复杂应变对高强度管线钢腐蚀的影响,以及利用力学—电化学效应理论预测缺陷扩展和评价剩余强度。这些论述将为预防腐蚀和SCC失效管道的基于应变设计提供可靠的依据。第 9 章回顾了当前管道 SCC 管理的工业实践，包括预防、监测和缓解技术。此外，还介绍了在现代管道系统中，SCC 管理是如何与更广泛的完整性管理程序相结合的。

这本书的独特之处并不在于它是第一本专门针对管道 SCC 的书籍，而在于它包含了与管道 SCC 有关的最新研究成果和数据。为了帮助读者更好地理解管道 SCC 相关的科学问题，本书建立了系列的理论模型和概念。此外，这些概念和模型基于先进微区电化学测量结果提出。同时，电化学、微区电化学、材料科学和表面分析技术的有效结合有助于对 SCC 工程现象的深入理解。这些科学概念和模型为预测、监测和管理管道 SCC 提供了可靠且准确的方法。

我非常高兴地向为本书撰写序言的 Winston Revie 博士表达我最诚挚的感谢。在过去的七年里，我有幸与 Winston 博士就管道工程领域的各种问题进行了多次交流和讨论。在我的职业生涯中，Winston 博士给予了我很多指导、鼓励和帮助。

感谢 Ron Hugo 博士对我在卡尔加里大学的学术生涯中的大力支持。他从学校和当地政府层面为管道工程中心（PEC）的发展作出了巨大的贡献，这些努力为我的管道研究创造了一个理想的工作环境。

感谢 Bill Shaw 博士、Jingli Luo 博士、Fraser King 博士，以及其他许多同事和朋友进行的多次有益的学术讨论，还要感谢我的研究小组众多学生和博士后研究员的支持和帮助。

感谢 John Wiley & Sons 公司的 Michael Leventhal 先生，感谢他对编写本书所需的漫长时间的耐心和理解，在实际编写过程中，经常有各类突发工作打断编写进程，Michael 的大力支持对本书顺利完成编写至关重要。

加拿大首席科学家研究计划、加拿大自然科学与工程研究委员会（NSERC）、加拿大创新基金会（CFI）、卡尔加里大学 Schulich 工程学院管道工程中心及工业组织等提供的研究经费为本书的创作和编写提供了有利条件，使本书最终得以写作和出版。在此，我对这些项目、机构和组织提供的帮助一并表示感谢。

最后，我要感谢我的妻子和儿子，他们在本书的创作过程中给了我很多鼓励和支持。

Y. Frank Cheng
于加拿大阿尔伯塔省卡尔加里市

译者前言

应力腐蚀开裂(Stress Corrosion Cracking,SCC)是导致长输油气管道失效的主要原因之一,SCC是一种与时间有关的滞后断裂,事先往往没有明显征兆,很难预测和监测,是破坏性和危害性极大的一种腐蚀形式。自1965年美国发生了世界上第一起长输天然气管道SCC事故以来,随后相继在加拿大、俄罗斯、澳大利亚、巴基斯坦、阿根廷等国的长输油气管道均发现类似失效事故。如美国在1965—2005年间,累计有350多条油气管道发生SCC失效事故;俄罗斯现有各类长输油气管道超过17×10^4km,其中11×10^4km发生了不同程度的SCC失效;加拿大油气管道发生的事故中34%是由于SCC导致的,1985年在加拿大首次发现近中性pH值SCC。目前我国油气管道总长度达到18.5×10^4km(国内和国外),大部分管道服役年限相对较短(在10~20年之间),而SCC平均潜伏期为20年左右。2020年,西二线某阀室下游三通发生环焊缝开裂,经现场调研和实验室失效分析发现,该失效同时存在高pH值和近中性pH值应力腐蚀裂纹,且裂纹在管道投产运行10年左右发现,为我国首次发现的长输油气管道应力腐蚀开裂失效工程案例,时间远短于国际公开报道的15~20年,给我国长输油气管道的安全运维敲响了警钟。

《管道应力腐蚀开裂》英文原著作者为欧盟科学院院士、管道工程领域加拿大首席科学家、卡尔加里大学终身教授程玉峰博士(Y. Frank Cheng),该书由 John Wiley & Sons, Inc. 出版。全书共9章内容,深入浅出地阐述了长输油气管道SCC基础理论、失效机理、影响因素、预防技术及管理措施等,该书入选NACE(现为AMPP)销售榜前列。该书中文版主要译者付安庆博士毕业于加拿大卡尔加里大学,博士师从程玉峰教授,主要开展管道应力腐蚀开裂相关研究,参加工作后深感国内缺少一本系统介绍长输油气管道应力腐蚀开裂的专著,认为应该将原著翻译成中文,以飨中文读者。

本书是在国家自然科学基金面上项目"双金属冶金复合管互扩散梯度界面微观结构特征及复杂油气开采环境损伤机制(52071338)"、陕西省杰出青年科学基金项目"输氢管道氢损伤机制及服役安全评价研究(2022JC-34)"、陕西省创新能力支撑计划"油气田腐蚀与安全创新团队（2019TD-038）"、中国石油科技开发项目"二氧化碳规模化捕集、驱油与埋存全产业链关键技术研究与示范—课题4（2021ZZ01-04）"、中国石油科技开发项目"双金属冶金复合管互扩散梯度界面微观结构特征及复杂油气开采环境损伤机制（2022DQ0527）"等项目支持下完成的。本书的翻译、校译和审定工作由中国石油集团工程材料研究院有限公司和中国石油天然气股份有限公司长庆油田分公司从事腐蚀与防护工作的技术人员和专家承担。

由于译者水平有限，书中难免会存在错误及遗漏之处，恳请读者指正。

译者

2023 年 4 月

目 录

1 绪论 …………………………………………………………………………（1）
   1.1 管道被誉为"能源高速公路" ……………………………………………（1）
   1.2 管道安全和完整性管理 …………………………………………………（2）
   1.3 管道应力腐蚀开裂概述 …………………………………………………（2）
   参考文献 ………………………………………………………………………（4）

2 应力腐蚀开裂基础知识 …………………………………………………………（5）
   2.1 应力腐蚀开裂的定义 ……………………………………………………（5）
   2.2 特定的金属—环境组合 …………………………………………………（6）
   2.3 SCC 的冶金学影响因素 …………………………………………………（8）
   2.4 SCC 的电化学影响因素 …………………………………………………（9）
   2.5 SCC 机制 …………………………………………………………………（10）
   2.6 氢对 SCC 和氢损伤的影响 ……………………………………………（14）
   2.7 微生物在 SCC 中的作用 ………………………………………………（18）
   2.8 腐蚀疲劳 …………………………………………………………………（22）
   2.9 SCC、HIC 及 CF 对比 …………………………………………………（24）
   参考文献 ………………………………………………………………………（25）

3 管道应力腐蚀开裂认识 …………………………………………………………（30）
   3.1 管道 SCC 实际案例 ……………………………………………………（30）
   3.2 管道 SCC 的一般特点 …………………………………………………（32）
   3.3 管道 SCC 的条件 ………………………………………………………（35）
   3.4 管道内压力波动的影响：SCC 或腐蚀疲劳 …………………………（43）
   参考文献 ………………………………………………………………………（47）

4 近中性 pH 值条件下的管道应力腐蚀开裂 …………………………………（51）
   4.1 主要特征 …………………………………………………………………（51）
   4.2 影响因素 …………………………………………………………………（52）
   4.3 从腐蚀坑萌生的应力腐蚀开裂 …………………………………………（61）
   4.4 应力腐蚀开裂扩展机理 …………………………………………………（66）
   4.5 近中性 pH 值 SCC 裂纹扩展预测模型 ………………………………（71）
   参考文献 ………………………………………………………………………（76）

5 高 pH 值条件下的管道应力腐蚀开裂 ………………………………………（80）
   5.1 主要特征 …………………………………………………………………（80）
   5.2 影响因素 …………………………………………………………………（81）

5.3　应力腐蚀裂纹萌生机理……………………………………………………（87）
　　5.4　应力腐蚀裂纹扩展机理……………………………………………………（92）
　　5.5　高 pH 值应力腐蚀裂纹扩展速率预测模型………………………………（97）
　　参考文献…………………………………………………………………………（98）

6　酸性土壤环境中管道的应力腐蚀开裂………………………………………（102）
　　6.1　主要特征………………………………………………………………………（102）
　　6.2　酸性土壤溶液中管线钢的电化学腐蚀机理………………………………（102）
　　6.3　应力腐蚀裂纹的萌生和扩展机理……………………………………………（103）
　　6.4　酸性土壤中应变速率对管道应力腐蚀开裂的影响…………………………（105）
　　参考文献…………………………………………………………………………（107）

7　管道焊缝的应力腐蚀开裂……………………………………………………（108）
　　7.1　焊接金相学基础………………………………………………………………（108）
　　7.2　管道焊接：金相………………………………………………………………（110）
　　7.3　管道焊接：力学………………………………………………………………（114）
　　7.4　管道焊接：环境………………………………………………………………（115）
　　7.5　管道焊缝的应力腐蚀开裂敏感性影响因素及其硫化氢应力腐蚀开裂………（119）
　　参考文献…………………………………………………………………………（120）

8　高强度管线钢的应力腐蚀开裂………………………………………………（123）
　　8.1　高强度管线钢技术的发展……………………………………………………（123）
　　8.2　高强度管线钢的冶炼…………………………………………………………（125）
　　8.3　高强度钢氢损伤的敏感性……………………………………………………（128）
　　8.4　高强度管线钢的冶金微观电化学……………………………………………（132）
　　8.5　高强度钢的应变时效及对管道应力腐蚀开裂的影响………………………（138）
　　8.6　基于应变设计的高强钢管道…………………………………………………（143）
　　8.7　应变作用下管道腐蚀的力学—电化学效应…………………………………（146）
　　参考文献…………………………………………………………………………（149）

9　管道应力腐蚀开裂的管理……………………………………………………（154）
　　9.1　管道完整性管理中的 SCC……………………………………………………（154）
　　9.2　管道 SCC 的防护………………………………………………………………（160）
　　9.3　管道 SCC 的监测和检测………………………………………………………（163）
　　9.4　缓解管道 SCC 风险……………………………………………………………（166）
　　参考文献…………………………………………………………………………（167）

名词术语英文缩写及物理量符号解释……………………………………………（170）

1 绪 论

据统计,与公路运输、铁路运输和水路运输相比,管道是原油、天然气和其他石化能源的最安全、最经济的运输方式(Cheng,2010)。在全球范围内大约有 $200×10^4$ km 的输送管道,用来运输天然气、石油、凝析油和其他石油炼制产品,以及二氧化碳(CO_2)和氢气。这些管道的直径可以很大(例如,俄罗斯的一条管道直径高达 1422mm),其长度超过数千千米(Hopkins,2007)。大多数管道埋在地下或海底,少数裸露在地面上运行。

通过管道运输液体和气体已经有几千年的历史。古中国人和古埃及人就已经使用管道来运输水、石油,甚至天然气(Hopkins,2007)。目前的管道行业大部分是为了运输石油而发展起来的,这给能源生产商和管道运营商带来了可观的利润,而不断增加的能源需求进一步促进了管道行业的发展,因此,每年都新建数万千米管道。管道已成为最环保、最安全的石油和天然气运输工具之一,为国民经济的发展做出了重要贡献。目前,大多数国家已经把管道纳入国家安全的组成部分。

超过 90%的管道是由钢制成的,主要是碳钢,剩余 10%的管道则是由铝、玻璃纤维、复合材料、聚乙烯等材料制成(Alberta Energy and Utilities Board,2007)。对管道更大输送量、更高运行压力及更优经济效益的要求促进了高强度管道材料,特别是高强度钢材,以及焊接、施工、检验、管道完整性和维护计划的新技术发展。

1.1 管道被誉为"能源高速公路"

人类需要能源才能生存。不管现在还是未来,包括石油和天然气在内的化石燃料仍是全世界消费的主要能源。事实上,"即使可再生能源的消耗量在未来 25 年翻 2 倍或 3 倍,世界仍依赖化石燃料来满足至少 50%的能源需求"(Chevron,2012)。2010 年,国际能源署(International Energy Agency)估计全球石油供应量每天增加 $8500×10^4$ bbl,预测 2011 年全球平均日需求将接近 $8800×10^4$ bbl(Whipple,2010),这表明石油消费与一个国家的经济状况直接相关。

石油和天然气通常在非常偏远的地区开采,且与其加工和消费的地点不同,管道提供了必不可少的输送功能。因此,管道被誉为全球石油和天然气工业的"能源高速公路",对整个能源工业经济的影响不可低估。在北美,全长超过 $80×10^4$ km 的油气管网将加拿大 97%的原油和天然气从生产地区输送到整个加拿大和美国市场。统计数据显示(Canadian Energy Pipeline Association,2007),加拿大的管道每天输送约 $265×10^4$ bbl 原油以及 $171×10^8$ ft^3 的天然气。此外,几乎所有石油和天然气出口(2009 年价值 600 亿美元)也都是由管道输送完成的(Canadian Energy Pipeline Association,2012)。加拿大管道的资产价值约为 200 亿加元,预计到 2015 年将增加一倍,以满足预测的石油和天然气产量增长。在世界各国中,美国和加拿大拥有最大的石油和天然气能源管道网络。

输油管网分为原油管线和成品油管线，原油管线又分为集输管线和主干管线。集输管线是直径为 2~8in 的小口径管道，用于输送不适合使用大口径管道的地层深处原油（Alberta Energy and Utilities Board，2007）。据估计，在美国有 48000~64000km 的油气田集输管线。这些小口径管线从许多陆地和海洋油井集输原油，并连接到直径 8~24in 的较大口径主干管线上。干线包括一些更大口径的管道，例如直径 48in 的 TransAlaska 管道系统（Alberta Energy and Utilities Board，2007）。美国大约有 89000km 的原油干线。

天然气集输管线将单个气井连接到现场天然气处理设施或大型集气系统的分支。大多数气井具有足够的压力来提供管输所需的能量，以驱动天然气通过集输管线运输到油气加工单元。像原油干线一样，天然气输送系统可以覆盖广阔的地理区域，输送管线一般长达数百或数千英里。西西伯利亚是天然气供应量最大的地区之一，一条大口径的管道将天然气从该区域（包括长约 4600km 的管道）运往西欧（Hopkins，2007）。这些干线管道直径从 40~55in 不等，构成了非常庞大的管道网络。与原油管道相比，天然气输送管道需要在相对较高的压力下运行。

石油和天然气管道系统以其高效和低成本而著称。与其他传统的运输方式（如铁路和公路）相比，管道提供了一种非常经济的运输方式。例如，每输送 1000bbl/mile 石油，管道的成本在 4~12 美分之间，而铁路和公路的运输成本分别在 12~60 美分和 52~75 美分之间（Kennedy，1993）。石油和天然气管道也是节能的，每千千米消耗大约 0.4% 的原油或天然气（Marcus，2009）。

1.2 管道安全和完整性管理

管道完整性通过涂层和阴极保护（CP）以及管道安全维护综合程序[通常称为管道完整性管理（PIM）]来维护。PIM 是一个通过评估、缓解和预防风险以确保管道安全、环保和可靠的目的来制定、实施、衡量和管理管道完整性的过程（Nelson，2002）。在安全评估和寿命预测的基础上，管道系统的完整性管理对于安全和有效地运输石油和天然气至关重要。试图定义管道性能、结构强度和寿命的尝试催生了许多专业领域，包括腐蚀、材料科学、断裂力学、无损检测、电化学、环境科学及微观和宏观尺度的数学建模。

PIM 计划的目标是确保"在合理可接受的范围内，将风险尽可能降到最低"（Nelson，2002）。完整性管理程序（IMP）通常有效期为两年或三年，然后通过多个时间驱动的完整性计划对其进行更新，包括在 PIM 实施期间开发的新流程或修改已有流程。PIM 程序支持监视、检查和维护程序，从而大大降低可能对人类生命、环境和企业经营造成灾难性后果的故障风险。

1.3 管道应力腐蚀开裂概述

很多因素都可能造成管道失效，尽管腐蚀被认为是油气输送管道失效的最常见原因（U.S. Department of Transportation，2005），但是应力腐蚀开裂已经被公认为是导致管道泄漏和/或开裂事故的最主要原因,而且往往造成灾难性后果。

应力腐蚀开裂(SCC)用于描述工程材料由于环境因素引起的裂纹缓慢扩展而导致材料失效,裂纹扩展是机械应力和腐蚀反应协同作用的结果(Jones,1992)。对于某种特定金属材料,SCC 的产生既取决于腐蚀性环境,又取决于应力,尤其是拉伸应力。在现场管道运行期间,涂层剥离的管线钢会暴露在电解质溶液中,化学或电化学反应促进了管道 SCC 的发展(Fu 和 Cheng,2010)。应力主要是由于天然气和液态石油的内部工作压力或压力波动引起的(Zheng 等,1997)。此外,土壤运动引起的轴向应力和应变促进了管道中应力腐蚀裂纹的萌生和发展(Canadian Energy Pipeline Association,1998)。事实证明,管道在实际运行过程中会遇到各种各样促进 SCC 的影响因素。例如钢铁冶金(化学成分、牌号、微观结构、热处理、合金元素、杂质和焊接)、环境参数(土壤化学、电导率、季节性干湿循环、温度、湿度、CO_2 和气体条件及微生物)、涂层和 CP(类型、特性、失效模式、涂层与 CP 的兼容性及 CP 的电位/电流)、应力条件(压力、压力波动、残余应力、轴向应力、局部应力—应变强度)和腐蚀反应(腐蚀坑、坑的几何形状、析氢、钝化和钝化膜、阳极溶解和传质)(Parkins,2000)。

在整个北美乃至世界范围内,包括在澳大利亚、俄罗斯、伊朗、沙特阿拉伯、巴西和阿根廷,发生的管道 SCC 事件暴露出这一问题对管道的威胁。1995 年,加拿大 TransCanada 管道系统发生了两次重大开裂和火灾,再加上相关证据表明管道 SCC 广泛性存在的可能性,最终在全国范围内启动了管道 SCC 的调查。这是世界上第一个关于长输管道 SCC 的综合调查,对加拿大管道产生了深远的影响,并扩展到其他国家(National Energy Board,1996)。

2003 年,美国华盛顿州托莱多附近的 Williams 26in 管道发生开裂,导致从加拿大到俄勒冈的主干线管道关闭(Williams Pipeline,2003)。该管道曾先后在 1992 年、1994 年和 1999 年发生过失效,且这些失效都是由 SCC 造成的。随着由 SCC 引起的天然气和液体管道失效的频发,2003 年发布了一份公告,指出气体运输和危险液体管道的所有者和经营者在制定和实施完整性管理计划时必须将 SCC 视为风险因素(Baker,2005)。评论指出:"SCC 是美国境内管道运营商关注的一个严重的管道完整性问题。通过比较美国和加拿大的管道 SCC 统计数据,可以看出,在已报道的管道失效事故中,在美国 SCC 仅占 1.5%,而加拿大的占比高达 17%,这是由于在美国第三方破坏的发生率要高得多。"

关于管道 SCC 的研究可以追溯到 20 世纪 80 年代,现在仍是全球性的研究热点。现代管道行业对 SCC 的管理已与公司的完整性管理程序集成在一起。我们对这个重要问题的理解认识已经发展到全面研究管道 SCC 科学、技术和实践,所有这些都促进了本书的编写。

除了 SCC 的基础知识(如 SCC 的冶金、环境和力学等)及与各种氢损伤和腐蚀疲劳的关系外,本书涉及的内容非常广泛。具体来说,包括管道 SCC 的主要特征和影响因素,报道了迄今为止发生在近中性 pH 值、高 pH 值和酸性土壤环境中的管道 SCC 最新调查和进展报告。管道焊缝是 SCC 发生的敏感区域,因此,也讨论了焊接部位冶金组织对腐蚀和 SCC 的影响。不同于传统的管线钢,高强度管线钢作为先进的管道材料,因其独特的冶金、力学和微电化学特性,存在发生腐蚀、氢损伤和 SCC 的可能。基于该领域的最新研究成果,讨论了基于腐蚀和 SCC 预防的高强度管线钢应变设计。最后,融入了管道 SCC 管理的行业经验,包括预防、监测和缓解措施,以及与管道 IMP 的集成。

参 考 文 献

Alberta Energy and Utilities Board(2007)Pipeline Performance in Alberta, 1990-2005, Report 2007-A, AEUB, Calgary, Alberta, Canada.

Baker, M, Jr. (2005) Final Report on Stress Corrosion Cracking Study, Integrity Management Program Delivery Order DTRS56-02-D-70036, Office of Pipeline Safety, U. S. Department of Transportation, Washington, DC.

Canadian Energy Pipeline Association(1998)Stress Corrosion Cracking Recommended Practices: Addendum on Circumferential SCC, CEPA, Calgary, Alberta, Canada.

Canadian Energy Pipeline Association(2007)CEPA Statistics, CEPA, Calgary, Alberta, Canada.

Canadian Energy Pipeline Association(2012) http://www.cepa.com/about-cepa/industry-information/factoids.

Cheng, Frank Y(2010)Pipeline engineering, in Pipeline Engineering, Y. F. Cheng, Editor, Encyclopedia of Life Support Systems(EOLSS), developed under the auspices of UNESCO, EOLSS Publishers, Oxford, UK.

Chevron(2012)Energy supply and demands, http://www.chevron.com/globalissues/energy supplydemand/.

Fu, AQ, Cheng, YF(2010)Electrochemical polarization behavior of X70 steel in thin carbonate/bicarbonate solution layers trapped under a disbonded coating and its implication on pipeline SCC, Corros. Sci. 52, 2511-2518.

Hopkins, P(2007)Oil and Gas Pipelines: Yesterday and Today, Pipeline Systems Division, American Society of Mechanical Engineers, New York.

Jones, RH(1992)Stress Corrosion Cracking: Materials Performance and Evaluation, ASM, Materials Park, OH.

Kennedy, JL(1993)Oil and Gas Pipeline Fundamentals, 2nd ed., PennWell, Tulsa, OK.

Marcus, S(2009)Oil and gas pipeline in Canada, J. Oil Gas 2, 15.

National Energy Board(1996)Stress Corrosion Cracking on Canadian Oil and Gas Pipelines, MH-2-95, NEB, Calgary, Alberta, Canada.

Nelson, BR(2002)Pipeline integrity: program development, risk assessment and data management, 11th Annual GIS for Oil and Gas Conference, Houston, TX.

Parkins, RN(2000)A review of stress corrosion cracking of high pressure gas pipelines, Corrosion 2000, Paper 363, NACE, Houston, TX.

U. S. Department of Transportation(2005)Pipeline Accident Brief, Research and Special Programs Administration, Office of Pipeline Safety, U. S. DOT, Washington, DC.

Whipple, T(2010)Peak oil review, Energy Bull., Aug. 16.

Williams Pipeline, Gas pipeline SCC: catastrophic ruptures, 1 May and 13 December 2003, http://www.corrosion-doctors.org/Pipeline/Williams-explosion.htm.

Zheng, W, MacLeod, FA, Revie, RW, Tyson, WR, Shen, G, Shehata, M, Ray, G, Kiff, D, McKinnon, J(1997)Growth of Stress Corrosion Cracks in Pipelines in Near-Neutral pH Environment: The CANMET Full-Scale Tests Final Report to the CANMET/Industry Consortium, CANMET/MTL, Ottawa, Ontario, Canada.

2 应力腐蚀开裂基础知识

2.1 应力腐蚀开裂的定义

开裂是材料失效最常见的形式。由于断裂可以在完全没有事先征兆的情况下瞬间发生，因此开裂也是最危险的失效形式。同时，恶劣的环境会使开裂问题更加复杂化，并增大了失效率。环境促进开裂（EAC）这个专业术语常被用来描述各种断裂失效机制，一般可分为三种不同形式：应力腐蚀开裂（SCC）、腐蚀疲劳（CF）和氢致开裂（HIC）。尽管这三种形式存在一些差异，但它们在本质上是非常相似的。

不同来源的专业书籍对SCC的定义也略有不同。例如，Jones（1992）将SCC定义为用于描述工程材料中由环境诱发的缓慢裂纹扩展导致的材料失效。裂纹扩展是机械应力与腐蚀相互作用的结果。SCC是一种在腐蚀环境和一定拉应力共同作用下的金属开裂过程。在维基百科中，SCC被定义为在腐蚀环境中承受恒定拉应力的正常韧性金属的突然失效。最后，应力腐蚀开裂可以定义为由残余应力或外加应力引起的应变和金属腐蚀共同作用下导致的开裂（UK National Physical Laboratory，1982）。

尽管定义不同，但是SCC发生必须同时满足三要素：敏感材料、腐蚀环境和足够的拉伸应力，如图2.1所示。因此，理论上SCC发生的概率相对较小，但是一旦发生造成的破坏性强且损失大。

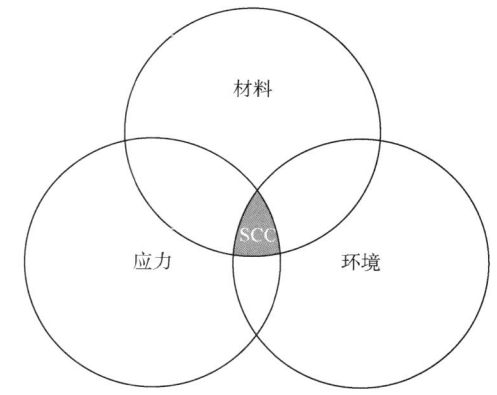

图2.1 发生SCC所需的三个基本因素

引起应力腐蚀开裂的应力一方面是由于金属部件在服役过程中产生的，另一方面是由于制造过程中产生的残余应力，如焊接和弯曲。引起应力腐蚀开裂所需的应力较小，通常低于金属的宏观屈服强度。然而，应力集中会在局部发展，因为应力腐蚀裂纹频发于表面缺陷位置，这些缺陷可能是预先存在的，或者是在服役过程中由于腐蚀、磨损或在其他过程中形成的。此外，应力本质上必须是拉应力，压应力可以防止应力腐蚀开裂。

腐蚀性环境可以是永久性服役环境，比如海上平台结构所处的海水环境，也可以是由于特定作业引起的临时环境，如金属结构中清除锈蚀后的电解液残留物。此外，导致SCC产生的水环境，可能是富含湿气的冷凝水或大量溶液。当腐蚀速率较大时，通常不会出现裂纹，而应力腐蚀裂纹可在几乎没有腐蚀迹象的情况下萌生和扩展。通常，在金属—环境界面形成膜层时会观察到SCC（Jones，1992）。因此，了解SCC对于提高暴露在腐蚀性环境中的耐蚀金属的服役性能具有重要意义。

金属中有两种应力腐蚀裂纹扩展模式：沿晶或穿晶。在前一种模式下，裂纹沿晶界生长，而后一种模式下的裂纹则穿过晶粒生长。

2.2 特定的金属—环境组合

SCC 不是一个不可避免的过程，对于大多数环境中的很多金属来说，SCC 不会发生。因此，可以确定 SCC 的发生需要特定的金属材料和环境。表 2.1 列出了一些导致 SCC 的金属和环境组合，下面将详细讨论导致 SCC 的一些典型组合。

表 2.1 导致 SCC 的一些金属和环境组合（据 Craig 和 Lane，2005）

材　料	环　境
铝合金	氯化钠—过氧化氢溶液
	氯化钠溶液
	海水
	空气或水蒸气
铜合金	氨蒸气和溶液
	胺
	水或水蒸气
金合金	三氯化铁溶液
	乙酸盐溶液
铬镍铁合金	烧碱溶液
铅	醋酸铅溶液
镁合金	$NaCl—Na_2CrO_4$ 溶液
	乡村和沿海大气
	海水
	蒸馏水
镍	烧碱
钢	氢氧化钠溶液
	$NaOH—Na_2SiO_4$ 溶液
	钙、铵和亚硝酸钠溶液
	混合酸（$H_2SO_4—HNO_3$）
	酸性 H_2S 溶液
	海水
	碳酸盐—碳酸氢盐溶液

续表

材 料	环 境
不锈钢	酸性氯化物溶液
	NaCl—H_2O_2溶液
	海水
	H_2S
	NaOH—H_2S溶液
	冷凝氯化物水蒸气
钛合金	浓硝酸
	海水
	甲醇—盐酸

(1)黄铜在含氨环境中的SCC。在印度的英国陆军发现使用的黄铜弹壳出现裂纹,这是首次发现黄铜的SCC问题。其中,氨来自有机物质的腐烂分解的产物。由于通常发生在雨季,应力腐蚀裂纹形状类似于风干的木材,故又称为季节性裂纹,裂纹扩展模式为沿晶开裂。

(2)不锈钢在氯化物环境中的SCC。奥氏体不锈钢在含氯化物的热溶液中会发生应力腐蚀开裂,这要求有较高的氯化物浓度。即使在环境中平均氯化物含量较低的情况下,氯化物也会在受热的表面聚集,通过点蚀或缝隙腐蚀导致开裂。尽管在某些情况下,SCC也会发生在较低的温度情况下,尤其是酸性溶液中,但是通常SCC发生的温度需要在70℃以上。通常由于焊接或者制造应力的存在,裂纹在低应力下能够继续存在。裂纹通常是穿晶的,但由于钢的敏化,裂纹可能会转变为沿晶开裂。

(3)碳钢在钝化环境中的SCC。碳钢和低合金钢在容易形成保护性钝化膜或氧化膜的各种环境中都可能遭受SCC。已经发现碳钢钝化环境中SCC的情况,包括强腐蚀性溶液、磷酸盐、硝酸盐、碳酸盐和高温水。由于碳钢良好的经济性而在工业界被广泛使用,因此碳钢的SCC问题需要重视和关注。例如,蒸汽锅炉的碱裂是19世纪末的一个严重问题,当锅炉内极稀溶液通过铆接缝隙泄漏逸出时,经过蒸发产生了强腐蚀碱性溶液(Brown,1972)。近年来,由于存在不适当的CP,在碳酸盐—碳酸氢盐溶液中,输气管道在剥离涂层下出现了裂纹,可能导致管道泄漏和破裂,甚至更严重的后果(National Energy Board,1996)。

(4)高强钢的氢脆和HIC。氢对SCC生长的影响和氢浓度很高时HIC的发生就足以证明所有钢都受到氢的影响(Bernstein和Thompson,1980)。但是,静态载荷下的氢脆(HE)仅在强度较高的钢中出现。之所以没有明确定义高强钢发生氢脆的极限强度,因为氢脆取决于钢中氢的含量、所施加的应力、应力集中的严重程度,以及合金的成分和微观结构。多种途径可能导致氢进入钢中,包括焊接、酸洗、电镀、暴露于含氢气体中,以及在服役过程中发生腐蚀而产生的氢气环境。氢原子渗透进钢材后可能发生部分逃逸或滞留在金属内部。

自1865年英国锅炉爆炸事故中记录的第一起SCC事故(起因是碳钢在烧碱中开裂)以来(Galvele，1999)，环境诱发开裂的范围不断扩大。不仅金属发生SCC，已经发现(Wiederhorn和Bolz，1970)玻璃在有水的情况下也会开裂；在腐蚀环境中，陶瓷和高分子材料均会发生SCC(Jones，1992)。

2.3 SCC的冶金学影响因素

确定的合金成分、微观结构和热处理会对金属的SCC性能产生显著的影响。实际上，应力腐蚀开裂通常始于钢中所含的冶金缺陷，这也会影响裂纹的扩展机理和裂纹动力学。

2.3.1 材料强度对SCC的影响

关于金属强度与应力腐蚀开裂的关系(即材料强度的增大如何增加应力腐蚀开裂的敏感性)存在一种常见的误解。实际上，关于材料强度对SCC的影响，几乎没有一般的规律可循(UK National Physical Laboratory，1982)。例如，对于氢脆，强度越高通常会增加材料的SCC敏感性。但是，低强度材料更容易出现裂纹尖端塑性应变的应力腐蚀开裂失效。

2.3.2 合金成分对SCC的影响

合金成分的微小变化会对SCC行为产生显著影响(UK National Physical Laboratory，1982)。合金元素的添加在不同环境中的作用也不一定相同。例如，高钼含量能够提高碳酸盐—碳酸氢盐溶液中低合金钢的抗SCC性能，但高钼含量会使其在碱性环境中更易于发生碱裂(UK National Physical Laboratory，1982)。

2.3.3 热处理对SCC的影响

合金热处理工艺的改变会影响金属的应力腐蚀开裂敏感性和断裂方式，甚至断裂机制。在氯化物溶液中奥氏体不锈钢易发生穿晶型应力腐蚀开裂。然而，在钢材经过合适的热处理后，SCC裂纹可能会变成沿晶裂纹(Alyousif和Nishimura，2008)。此外，如果这些合金经过轧制，会形成一定量的应变诱发马氏体，再加上加工硬化产生的高强度，容易发生氢脆。

2.3.4 晶界析出对SCC的影响

晶界析出的一个典型例子是奥氏体不锈钢敏化，碳化物在晶界析出，导致晶界附近区域贫铬(Callister和Rethwisch，2009)。敏化是奥氏体不锈钢发生的一种重要的冶金学现象。通常发生在500~850℃温度范围内，沉淀相析出速率受铬扩散的控制。贫铬区的最小铬浓度为8%~10%，宽度为10nm至数百纳米。由于晶界和晶粒之间的铬含量不同，因此存在电偶效应，其中晶界为阳极，晶粒为阴极。晶界的优先溶解将导致裂纹沿晶界扩展，从而导致沿晶SCC。SCC敏感性和裂纹扩展速率可以描述为敏化度，表示为贫铬区的宽度和铬浓度。减少产生敏化微观组织的最常见方法是降低钢中的碳浓度或控制材料的热处理工艺。

除不锈钢外，镍基合金(例如600合金)也会发生碳化铬沉淀和贫铬现象，但这与合金的晶间 SCC 无关。铝合金中也会形成金属间沉淀相，形成晶间 SCC（Speidel，1975），其中沉淀物与铝合金基体之间的电化学作用对于裂纹的萌生和扩展影响显著。有时，沉淀相在基体上为阳极；在其他多数情况下，沉淀相为阴极。通常，析氢反应总是伴随铝合金的阳极反应发生。由于铝合金上的钝化层可在高 pH 值溶液中溶解，因此阴极极化导致氧气或水的还原及氢氧根离子的产生，进而促进铝钝化膜的溶解及氢的释放。因此，很难区分铝合金在水溶液中的阳极溶解和氢脆。

2.3.5 晶界偏析对 SCC 的影响

碳和氮在晶界的偏析对碳钢的 SCC 有着显著影响。研究发现，在硝酸盐或碱性环境中，钢铁发生 SCC 的临界碳含量约为 0.01%（Parkins，1990）。实际上，杂质在晶界富集促进了铁基合金、奥氏体不锈钢和镍基合金的晶间应力腐蚀开裂。其影响程度取决于电化学电位、腐蚀环境，以及在晶界上杂质的类型、形状和浓度。

尽管置换元素在晶界偏析会严重影响钢的 SCC，但并非在所有电位下或所有溶液中都会发生 SCC。例如，在碱性或者水环境中，相对氧化电位下，磷偏析促进了低合金钢的晶间 SCC（Burstein 和 Woodward，1981；Bandyopadhyay 和 Briant，1983）。然而，在碱性环境低电位条件下，磷则不会影响 SCC（Bandyopadhyay 和 Briant，1983），在碳酸盐—碳酸氢盐溶液中仅有轻微的影响（Stenzel 等，1986）。

2.4 SCC 的电化学影响因素

对 SCC 的完整描述必须同时考虑开裂的热力学和动力学要求。了解热力学条件有助于确定开裂是否可以发生，而动力学信息则描述了裂纹的扩展速率。

2.4.1 SCC 热力学

阳极溶解型的 SCC 热力学条件包括以下两个方面：金属在电解质中的溶解或氧化必须在热力学上具有可行性；并且在裂纹边缘必须形成热力学稳定的保护膜。

第一个条件是如果没有氧化作用，那么由于溶解而产生的裂纹就不会发生。这意味着溶解型 SCC 裂纹扩展是通过裂纹尖端处的阳极溶解过程进行的。因此，对于阳极溶解型 SCC，可以通过计算裂纹尖端的交换电荷总和来计算裂纹扩展速率。值得注意的是，如果先发生脆性裂纹扩展过程，然后通过阳极溶解控制，在这种情况下如果阳极电流密度为零，则裂纹生长速率为零，并且裂纹扩展速率随着溶解电流密度的增加而增加。

第二个条件的一个关键参数是裂纹周围腐蚀电流与裂纹尖端腐蚀电流的比率。当裂纹处于扩展状态时，这个比率必须远小于 1。否则，裂纹会变钝或裂纹尖端的溶液达到饱和。当裂纹尖端处于裸钢状态时，裂纹周围的溶解速率大小与钝化膜的形成密切相关。此外，裂纹的萌生也受这一比率的控制，如果蚀坑内表面的腐蚀速率较大时，则趋于均匀腐蚀而不是开裂。

金属的电极电位对 SCC 的发生有显著影响。高强钢的氢脆就是一个典型案例，电极电位越小越会增加析氢速率，从而增加氢脆敏感性。不涉及氢的 SCC 过程通常发生在某个电位区间(即 SCC 的临界电位)。因此,采用各种电化学测试方法来表征 SCC 临界电位,如采用动电位极化曲线来评估 SCC 敏感性。

电位—pH 值图作为一种最直接且最有效的工具来确定金属在特定电位—pH 值条件下的热力学稳定性。各种环境条件(如溶液 pH 值、氧浓度和温度)对 SCC 热力学条件的影响可能与其对电位—pH 值图或各种稳定区域的电极电位的影响有关。通常认为,促进钝化膜形成的高 pH 值,以及导致均匀腐蚀的低 pH 值条件,均能降低金属的应力腐蚀开裂敏感性。对于氢致开裂机制的 SCC,裂纹的热力学要求取决于电位—pH 值图中的氢还原线。

电位—pH 值图在 SCC 研究中的应用也存在几个限制因素。首先,复杂溶液和特定温度条件下的电位—pH 值图往往很难得到。而且,裂纹或点蚀坑内的化学和电化学条件与本体溶液偏差很大。最后,裂纹尖端金属的电化学势可能与材料自由表面处的电化学势不同,裂纹尖端化学势和电位受到裂纹尺寸的限制(裂纹尺寸通常小于 $1\mu m$)而很难测量。

2.4.2 SCC 动力学

金属结构件的服役寿命取决于裂纹扩展动力学。裂纹尖端反应和控制裂纹扩展速率取决于金属环境体系。对于基于溶解型裂纹扩展机制,裂纹扩展速率是裂纹尖端电荷转移总数的函数,并且可以由裂纹尖端的电流密度求出(Ford,1996):

$$\frac{da}{dt}=\frac{i_a M}{nF\rho} \tag{2.1}$$

式中:a 是裂纹长度;t 是时间;da/dt 是裂纹扩展速率;i_a 是裂纹尖端的阳极溶解电流密度;M 是相对原子质量;n 是交换的电子数;F 是法拉第常数;ρ 是密度。

通常,由式(2.1)计算出的裂纹扩展速率与现场实际测得的裂纹扩展速率存在一定的偏差。当实际裂纹扩展速率小于理论计算值时,即产生负偏差。裂纹偏转、分叉或桥接等过程会降低裂纹尖端的应力强度,减缓裂纹的扩展。此外,裂纹表面腐蚀效应还会改变裂纹尖端的腐蚀速率,如一段时间内裂纹尖端被钝化膜覆盖,或粒子在裂纹尖端的扩散速率受限,裂纹扩展速率可能降低。当实际裂纹扩展速率大于计算速率时,即产生正偏差。裂纹扩展速率的正偏差是由力学因素引起的裂纹跳变。腐蚀过程中氢的析出和渗透导致的氢促进裂纹扩展是此类断裂最常见的形式。

对于基于机械破裂型 SCC 过程,裂纹尖端的裂纹扩展超过了总电荷转移,但是裂纹扩展速率仍可以由裂纹尖端电流密度控制。对于定量测试裂纹的增长率,仍须解决许多技术难题。例如,对引发解理开裂过程的腐蚀产物或腐蚀层的识别仍然停留在推测阶段。控制脆性 SCC 过程的电化学过程尚未被完全认识。最大的不确定性涉及 SCC 溶解和力学两个过程之间转变的可能性,该过程受电化学、材料化学和微观结构及机械应力的影响。

2.5 SCC 机制

SCC 机制阐明了力学、物理和化学/电化学因素的综合作用,导致裂纹尖端处的金属键分离,从而促进了裂纹的扩展(Newman 和 Procter,1990)。还没有通用的机制可以描述所有的 SCC 案例。SCC 过程通常分为裂纹萌生、裂纹稳态扩展和最终失效三个阶段（Jones，1992），每个阶段的控制机制不尽相同。

2.5.1 SCC 裂纹萌生机理

通常，裂纹的萌生与局部腐蚀或机械缺陷部位形成的微观裂纹有关，并与点蚀、晶间腐蚀、划痕、焊接缺陷或设计缺口密切相关（Ford，1996）。实际上，应力腐蚀裂纹可以由多种机制引起。

（1）表面不连续处的裂纹萌生。应力腐蚀裂纹通常是在金属表面上的各种不连续点处发生，例如划痕、凹槽或机械压痕。这些不连续可能是原先存在的，也可能是在服役过程中因腐蚀引起的。局部环境和应力条件可能会促进溶解或形成防护性能较差的钝化膜，从而导致与相邻区域电化学活性不同。

（2）冶金缺陷处的裂纹萌生。金属制造过程中会产生或引入各种冶金缺陷，如夹杂物、晶界和孔洞。缺陷与相邻金属基体之间的电化学活性不同，从而形成电偶效应，导致缺陷或金属的优先溶解。此外，根据晶粒和晶界的稳定性，裂纹表现为穿晶或沿晶。敏化不锈钢通常由于晶界贫铬区的活性更强，因此表现为沿晶 SCC（Cassagne，2007；Callister 和 Rethwisch，2009）。在近中性 pH 值的碳酸氢盐溶液中，X70 管线钢的晶粒电位比晶界电位更负。因此，在晶粒发生优先溶解并形成腐蚀坑（Liu 等，2010）。这为解释管道近中性 pH 值 SCC 的穿晶开裂提供了证据。

（3）腐蚀坑处的裂纹萌生。在服役或清洗（例如酸洗）过程中形成的腐蚀坑位置可能诱发应力腐蚀裂纹。实际上，点蚀往往是天然气管道 SCC 的第一步（National Energy Board，1996）。点蚀向裂纹的转变取决于很多条件。首先，蚀坑底部的电化学活性必须比坑壁的电化学活性高，也就是说坑壁通常处于钝化状态。其次，必须满足蚀坑深宽比为 10∶1 是点蚀向裂纹转变的几何条件。特别是纵深向与横向腐蚀速率比为 1 时表现为均匀腐蚀，这个比率为 1000 时则观察到不断扩展的应力腐蚀裂纹。然后，点蚀向裂纹转变还取决于材料的化学性质和微观结构。例如，活性较高的晶界能够促进裂纹的扩展，从而加速点蚀向裂纹的转变。最后，蚀坑底部的局部应力或应变率对于增强局部溶解和点蚀向裂纹转变至关重要。然而值得指出的是，对于大多数点蚀向裂纹转变而言，蚀坑的电化学作用比局部应力—应变集中更为重要，许多蚀坑不存在裂纹就证明了这一观点。此外，预制的点蚀可能不会形成与服役过程中蚀坑内部相同的局部电化学环境，因为浓差电池的形成取决于是否存在一个满足点蚀坑几何尺寸且存在阴离子和阳离子流的活性腐蚀坑。

迄今为止，很少有完善的裂纹萌生定量模型，部分原因是裂纹萌生过程很难通过实验测量。而且，裂纹萌生尚未得到精确的定义。很难确定蚀坑在什么时候发展成裂纹及何时晶间腐蚀变成沿晶 SCC。

断裂力学给出了一个临界的"蚀坑"尺寸，必须超过这个尺寸点蚀才能转变为裂纹：

$$a_0 = \frac{1}{\pi}\left(\frac{\Delta K_{th}}{C\Delta\sigma_0}\right)^2 \tag{2.2}$$

式中：a_0 是临界裂纹深度；ΔK_{th} 是应力强度阈值；C 是常数；$\Delta\sigma_0$ 是表面交变应力。

应该注意的是，该模型是基于点蚀条件与金属表面状态相同的假设推导而来的，因此该模型在预测点蚀向裂纹的转变时缺乏足够的可靠性。几乎所有情况下，这个模型的预测结果都不准确。实际上，该模型并没有真正描述点蚀到裂纹的转变，只是将蚀坑作为小裂纹，其中腐蚀影响裂纹深度（点蚀深度）。

2.5.2　溶解型 SCC 扩展机制

所有针对韧性合金提出的 SCC 在水溶液中的扩展机制的基本假设是，裂纹尖端的扩展速率必须大于裂纹周边的扩展速率，这样裂纹才不会退化为钝的缺口（Ford，1982）。SCC 的扩展机制基本上分为两类：阳极溶解型和机械破坏型。

溶解型的应力腐蚀裂纹扩展机制实质上是裂纹尖端优先溶解，对于沿晶裂纹，晶界存在偏析或析出相，导致局部电化学不均匀。在合适的环境下，该区域优先溶解。在没有应力的情况下，由于钝化膜的形成，初始侵蚀（腐蚀）可能不会延伸很远。然而，在应力的作用下，钝化膜的反复破裂可以维持溶解反应，导致裂纹持续扩展。有两种模型来解释裂纹扩展模式。

（1）滑移溶解（或膜破裂）模型（Galvele，1995）。拉伸应力使裂纹尖端的钝化膜破裂，裂纹在裸露的金属表面迅速扩展直到裂纹尖端重新钝化，在一定条件下，裂纹能够继续扩展直到失效。因此，从该模型产生了两种不同的裂纹模式：一种是周期性增长模式，在裂纹尖端完全钝化和在新滑移台阶作用下钝化膜破裂的循环重复；另一种是连续增长模式，一旦裂纹开始扩展，由于裂纹尖端处的膜破裂速率比再钝化速率高，导致裂纹尖端仍保持裸露状态。

尽管膜破裂模型被认为是一种可靠的沿晶 SCC 机制，但后来被修正为穿晶 SCC 机制。该机制假设保护膜被一个滑动台阶破坏，暴露的活性金属优先受到环境腐蚀。在滑移台阶钝化膜的重新形成导致裂纹扩展停止，直到进一步的滑移破坏钝化膜，从而使得继续溶解。对这种穿晶溶解机制持反对观点的原因是，很难解释相对应的另一个断裂面（Beavers 和 Pugh，1980）。

已经指出，SCC 的特征之一是裂纹显示出高的纵横比：裂纹长度或深度与裂纹开口的比率。但是，在滑移溶解模型中考虑了低长宽比。此外，有学者认为（Galvele，1999），尽管滑移台阶对于裂纹萌生可能很重要，但是对裂纹扩展的重要性仍有待商榷。此外，滑移溶解模型假设对于典型的 SCC 存在中间态的再钝化速率。但是，当测量大量体系的再钝化速率时，没有记录到 SCC 的中间再钝化速率（Carranza 和 Galvele，1988a，1988b）。

（2）活性路径模型。沿晶 SCC 可以通过优先溶解过程发生，该过程是由于晶粒或晶界处的微观差异而引起的（Jones 等，1989）。优先溶解 SCC 的特征可归因于晶界的偏析和析出，导致晶界处出现不同的微观化学和电化学活性。遵循该模型的典型案例是敏化不锈钢的 SCC。

2.5.3　机械断裂型 SCC 扩展机制

机械断裂机制最初假设腐蚀坑或机械缺陷底部产生的应力集中逐渐增加到金属或合金塑性变形和断裂的临界点。此外，裂纹因溶解扩展，然后最终因机械断裂失效（Harwood，

1956)。

(1) 腐蚀通道模型(Swann 和 Pickering,1963)。腐蚀通道是沿着金属表面上新出现的滑动台阶优先腐蚀形成的。这些腐蚀通道沿着直径和长度方向不断发展,直到残余的韧壁导致延性变形和断裂。裂纹通过交替的腐蚀通道发展和塑性断裂而扩展。通过该模型扩展的裂纹会在表面出现腐蚀沟槽,并在沟槽的顶部出现微孔聚结现象。腐蚀沟槽的宽度接近原子尺寸,与相匹配断裂面密切相关。穿晶 SCC 可以根据腐蚀沟槽的形成和机械分离来解释。

(2) 吸附增强塑性模型(Lynch,1981,1985)。特定离子的吸附降低了位错迁移率的临界剪切应力。与没有离子吸附的条件相比,位错在拉应力作用下更易于局部移动。环境粒子的化学吸附将促进裂纹尖端处位错的形核,促进剪切过程导致脆性解理状断裂。解理断裂不是原子尺度上的脆性断裂过程,而是裂纹尖端部位的交替滑移和裂纹前端形成非常小的孔洞共同作用的过程。这种机制可以解释 SCC、液态金属脆化和氢脆之间的许多相似之处。

(3) 吸附引起的脆性断裂模型(Hart,1968)。该模型基于以下假设:环境粒子的吸附会降低原子间键的强度,从而降低断裂所需的应力。在电化学过程中原子吸附在金属表面上会削弱金属键,从而减小了裂纹萌生所需的应力。裂纹一直扩展直到塑性变形或扩展到吸附区域之外使之形成保护膜。该模型预测裂纹将以连续的方式扩展,但是无法解释裂纹如何在常见的延性材料中保持原子水平的裂纹尖端。该模型不适用于裂纹扩展的不连续性。该模型与吸附增强塑性模型的不同之处在于,结合强度的降低主要由离子吸附引起而非分切应力。

(4) 锈层破裂模型(Forty 和 Humble,1963;McEvily 和 Bond,1965)。该模型最初是为了解释穿晶 SCC 而被提出的。在应力作用下金属表面形成的脆膜层破裂。膜层的破裂会造成膜下金属暴露,裸金属与环境快速反应重新生成保护膜。裂纹通过保护膜生长和破裂的交替而扩展。该模型后来根据氧化膜沿裂纹尖端晶界渗透的假设而被修改,用来解释沿晶 SCC。同样,裂纹扩展包括保护膜生长和脆性膜层断裂的交替过程。但是,在沿晶断裂表面上不一定存在止裂痕迹。这个模型是假定薄膜渗透到裂纹尖端的晶界,但并非所有体系都如此。迄今为止,还没有足够的实验结果来证实或反驳该模型。

(5) 保护膜诱导解理模型(Harwood,1956)。在这个模型中,保护膜生长过程中随着厚度的增加内应力也随之逐渐增加。在与外加的拉应力共同作用下,导致保护膜发生脆性破坏,并向金属内部扩展,形成一段裂纹扩展期。金属内部的保护膜应力和塑性消失会使裂纹停止生长,导致裂纹生长一段时间后,保护膜又长回到解理条件。该模型可以解释裂纹止裂、断裂表面解理面和裂纹扩展不连续性特征,引发解理的脆性膜层可能是去合金层或氧化膜。该模型的临界点是假设脆性裂纹进入正常延性金属基体后仍将继续扩展。这导致一个薄的表层在远大于保护膜厚度的距离上诱发脆性裂纹扩展。有证据表明,如果裂纹尖锐且在进入延性金属基体之前快速扩展,则脆性裂纹可以扩展到延性基体。

(6) 局部表面塑性(LSP)(Jones,1996)。这一机制涉及 LSP 对 SCC 的贡献。膜层破裂是由塑性滑移引起的,膜破裂处的阳极溶解是由破裂处金属与周围保护膜的电偶作用引起的,膜层破裂处滑移带表面的 LSP 是裂纹产生的原因。裂纹在三轴应力作用下的扩展,抑制了裂纹尖端的进一步滑移。然而，剪切—拉伸复合加载存在条件下，导致次生裂纹在主裂纹上出现多个起裂点，并引起次生裂纹在主裂纹上分叉。在阳极溶解过程中产生的空位可能通过缓解局部膜层破裂表面处的应变硬化而引起 LSP。空位可能与位错相互作用以增加位错的迁移率，或者简单地削弱原子间的键合作用。空位也可能通过弱化晶格而改变表面塑性和近表面延展性。

（7）表面迁移率模型（Galvele，1993）。根据该模型，环境诱导裂纹扩展是由于裂纹尖端的应力晶格捕获空位所致。速率控制步骤是空位沿裂纹表面的移动速率。环境扮演着双重作用。一方面增加了金属或合金的表面自扩散系数，同时通过合金的选择性溶解保证了金属表面空位的自由供应。裂纹扩展速率与表面自扩散系数、空位扩散距离、裂纹尖端表面应力、原子尺寸和温度有关。当一个比表面扩散更慢的过程成为速度控制步骤时，裂纹扩展速度更小。例如，卤化物离子在裂纹内溶液中的扩散可能是速率控制步骤。另一方面，缓慢的空位供应也可能是速度控制步骤。该模型还不太成熟，因为可能控制裂纹扩展的欧姆和扩散电阻的关键在于裂纹几何形状和溶解表面积，而该模型中并没有考虑这些因素（Newman 和 Procter，1990）。

尽管已经发展了许多机制和模型来解释 SCC 现象，但其中还有很多机制和模型无法通过实验验证。因此，推测 SCC 的萌生和扩展并没有一个通用的模型。金属、环境和应力的每个特定组合都会产生不同的断裂现象。此外，即使是 SCC 断裂表面呈现脆性，但是伴随着有非连续裂纹扩展的特征，试样的横截面也显示出一些局部延性或塑性流动的特征。这些都增加了对 SCC 机理认识的困难性。

2.6 氢对 SCC 和氢损伤的影响

氢在许多开裂机制中起作用，包括 SCC。实际上，在许多金属—环境组合中，氢致裂纹扩展可能是 SCC 的一种形式。然而，在恒定应力下会出现氢致开裂现象，但是没有伴随腐蚀过程，这被认为与 SCC 开裂机制不同。此外，即使在没有外部应力的情况下，氢也会导致材料开裂（Jin 和 Cheng，2010）。

2.6.1 氢源

下面将介绍一些能够产生氢并有可能进入金属的来源。

（1）电镀。氢原子可以被"镀"在金属表面，同时在电镀过程中随着金属阳离子的减少，氢原子进入金属，这种现象在镀铬中尤为普遍（Demakis，2002）。

（2）酸洗。当钢被酸洗时，在腐蚀反应中氢离子还原产生氢，并可能进入钢中。电解酸洗也可以通过阴极充氢将氢引入钢中。

（3）热处理。炉内的氢气气氛可导致钢热处理期间氢气进入。

（4）焊接。焊接中吸收的氢气会导致焊接金属或热影响区产生裂纹。焊接材料中的水分是氢的常见来源。

（5）服役。某些服役环境可将氢引入钢中，例如高压氢环境、高温下蒸汽与铁的反应，以及钢腐蚀过程中析氢还原反应。

2.6.2 金属中氢的特性

氢进入金属之前,其必须先作为原子氢吸附在金属表面上。因此,新产生的原子氢,例如在腐蚀反应过程中产生的氢,很可能会进入金属。原子氢由于尺寸小而可以扩散通过金属晶格,氢分子由于尺寸大而无法扩散。此外,扩散通过金属晶格的原子氢可在金属缺陷(如空隙、微裂纹或夹杂物周围的不连续性)部位结合形成分子氢。

氢在金属中的溶解度是其物理形态(固态或液态)、晶格、合金含量、温度和环境中氢分压的函数。通常,温度升高会导致氢溶解度增加,特别是铁达到熔点转变为液态时氢的溶解度显著增加。此外,具有体心立方(BCC)晶体结构的 α-Fe 比具有面心立方(FCC)晶格结构的 γ-Fe 具有更高的氢溶解性(Gibala 和 Kumnick,1984)。根据经验关系式,氢溶解度与氢分压的平方根正相关(Suh 和 Eagar,1998)。此外,氢溶解度低的钢可能具有很强的脆化倾向(Oriani,1984)。

氢在铁或钢中的渗透性取决于它在材料中的溶解度和扩散率。一般来说,氢的渗透性随着温度的升高而增加;但是,随着温度从100℃增加到400℃时,氢的渗透速率增加的同时也因温度升高导致氢更快地从金属中逸出到周围环境中(Hirth,1980)。例如,在大气压和高于150℃的环境中腐蚀反应过程中不太可能向钢中充入大量的氢。在相同温度下,氢在 γ-Fe 或 FCC 合金中的渗透速率明显低于 α-Fe 或 BCC 合金(Hirth,1980)。此外,钢中少量的冷加工会增加氢的渗透性,并可能产生有害影响。

2.6.3 氢效应

氢对钢力学性能的影响一般由两个因素控制:氢在钢中的形态(原子或分子)以及钢的强度水平和应力状态。一般来说,氢分子在钢中会产生鼓泡,但不会导致钢的脆化。对于应力水平低于其屈服强度的退火钢,充氢最可能引发的损伤是鼓泡,而硬化、冷轧或高应力钢更可能由于氢的进入而发生机械脆化或开裂。

无论氢是气态还是液态,一旦被材料吸收,氢的作用在本质上是相同的。然而,气态氢与阴极氢吸附过程存在三个主要区别(Hirth,1980)。首先,阴极氢通过电化学反应从氧化态中被还原,以氢原子形态存在于金属表面,而气态氢则以分子形态被吸收,在进入金属表面之前必须离解成氢原子。结合松散的氢分子的脱附相对容易,而吸附氢分子的解离则是氢吸附和氢脆的速率控制步骤。因此,在相同的氢逸度下,气态氢和阴极氢脱附速率和吸附速率存在显著差异。其次,阴极氢产生的氢浓度很大,它取决于钢的电极电位和腐蚀反应动力学,而气态氢的压力通常则要低得多。最后,在气态氢和其他气体共存的腐蚀环境中阴极生成氢导致金属材料的表面发生本质性的变化。因此,氢的吸附和进入金属内部的过程变得明显不同。

受应力、氢形态和材料特性综合因素的影响,金属材料可能遭受多种形式的氢损伤。表2.2列出了对各类氢损伤敏感的材料类型。

(1)氢脆。氢脆是各类金属,尤其是高强度钢,在接触氢后失去延性,发生脆化和开裂。金属和合金的氢脆敏感性随着应变速率的降低、氢压及纯度的升高而升高。

表 2.2　对氢损伤敏感的材料类型（据 Craig 和 Lane, 2005）

氢致开裂	氢的影响	拉伸延性丧失	氢鼓泡	发纹或白点	流动特性退化	金属氢化物形成
钢	碳钢	钢	钢	钢（锻造和铸造）	铁	V
镍合金	低合金钢	镍合金	铜		钢	Nb
不锈钢		钛合金	钛		镍合金	Ti
钛合金		青铜				Zr

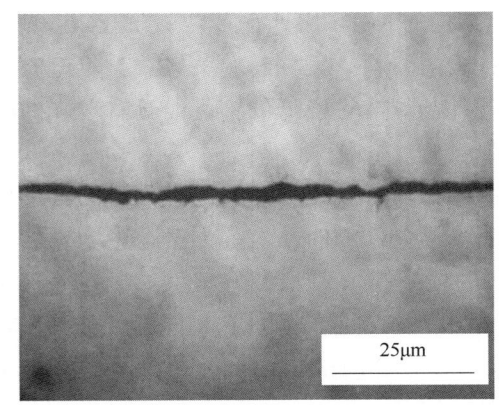

图 2.2　X100 管线钢在土壤溶液中充氢时形成的氢致裂纹的形貌（据 Jin 等，2010）

（2）氢致开裂。HIC 是指在氢环境中应力条件下延性合金发生脆性断裂，尤其是低于材料屈服强度的应力条件下发生的断裂。图 2.2 为土壤溶液中 X100 高强度管线钢在充氢时的氢致裂纹。对于许多钢而言，存在应力门槛值，低于应力门槛值时不会发生 HIC。应力门槛值或应力强度并不是材料的属性，因为其取决于钢的强度水平，并受环境因素的影响。一般情况下，应力门槛值随着合金强度的增加而减小。此外，当氢原子扩散到高的三轴应力区域时，HIC 与氢的吸附和延迟失效时间有关。HIC 具有典型的尖锐单裂纹特征，而不是大量分叉或二次裂纹。

此外，在外加应力作用下，钢在硫化氢（H_2S）存在的环境中可能从表面开裂，称为硫化物应力开裂（SSC）（Szklarz，1999；Leyer 等，2005）。对于 SSC 而言，环境的苛刻程度主要取决于 pH 值和 H_2S 分压（National Association of Corrosion Engineers，2003）。

（3）拉伸延性丧失。拉伸延性丧失是因氢损伤导致合金的延伸率和收缩率显著降低的现象。经常在低强度合金中观察到氢含量对延性损失的影响。一般来说，当应变速率降低时，这种现象更为明显。

（4）氢腐蚀。氢腐蚀属于高温氢损伤，其常见于长期暴露于高压氢环境的碳钢和低合金钢中。氢进入钢中并与碳反应形成甲烷气体，导致裂纹和裂缝的形成，或使钢脱碳、强度降低。发生氢腐蚀的温度门槛值约为 200℃。

（5）鼓泡。当氢原子在金属中扩散并在其内部缺陷（如夹杂物和微裂纹）处聚集形成氢分子时，可能发生氢鼓泡。由于缺陷处不断吸附氢，会形成高氢压，从而导致鼓泡，鼓泡持续生长最终破裂。一般在暴露于腐蚀性环境的低强度钢中可发现氢鼓泡。在高强度管线钢中也观察到鼓泡和鼓泡开裂，如图 2.3 所示。

（6）发纹和白点。由于在金属熔化时氢有很高的溶解度，导致金属熔化过程中吸收大量的氢，因此发纹和白点是锻造、焊件和铸件中常见的氢损伤。在冷却过程中，由于氢在固体金属中的溶解度降低，氢扩散并沉淀到空位和不连续处，从而导致形成发纹和白点。

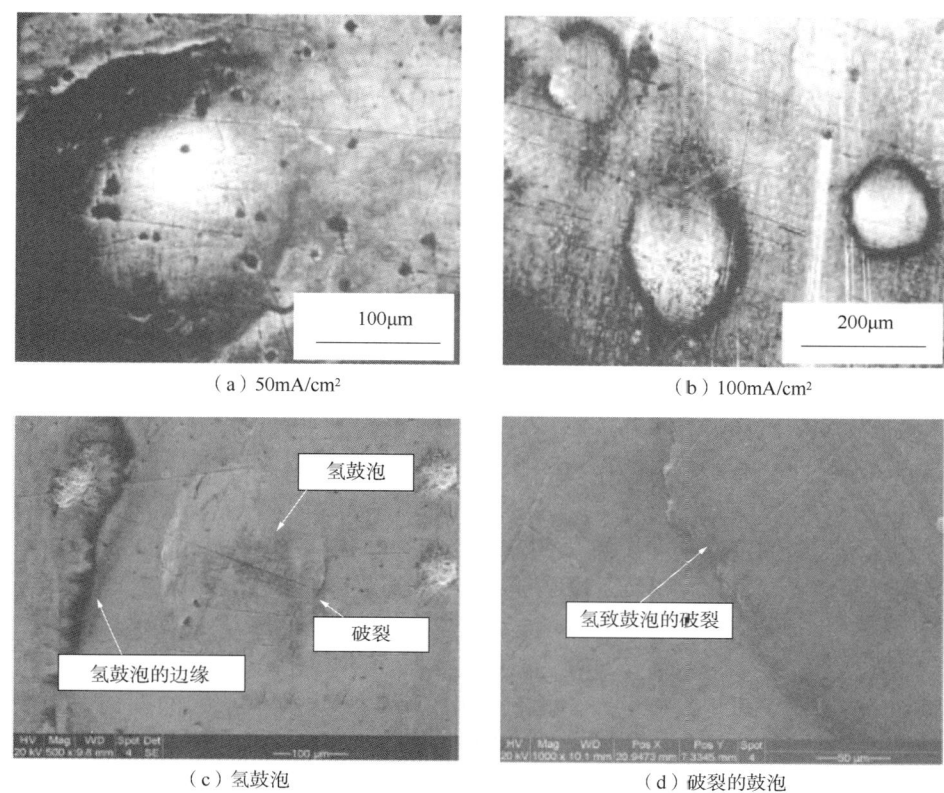

图 2.3 50mA/cm² 和 100mA/cm² 充电 20h 后 X100 钢上的氢鼓泡的
表面形态以及破裂的鼓泡(据 Jin 等，2010)

（7）流动特性损失。流动特性损失出现在常温下的铁和钢中，以及高温下的一些合金体系中。在氢气环境中，观察到恒定载荷下的稳态蠕变。

（8）氢化物的形成。氢化物的形成使一些金属发生脆化，如镁、铌、钒、铀、钍、锆、钛及其合金。对于某些金属—氢体系来说，应力的作用可促进氢化物的形成。

2.6.4 氢损伤机理

由于存在多种形式的氢损伤，已经提出了多种理论和模型来解释氢引起的材料退化行为。下面讨论一些主要的理论和模型。

（1）脱黏模型。1960 年提出的脱黏模型是最早的模型之一，用于解释氢原子引起的材料性能的变化(Oriani，1990)。它基于裂纹尖端的三轴应力场中氢的溶解度增加，氢的积累导致金属晶格原子结合力降低。由于结合力的降低，应力作用导致沿晶(晶间解理)或穿晶(穿晶解理)脆性断裂。

该机理的主要支持依据是以下观察到的现象：在某些非氢化物体系中，氢脆似乎是在没有明显局部变形的情况下发生的。然而，尚未取得直接支持该机制的证据。此外，考虑到氢向界面和表面偏聚过程中结合力降低及能量的变化，可以预期，在穿晶断裂过程中，只有少量氢引起的分离能减少，但当氢向晶界偏聚时，在沿晶断裂过程中分离能会急剧下降。然而，目前还缺乏直接实验证据来表征和验证该效应。

（2）氢促进局部塑性变形模型（Beachem，1972）。该模型是基于观察到非常小的韧窝而提出的，这些韧窝通常与氢作用下铝合金等金属断面上的微孔聚集有关（Lynch，1986）。该机理的前提条件是氢在应力场中积聚，例如裂纹尖端附近或位错应力区域。在由外应力引起的位错运动过程中，氢通过使位错的应力场相互屏蔽而大大降低了对位错运动的阻力。因此，在低剪切应力水平下会发生局部位错运动，同时伴随着材料的软化行为。这可以起到界面位错强化、促进剪切不稳定性的作用。

由于氢进入时也观察到硬化效应，因此软化的概念并不是一般意义上的软化。此外，在夹杂物处氢和位错可诱发裂纹形核，增强位错运动本身不是一个模型，而是导致整体退化机制的一个因素。

（3）氢化物形成机理。氢化物的形成和解理机制是一种成熟的氢脆机制，具有广泛的实验和理论支持。在从气相充氢的 α-Ti 中观察到氢化物在裂纹前的形核和长大（Teter 等，2001）。结果表明，氢化物在裂纹应力场中的形核和长大并不是独立生长过程，而是基于其他氢化物形核和长大的过程，即小氢化物共同长大为大氢化物。这种脆性氢化物形核和长大的自催化过程似乎是氢化物形成元素（例如，V、Nb、Ti 和 Zr）引发脆化的主要原因（Parkins，1992）。

（4）内压理论。这一理论涉及氢在内部缺陷（如空位）处的聚集，然后在空位内形成较大氢内压而开裂。这个过程产生的压力通过增加外加应力来降低所需的断裂应力。氢通过位错的传输可能产生较大的过饱和度，因此即使在外部压力较小的情况下也会产生较大的内压。然而，这种机理不可能是普遍的，因为过饱和度通常被大大高估，而且还经常观察到低氢压下裂纹扩展现象。在压力促进下可能出现空位的生长，就像没有外部应力的情况下形成氢鼓泡一样，压力促进空位生长只能在高逸度环境中发生。而在低温下，通过大量位错运动增强空位中氢过饱和度是可能的。

（5）表面吸附理论。氢吸附在裂纹尖端附近表面上，降低了表面自由能，从而降低断裂功（Hirth，1984）。在应力水平低于该合金在无氢环境中的应力水平时，也会促进裂纹扩展。但这一理论的主要问题是低估了断裂功，不适用于解释 HIC 裂纹的不连续扩展。

（6）氢捕获。钢中存在各种陷阱是决定氢损伤敏感性的主要因素之一。氢捕获是指氢原子与合金中的杂质、结构缺陷或显微组织结构的结合。结合与局部应力场、温度梯度、化学势梯度或物理陷阱有关。氢陷阱可以是移动的，例如位错，也可以是固定的，例如晶界和溶质原子。它们也可能是可逆的或不可逆的。前者是指氢的短时捕集，其结合能低；后者的特点是氢停留时间长，其结合能高。

2.7 微生物在 SCC 中的作用

2.7.1 微生物腐蚀

微生物腐蚀（MIC）是指微生物活动引起腐蚀或加速腐蚀的现象（Revie，2000）。它是一种电化学过程，微生物的参与可引发、促进或加速腐蚀反应，而不会改变电化学性质。通常来讲，金属表面或周围环境中的微生物不会直接引起腐蚀，但它们的代谢副产物会诱发或促进腐蚀，例如点蚀、缝隙腐蚀和垢下腐蚀（Little 和 Lee，1997）。不断增长的微生物菌落副产物通过与腐蚀产物发生作用而抑制保护膜形成，或通过额外的还原反应来加速腐蚀过程（Little and Lee，1997）。微生物通常与局部腐蚀有关，如点蚀、缝隙腐蚀、电偶腐蚀、晶间腐蚀、去合金化和SCC。

微生物可通过以下一种或多种机理影响腐蚀过程：

（1）块状微生物沉积物、菌落、腐蚀瘤或生物腐蚀产物在金属表面形成不连续的生物膜，为新的原电池形成和/或改变现有原电池创造条件，显著影响金属的均匀腐蚀和局部腐蚀（Zhang 等，2011），生物膜可在厌氧环境和有氧环境形成。

（2）微生物的代谢过程破坏了金属表面的保护膜。例如，即使在低氧水平下，钝化膜的硫化也可以使阴极去极化，并显著增强腐蚀（Antony 等，2007）。此外，保护膜破损后形成点蚀，在复杂的无菌气相介质中，点蚀形成后发生再钝化（Franklin 等，1991）。但是，将好氧的异养菌添加到培养基时，点蚀不会再钝化，而是继续长大。

（3）MIC 的大多数最终产物是浓缩的短链脂肪酸，例如乙酸，对钢具有腐蚀性（Evans 等，1973）。在无氧环境中，酸被还原并导致腐蚀。在有氧环境中，紧邻沉积物区为小阳极，其周围为阴极。微量氧被阴极还原，有助于金属溶解。

（4）硫酸盐还原细菌（SRB）代谢过程中产生的高浓度亚铁离子有助于厌氧腐蚀，钢的腐蚀速率取决于SRB产生的 H_2S 浓度（King 等，1973）。SRB 的厌氧腐蚀也是 SRB 代谢过程中生成具有高活性和高挥发性磷化物的结果。磷化物可能与钢相互作用而生成磷化亚铁，从而加剧腐蚀。SRB 代谢形成的腐蚀产物也会加速局部腐蚀。

通常来讲，微生物在生物膜形成的过程中起重要作用。生物膜以及生物垢层会显著改变腐蚀反应的金属—溶液界面特性。生物膜中的微生物可以通过多种机制加速腐蚀反应，例如形成浓差电池、生成侵蚀性代谢产物（即酸、硫化物和/或磷酸盐）以及直接的金属氧化还原。生物膜可以通过降低溶液的 pH 值或催化氧化还原反应的方式来改变金属与溶液界面的溶液化学性质。

细菌通常与发生 MIC 环境中的其他微生物一起共存，它们形成复杂的生物膜，其局部化学性质随时间发生变化。生物膜下的局部化学特征通常不同于溶液。生物膜的发展是一个动态的连续过程，其厚度和不均匀性会随着时间而增加，常导致广泛的微点蚀（Sheng 等，2007；Yuan 和 Pehkonen，2007）。例如，由 SRB 形成的生物膜经历附着、生长、随后脱落和重新附着过程，并表现出不同的形态和极化阻抗。

钢的腐蚀是由细菌、低 pH 值和其他特定环境条件等各类因素引起的。腐蚀产物与金属表面的结合特征对促进或抑制进一步腐蚀和氢渗透行为有关键影响（Yole，1998）。一般来说，影响 SCC 的 MIC 和微生物取决于细菌的类型和数量及其作为氢源的选择性代谢活性。具有 MIC 特征的形貌通常为有分叉的树枝状，分叉通道内有一系列相互分支的凹坑，并伴有分布不均匀的沉积物。这对金属腐蚀过程中细菌所需的营养条件有显著影响。据报道（Padilla Viveros 等，2006），在丰富的营养条件下，碳钢的平均腐蚀速率很低，腐蚀速率不超过 1.2mile/a。相比之下，在缺乏营养条件下，腐蚀速率为 8mile/a。

SRB 或"脱硫弧菌"是异养厌氧细菌，其在呼吸时利用无机硫酸盐作为最终电子受体，是引起大量 MIC 失效的主要细菌。受 SRB 影响的钢腐蚀过程涉及一系列反应：钢的阳极溶解；当生物膜中的氧消耗时，在厌氧条件下水的分解；阴极析氢；由于 SRB 通过氢化酶消除金属表面吸附氢的能力，产生硫化合物的阴极去极化（Thierry 和 Sand，1995）；生成 MIC 腐蚀产物：铁硫化合物和铁氢氧化合物。事实上，在 MIC 过程中形成的腐蚀产物中常检测到硫化物。SRB 产生一种酶（氢化酶）促进硫酸盐和硫化物的形成（Stott 等，1988；Javaherdashti，1999）。钢腐蚀速率的增加及由此引起的氢吸附的增加可能主要是由于这些硫化物的存在（Little 和 Lee，1997）。众所周知，硫化物通过阻止金属表面产生的氢原子复合反应促进氢原子进入钢中。然而，一些 SRB 菌株产生的硫化物与腐蚀速率无直接联系（Taheri 等，2005）。

个别菌类会加速金属的腐蚀，但 SRB 和铁氧化细菌（IOB）的结合显示出比仅单一存在 SRB 或 IOB 更高的腐蚀速率。氯离子所参与的腐蚀，特别是点蚀过程，进一步增强了这种协同效应。

据报道，有时微生物活动也能抑制腐蚀的发生，在黄假单胞菌存在的环境中低碳钢的腐蚀速率较低（Gunasekaran 等，2004）。低碳钢表面覆盖含细菌的磷酸盐层时，微生物有助于其形成腐蚀抑制膜。细菌的任何抑制作用都可能在复杂的金属表面生物膜与腐蚀产物相互作用中完成。通常，生物腐蚀及其控制措施（微生物诱导的腐蚀抑制）几乎不可能只涉及单一机制或单一微生物种。微生物腐蚀控制涉及两类一般机制或它们的组合：中和环境中腐蚀性物质的作用，以及在金属表面形成保护膜或稳定预保护膜（Videla 和 Herrera，2009）。然而，在生物膜内的细菌聚生体中，细菌的抑制作用可以逆转为腐蚀作用。

2.7.2 MIC 过程涉及的微生物

多种微生物参与金属的 MIC 过程。当环境中的氧耗尽时，许多微生物利用氧化物替代氧作为终端电子受体，使其在各类金属腐蚀条件下都能发挥活性。与腐蚀相关的主要细菌类型如下所述。

（1）硫酸盐还原菌（SRB）。SRB 作为厌氧微生物与许多 MIC 有关，影响多种金属和合金的腐蚀（Zhang 等，2011）。SRB 通过化学作用将硫酸盐还原为硫化物，生成 H_2S 等化合物，这些化合物可显著影响金属腐蚀的阳极和阴极过程，最终促进材料的腐蚀，或者在含铁金属表面生成铁硫腐蚀产物。最常见的 SRB 菌株存活于 25~35℃ 温度范围内，尽管有些可以在 60℃ 的温度下发挥作用。它们可以通过液体介质或黑色的表面沉淀物及硫化氢气味特征来检测。

SRB 被认为是具有显著侵蚀性的微生物，可导致材料失效（Seed，1990；Videla，1990；Little 等，1991）。SRB 所形成的生物膜对钢的腐蚀影响显著。此外，SRB 生物膜具有导电性，因为生物膜中嵌入了高导电性的铁硫化合物沉淀，屏蔽了生物膜下非均匀腐蚀的电位差，使与局部腐蚀无关的电位曲线趋于平坦分布（Dong 等，2011）。

（2）硫/硫化物氧化细菌（SOB）。硫化物氧化细菌是好氧菌，可将硫化物或元素硫氧化为硫酸盐。一些菌种将硫氧化为硫酸（H_2SO_4），从而导致高酸性环境（pH 值<1）。许多实际应用中出现的涂层降解及金属的腐蚀都被认为与高酸度有关。这类细菌主要存在于矿床中，在废水系统中也很常见。

(3) 铁氧化细菌(IOB)。IOB 与 MIC 有关,常在钢的腐蚀坑中被发现。不锈钢在含 IOB 溶液中形成微尺度腐蚀坑,在无菌介质中则未发现腐蚀坑(Xu 等,2008)。一些菌种在氧化过程中会生成含铁化合物。例如,304L 不锈钢在含 IOB 的 3% NaCl 溶液中具有较低的耐局部腐蚀性。当钢试样被一层生物氢氧化物沉积层覆盖时,其耐蚀性降低,沉积物内层下的试样表面发生点蚀。此外,有研究者提出存在 IOB 条件下,不锈钢的 MIC 与由钢表面沉淀的生物质氧化铁沉积物引起的缝隙腐蚀有关(Starosvetsky 等,2008)。此外,当培养基溶液中存在 IOB 时,因为替代性阴极过程的引入导致阴极电流显著增加,最终导致钢的腐蚀加剧。这种替代性阴极过程是通过沉积在试样表面的腐蚀产物的阴极还原进行的(Starosvetsky 等,2001)。

(4) 铁还原菌(IRB)。IRB 在钢铁腐蚀中的作用一直存在争议。虽然有研究者提出 IRB 能够保护碳钢,但也有部分研究人员认为,IRB 通过还原和去除金属表面的钝化膜,从而促进腐蚀(Herrera 和 Videla,2009)。IRB 引起腐蚀的机制是含 Fe^{3+} 腐蚀产物的还原和溶解,使金属表面暴露在腐蚀介质中。此外,IRB 能够在生物膜内形成有利于 SRB 生长的厌氧区,使得这两种细菌共存。相反,IRB 的缓蚀机理是生物膜阻碍含 Fe^{2+} 腐蚀产物的溶解,在金属与环境之间形成屏障。金属—生物膜—溶液界面及其周围环境(如 pH 值、离子成分、氧含量)的特征决定了保护层的性质和结构,并可能改变微生物对金属的腐蚀作用。

(5) 有机酸生成菌。一些厌氧微生物产生有机酸。这类细菌更容易在封闭系统中被发现,包括输气管道,有时在封闭的水系统中被发现。

(6) 产酸真菌。一些真菌会形成攻击金属的有机酸,并可以形成适合厌氧菌种的环境。飞机铝燃料箱中普遍存在的腐蚀问题可归因于这类微生物。

2.7.3 MIC 在 SCC 过程中的作用

在许多情况下涉及 MIC 的环境都促进腐蚀和开裂过程。例如,SCC 中的拉伸应力和 MIC 中的生物活动将形成脆化源,通常指材料中的氢(Biezma,2001)。材料的冶金性能、机械强度及氢在材料中的溶解度和扩散率都可能诱发 MIC 和 SCC。由于细菌可以改变裂纹尖端的局部化学性质,因此细菌会影响导致 SCC 或腐蚀的环境。

土壤中富含 H、C、N、O、P、S、Cl、Na、K、Ca 和 Mn 等各种元素,这些元素对于微生物的活性至关重要。由于环境导致材料 MIC 的腐蚀反应和生物活性,因此拉伸应力和特定材料冶金性能的结合将导致材料对 SCC 的敏感性。

裂纹萌生是应力腐蚀开裂关键的第一步,而腐蚀坑的形成通常是裂纹萌生的第一步。因此,导致表面电化学不均匀性从而诱发点蚀坑形成的因素,或改变点蚀坑化学性质的因素都将影响应力腐蚀开裂。MIC 在增加碳钢和不锈钢的点蚀敏感性方面的作用受到了广泛关注(Chamritski 等,2004)。例如,在海水或淡水环境中,细菌形成的黏液会在不锈钢上引入点蚀形核点。此外,有证据表明,有氧生物膜催化溶解氧的阴极还原,使不锈钢在氯化物存在的条件下腐蚀电位高于点蚀电位。

此外,MIC 与多种金属的 HE 或 HIC 密切相关,因为微生物通过催化金属表面的氢复合反应来充当氢源。微生物对析氢电化学条件的影响改变了 SCC 过程甚至机理,将基于溶解的机理完全转变为 HIC 机理。例如,研究 SRB 影响腐蚀和应力腐蚀的生物电化学和电化学方法表明(Javaherdashti 等，2006)，在 SRB 存在的情况下，涉及氢的阴极反应速度更快，因为 SRB 阻碍了氢原子的结合。硫化物在氢原子复合过程中的"毒化"作用非常显著，而含有 SRB 的混合细菌培养物和含有硫酸盐的营养物所产生的硫化物离子会降低电化学产生的氢原子的结合速率，从而促进它们扩散到钢中引起脆化。因此，可以预期的是，在 SRB 影响的腐蚀情况下，氢损伤会增强。实际上，HIC 被认为是低碳钢在生物环境中发生环境断裂的一种机制，其中氢渗透被认为是高 SRB 活性环境引发材料失效的一种可能的机制(Benson 和 Edyvean，1998)。

2.8 腐蚀疲劳

腐蚀疲劳(CF)是循环应力和腐蚀环境共同作用的结果，引发材料失效。腐蚀环境的基本作用是降低构件的寿命。材料的疲劳强度和腐蚀疲劳强度通常由 $S—N$ 曲线确定，即应力(S)—应力循环至失效的周期(N)曲线，即应力与应力循环至失效的周期的对数之比曲线，如图 2.4 所示。当存在腐蚀性环境时，材料抗施加的应力(特定数量的应力循环)的能力会降低；也就是说，在腐蚀性环境中，裂纹萌生和扩展所需的应力较低。与非腐蚀环境中裂纹相比，裂纹在腐蚀环境中的扩展速率可能要高得多。因此，如果材料同时暴露在腐蚀性环境和疲劳应力条件下，则会缩短其疲劳寿命。

2.8.1 疲劳失效的特征

疲劳裂纹通常发生在结构件的表面。裂纹萌生时间不固定，可能占到失效循环总数的 25%~50%。疲劳过程的起始阶段称为第一阶段。如图 2.5 所示，它通常伴随着与所施加的应力轴呈 45°的塑性变形，这些被称为驻留滑移带(PSBs)。第一阶段疲劳裂纹长度通常很小，通常是晶粒尺寸尺度。

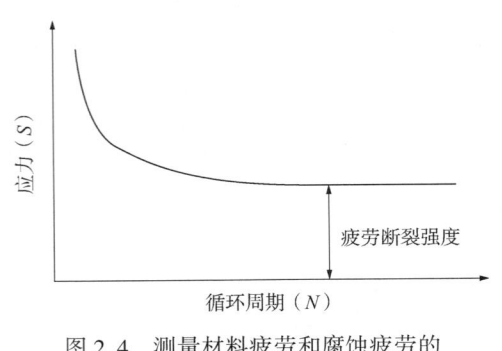

图 2.4 测量材料疲劳和腐蚀疲劳的典型 $S—N$ 曲线

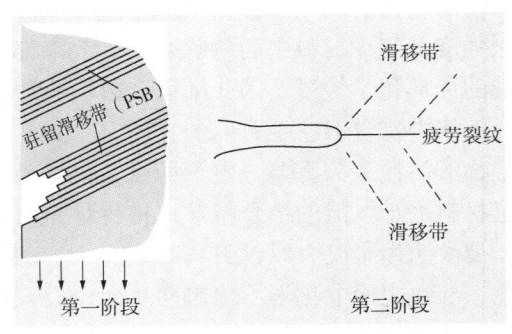

图 2.5 金属疲劳断裂过程中发生的不同阶段的示意图

在第一阶段结束时，裂纹在第二阶段与加载应力轴呈 90°方向宏观扩展。发生多次滑移过程，导致裂纹尖端钝化，并在断裂面上形成辉纹。辉纹垂直于裂纹扩展方向，看起来像海面的波浪。一条辉纹代表一次裂纹扩展，但可能需要一个以上的周期才能形成。辉纹是疲劳过程的特征。第二阶段裂纹扩展的时间可能占疲劳寿命的 50%~75%。

当材料的剩余横截面太小而无法承受施加的应力时，就会出现第三阶段。最终发生失效，形成与表面呈 45°的剪切唇。剪切唇的尺寸取决于材料的强度和所施加的应力范围。第三阶段的表面特征包括拉伸剪切韧窝。

2.8.2 腐蚀疲劳的特征

腐蚀环境对金属疲劳的影响将在该过程的第一阶段和第二阶段体现，第三阶段通常是机械断裂过程。

第一阶段：在没有腐蚀环境的情况下，局部塑性变形(以 PSB 的形式)会引发裂纹。腐蚀反应会通过引入附加的裂纹萌生机制来缩短裂纹萌生阶段的时间，包括相间的局部电偶效应、PSB 机械破坏钝化膜后诱发金属的溶解、PSB 处的活性点诱发金属溶解、点蚀(Zhao 等，2012)。除了点蚀坑底部形成应力集中外，形成的腐蚀产物还可能穿透钢表面，降低滑移面两侧钢基体的黏结强度，加速腐蚀疲劳裂纹的萌生。此外，疲劳裂纹容易沿滑移面扩展。

此外，腐蚀疲劳与频率相关，循环应力的频率越低，腐蚀环境对降低构件疲劳寿命的影响越大。

第二阶段：腐蚀环境对疲劳第二阶段的影响可以通过预裂纹试验来表征，并将数据绘制为每个循环的裂纹扩展速率(da/dN)与应力强度因子($\lg\Delta K$)的对数，如图 2.6 所示，其中 ΔK_{th} 是应力强度因子门槛值。由于在试验过程中必须测量裂纹长度，因此也可以通过测量裂纹长度(a)与循环周期(N)的斜率来确定每个循环的裂纹扩展速率。

腐蚀对材料疲劳的一般影响是产生较高的裂纹扩展速率，其机理相当复杂，既可以通过加速裂纹正常扩展加速裂纹扩展速率，或者改变裂纹扩展机制加速裂纹扩展速率。

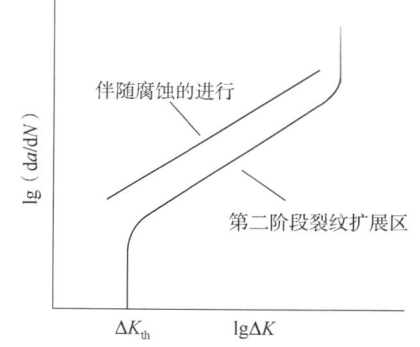

图 2.6 腐蚀对第二阶段疲劳裂纹扩展的影响

腐蚀疲劳裂纹通常是穿晶型的，但也有例外。裂纹尖端的腐蚀环境作用通常是加速裂纹扩展速率。有一种机制是除了机械应力引起的裂纹长度增加外，在裂纹扩展过程中裂纹尖端一直发生均匀腐蚀。可以认为，随着裂纹扩展速率的增加，裂纹尖端持续扩展(Revie 和 Uhlig，2008)。第二种机制是，当裂纹张开时，腐蚀环境会迅速氧化金属表面。这将抑制裂纹尖端的"自愈"，使得裂纹比在非氧化条件下更长(Magnin，2002)。如果裂纹尖端的腐蚀产物充分积聚，则可能发生楔入效应，即当腐蚀产物停止完全封闭，裂纹尖端开启的时间更长(Magnin，2002)。这也会增加裂纹扩展速率。

2.8.3 影响 CF 机制和控制的因素

影响 CF 的因素有很多，尤其是腐蚀，特别是点蚀，使得点蚀坑附近应力集中，诱发裂纹在低应力下萌生。此外，在腐蚀反应作用下，裂纹会以较快的速率扩展。此外，冶金、力学和环境因素都会影响腐蚀疲劳裂纹萌生和扩展。

选用疲劳裂纹扩展速率低的材料对于预防疲劳非常重要。一般来说，材料通过两种方法来抗疲劳：一是抗裂纹萌生，但扩展速率快；二是允许裂纹易于萌生，但裂纹扩展速率较慢。对于腐蚀疲劳，第二种方法，即高抗裂纹扩展，更为重要，因为加速裂纹萌生的因素非常多，如点蚀和划伤。此外，通过多种方法可有效预防及控制腐蚀疲劳，包括：

(1) 通过使用较厚的构件来减少应力。
(2) 选用合适的热处理工艺降低残余应力。
(3) 引入压应力。
(4) 使用缓蚀剂来抑制腐蚀作用。
(5) 施加阴极保护或涂层来控制腐蚀。

2.9　SCC、HIC 及 CF 对比

SCC、HIC 和 CF 可能都是在各类工业中发生的环境断裂行为。然而，它们之间有着本质的区别，全面了解其中的差异，有助于选择适当的预防和控制措施来减轻及避免这些问题。SCC 与 CF 的主要区别在于，SCC 发生在静态拉伸应力和腐蚀环境中，而 CF 是腐蚀环境和循环应力共同作用的结果。如果循环频率足够低，CF 与 SCC 几乎没有区别。例如，天然气管道在压力波动下的开裂。虽然有人提出这一问题属于一般类型的 CF，但它被归因于内压波动缓慢的 SCC(National Energy Board，1996)。此外，应力腐蚀裂纹往往有许多细小的分叉，而腐蚀疲劳裂纹很少或没有分叉。CF 能更快地令氧化膜破裂，使裸钢暴露于腐蚀环境中，所以 CF 的临界应力强度因子通常低于 SCC。HIC 或氢脆在某些情况下可能与 SCC 和 CF 重叠，但其也有内在机制。HIC 是金属在氢存在情况下发生的开裂，而不需要腐蚀性环境，甚至在没有外部静态应力的情况下也会发生。

SCC、CF 和 HIC 之间的关系很复杂。图 2.7 为表征三者之间相互关系的示意图。该图展示了涉及两种失效机制和三种开裂行为相互作用的区域。此外，虚线之间的区域代表循环应力和静态应力之间的过渡区。表 2.3 详细介绍了 SCC、CF 和 HIC 的具体特征。

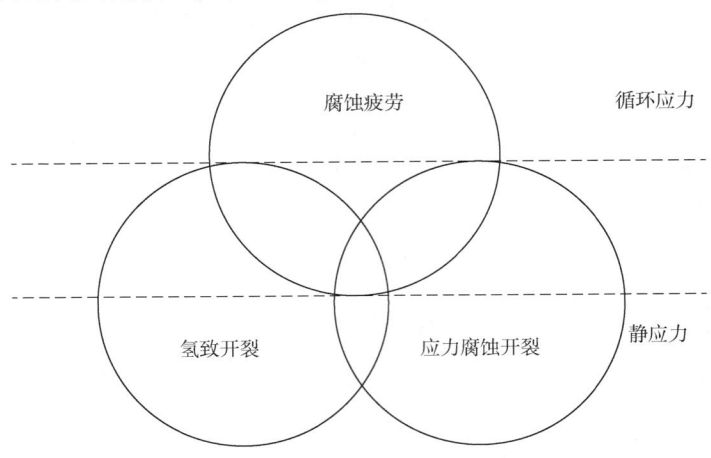

图 2.7　SCC、HIC、CF 相互作用示意图

表 2.3 SCC、CF、HIC 的具体特征(据 Craig 和 Lane，2005)

影响因素	SCC	CF	HIC
应力	静态拉伸	循环拉伸	静态拉伸
腐蚀剂	特定于金属	任何	任何
温升	加速	加速	<环境，增加
纯金属	抗性	敏感	敏感
裂纹形态	穿晶，沿晶，分叉	穿晶，无分叉，钝态尖端	穿晶，沿晶，无分叉，尖锐尖端
裂纹中的腐蚀产物	存在/不存在	存在	不存在
断裂面	解理状	海滩状，辉纹	解理状
阴极保护	抑制	抑制	加速

参 考 文 献

Alyousif, OM, Nishimura, R(2008)On the stress corrosion cracking and hydrogen embrittlement of sensitized austenitic stainless steels in boiling saturated magnesium chloride solutions: effect of applied stress, Corros. Sci. 50, 2919-2926.

Antony, PJ, Chongdar, S, Kumarb, P, Raman, R(2007)Corrosion of 2205 duplex stainless steel in chloride medium containing sulfate-reducing bacteria, Electrochim. Acta 52, 3985-3994.

Bandyopadhyay, N, Briant, CL(1983)Caustic stress corrosion cracking of NiCrMoV rotor steels: the effects of impurity segregation and variation in alloy composition, Metall. Trans. A 14, 2005-2019.

Beachem, CD(1972)A new model for hydrogen-assisted cracking(hydrogen embrittlement), Metall. Trans. 3, 441-455.

Beavers, JA, Pugh, EN(1980)The propagation of transgranular stress corrosion cracks in admiralty metal, Metall. Trans. A 11, 809-820.

Benson, J, Edyvean, RGJ(1998)Hydrogen permeation through protected steel in open seawater and marine mud, Corrosion 54, 732-739.

Bernstein, IM, Thompson, AW(1980)Hydrogen Effects in Metals, AIME, New York.

Biezma, MV(2001)The role of hydrogen in microbiologically influenced corrosion and stress corrosion cracking, Int. J. Hydrogen Energy 26, 515-520.

Brown, BF(1972)A preface to the problem of stress corrosion cracking, in Stress Corrosion Cracking of Metals: State of the Art, STP 518, American Society for Testing and Materials, Philadelphia.

Burstein, GT, Woodward, J(1981)Effects of segregated phosphorus on stress corrosion cracking susceptibility of 3Cr-0.5Mo steel, Met. Sci. 15, 111-116.

Callister, WD, Rethwisch, DG (2009) Materials Science and Engineering: An Introduction, 8th ed, Wiley, Hoboken, NJ.

Carranza, RM, Galvele, JR (1988a) Repassivation kinetics in stress corrosion cracking, Part 1: Type AISI 304 stainless steel in chloride solutions, Corros. Sci. 28, 233-249.

Carranza, RM, Galvele, JR (1988b) Repassivation kinetics in stress corrosion cracking: Part 2. Brass in nonammoniacal solutions, Corros. Sci. 28, 851-865.

Cassagne, T (2007) Stress corrosion cracking of stainless steels in chloride environments, Joint EFC-NACE Workshop, Feiburg, Germany.

Chamritski, G, Burns, GR, Webster, BJ, Laycock, NJ (2004) Effect of iron-oxidizing bacteria on pitting of stainless steel, Corrosion 60, 658-669.

Corrosion Doctors, online source 1, http://www.corrosion-doctors.org/Forms-SCC/sccdefinitions.htm.

Corrosion Doctors, online source 2, http://corrosion-doctors.org/Failure-Analysis/12-fracture-mechanics.htm.

Craig, BD, Lane, RA (2005) Environmentally assisted cracking: comparing the influence of hydrogen, stress and corrosion on cracking mechanisms, AMPTIAC Q. 9, 17-24.

Demakis, J (2002) Hydrogen embrittlement: how small details can have large effects, Moldmak. Technol. 4, 1-2.

Dong, ZH, Shi, W, Ruan, HM, Zhang, GA (2011) Heterogeneous corrosion of mild steel under SRB-biofilm characterized by electrochemical mapping technique, Corros. Sci. 53, 2978-2987.

Evans, TE, Chart, A, Skedgell, AN (1973) The colored film on stainless steel, Trans. Inst. Metal Finish. 51, 108-112.

Ford, FP (1982) Stress corrosion cracking, in Corrosion Processes, R. N. Parkins, Editor, Applied Science, London.

Ford, FP (1996) Quantitative prediction of environmentally assisted cracking, Corrosion 52, 375-395.

Forty, AJ, Humble, P (1963) The influence of surface tarnish on stress-corrosion of-brass, Philos. Mag. 8, 247-264.

Franklin, MJ, White, DC, Isaacs, HS (1991) Pitting corrosion by bacteria on carbon steel determined by scanning vibrating electrode technique, Corros. Sci. 32, 945-952.

Galvele, JR (1993) Surface mobility mechanism of stress corrosion cracking, Corros. Sci. 35, 419-434.

Galvele, JR (1995) Electrochemical aspects of stress corrosion cracking, in Modern Aspects of Electrochemistry, Vol. 27, R. W. White, J. O'M. Brockris, and B. E. Conway, Editors, Plenum Press, New York, p. 233.

Galvele, JR (1999) Past, present and future of stress corrosion cracking, Corrosion 55, 723-731.

Gibala, R, Kumnick, AJ (1984) Hydrogen trapping in iron and steels, in Hydrogen Embrittlement and Stress Corrosion Cracking, R. Gibala and R. F. Hehemann, Editors, ASM, Metals Park, OH.

Gunasekaran, G, Chongdar, S, Gaonkar, SN, Kumar, P (2004) Influence of bacteria on film formation inhibiting corrosion, Corros. Sci. 46, 1953-1967.

Hart, EW (1968) Surface and Interface II, Syracuse University Press, Syracuse, NY.

Harwood, JJ (1956) In Stress Corrosion Cracking and Embrittlement, W. D. Robertson, Editor, Wiley, New York.

Herrera, LK, Videla, HA (2009) Role of iron-reducing bacteria in corrosion and protection of carbon steel, Int. Biodeterior. Biodegrad. 63, 891-895.

Hirth, JP (1980) Effects of hydrogen on the properties of iron and steel, Metall. Mater. Trans. A 11, 861-890.

Hirth, JP (1984) Theories of hydrogen induced cracking of steels, in Hydrogen Embrittlement and Stress Corrosion Cracking, R. Gibala and R. F. Hehemann, Editors, ASM, Metals Park, OH.

Javaherdashti, R(1999) A review of some characteristics of MIC caused by sulfate-reducing bacteria: past, present and future, Anti-Corros. Methods Mater. 46, 173-180.

Javaherdashti, R, Raman, RKS, Panter, C, Pereloma, EV(2006) Microbiologically assisted stress corrosion cracking of carbon steel in mixed and pure cultures of sulfate reducing bacteria, Int. Biodeterior. Biodegrad. 58, 27-35.

Jin, TY, Liu, ZY, Cheng, YF(2010) Effects of non-metallic inclusions on hydrogen-induced cracking of API5L X100 steel, Int. J. Hydrogen Energy 35, 8014-8021.

Jones, DA(1996) Localized surface plasticity during stress corrosion cracking, Corrosion 52, 356-362.

Jones, RH(1992) Stress Corrosion Cracking: Materials Performance and Evaluations, ASM, Metals Park, OH.

Jones, RH, Arey, BW, Baer, DR, Friesel, MA(1989) Grain boundary chemistry and intergranular stress corrosion cracking of iron alloys in calcium nitrate, Corrosion 45, 494-502.

King, RA, Miller, JDA, Smith, JS(1973) Corrosion of mild steel by iron sulfides, Br. Corros. J. 8, 137-141.

Leyer, J, Sutter, P, Marchebois, H, Bosch, C, Kulgemeyer, A, Orlans-Joliet, BJ(2005) SSC resistance of a 125 ksi steel grade in slightly sour environments, Corrosion 2005, Paper 05088, NACE, Houston, TX.

Little, BJ, Lee, JS(1997) Microbiologically Influenced Corrosion, Wiley, New York.

Little, BJ, Wagner, P, Mansfeld, F(1991) Microbiologically influenced corrosion of metals and alloys, Int. Mater. Rev. 36, 253-272.

Liu, ZY, Li, XG, Cheng, YF(2010) In-situ characterization of the electrochemistry of grain and grain boundary of an X70 steel in a near-neutral pH solution, Electrochem. Commun. 12, 936-938.

Lynch, SP(1981) In Hydrogen Effects in Metals, A. W. Thompson and I. M. Bernstein, Editors, Metallurgical Society of AIME, Warrendale, PA, pp. 863-871.

Lynch, SP(1985) Mechanisms of stress corrosion cracking and liquid metal embrittlement in Al-An-Mg bicrystals, J. Mater. Sci. 20, 3329-3338.

Lynch, SP(1986) A fractographic study of hydrogen-assisted cracking and liquid-metal embrittlement in nickel, J. Mater. Sci. 21, 692-704.

Magnin, T(2002) Corrosion fatigue mechanism in metallic materials, in Corrosion Mechanisms in Theory and Practice, P. Marcus, Editor, CRC Press, Boca Raton, FL.

McEvily, AJ, Bond, PA(1965) On the initiation and growth of stress corrosion cracks in tarnished brass, J. Electrochem. Soc. 112, 141-148.

National Association of Corrosion Engineers(2003) Petroleum and Natural Gas Industries—Materials for Use in H_2S Containing Environments in Oil and Gas Production, Part 2: Cracking-Resistant Carbon and Low Alloy Steel, and the Use of Cast Iron, MR0175/ISO 15156-2, NACE Houston, TX.

National Energy Board(1996) Stress Corrosion Cracking on Canadian Oil and Gas Pipelines, MH-2-95, NEB, Calgary, Alberta, Canada.

Newman, RC, Procter, RP(1990) Stress corrosion cracking 1965-1990, Br. Corros. J. 25, 259-269.

Oriani, RA(1984) Hydrogen embrittlement of steels, in Hydrogen Embrittlement and Stress Corrosion Cracking, R. Gibala and R. F. Hehemann, Editors, ASM, Metals Park, OH.

Oriani, RA(1990) Hydrogen effects in high-strength steels, in Environment-Induced Cracking of Metals, R. P. Gangloff and M. B. Ives, Editors, NACE, Houston, TX, pp. 439-447.

Padilla-Viveros, A, Garcia-Ochoa, E, Alazard, D(2006) Comparative electrochemical noise study of the corrosion process of carbon steel by the sulfate-reducing bacterium Desulfovibrio alaskensis under nutritionally rich and oligotrophic culture conditions, Electrochim. Acta 51, 3841-3847.

Parkins, RN(1990)Stress corrosion cracking, in Environmental-Induced Cracking of Metals, R. P. Gangloff and M. B. Ives, Editors, NACE, Houston, TX.

Parkins, RN(1992) Mechanistic aspects of stress corrosion cracking, Parkins Symposium on Stress Corrosion Cracking, Metallurgical Society, Warrendale, PA.

Revie, RW(2000)Uhlig's Corrosion Handbook, 2nd ed., The Electrochemical Society, Pennington, NJ.

Revie, RW, Uhlig, HH(2008) Corrosion and Corrosion Control, 4th ed., Wiley, Hoboken, NJ. Seed, LJ (1990)The significance of organisms in corrosion, Corros. Rev. 9, 3-101.

Sheng, X, Ting, YP, Pehkonen, SO(2007)The influence of sulfate-reducing bacteria biofilm on the corrosion of stainless steel AISI 316, Corros. Sci. 49, 2159-2176.

Speidel, MO(1975)Stress corrosion cracking of aluminum alloys, Metall. Trans. A 6, 631-651.

Starosvetsky, D, Armon, R, Yahalom, J, Starosvetsky, J(2001)Pitting corrosion of carbon steel caused by iron bacteria, Int. Biodeterior. Biodegrad. 47, 79-87.

Starosvetsky, J, Starosvetsky, D, Pokroy, B, Hilel, T, Armon, R (2008) Electrochemical behaviour of stainless steels in media containing iron-oxidizing bacteria(IOB) by corrosion process modeling, Corros. Sci. 50, 540-547.

Stenzel, H, Vehoff, H, Neumann, P (1986) In Modeling Environmental Effects on Crack Growth Process, R. H. Jones and W. W. Gerberich, Editors, AIME, Warrendale, PA, p. 225.

Stott, JFD, Skerry, BS, King, RA(1988)Laboratory evaluation of materials for resistance to anaerobic corrosion caused by sulfate reducing bacteria: philosophy and practical design, in The Use of Synthetic Environments for Corrosion Testing, P. E. Francis, and T. S. Lee, Editors, ASTM STP 970, American Society for Testing and Materials, Philadelphia, pp. 98-111.

Suh, D, Eagar, TW(1998) Mechanistic understanding of hydrogen in steel welds, Proc. International Workshop Conference on Hydrogen Management for Welding Applications, Ottawa, Ontario, Canada.

Swann, PR, Pickering, HW(1963) Implications of stress aging yield phenomena with regard to stress corrosion cracking, Corrosion 19, 369-372.

Szklarz, KE(1999)Sulfide stress cracking of a pipeline weld in sour gas service, Corrosion 1999, Paper 99428, NACE, Houston, TX.

Taheri, RA, Nouhi, A, Hamedi, J, Javaherdashti, R (2005) Comparison of corrosion rates of some steels in batch and semi-continuous cultures of sulfate-reducing bacteria, Asian J. Microbiol. Biotechnol. Environ. Sci. 7, 5-8.

Teter, DF, Robertson, IM, Birnbaum, HK (2001) The effects of hydrogen on the deformation and fracture of beta-titanium, Acta Mater. 49, 4313-4323.

Thierry, D, Sand, W(1995)In Corrosion Mechanics in Theory and Practice, M. J. Oudar, Editor, Marcel Dekker, New York.

UK National Physical Laboratory (1982) Guide to Good Practice in Corrosion Control: Stress Corrosion Cracking, NPL, London.

Videla, HA(1990)Sulphate reducing bacteria and anaerobic corrosion, Corros. Rev. 9, 103-141.

Videla, HA, Herrera, LK (2009) Understanding microbial inhibition of corrosion: a comprehensive overview, Int. Biodeterior. Biodegrad. 63, 896-900.

Wiederhorn, SM, Bolz, LH(1970)Stress corrosion and static fatigue of glass, J. Am. Ceram. Soc. 53, 543-548.

Wikipedia online source, http://en.wikipedia.org/wiki/Stress corrosion cracking.

Xu, C, Zhang, Y, Cheng, G, Zhu, W(2008)Pitting corrosion behavior of 316L stainless steel in the media of sulphate-reducing and iron-oxidizing bacteria, Mater. Charact. 59, 245-255.

Yole, P(1998) MIC investigation of damage of tubes fed by seawater in the coast power plants. Proceedings of Corrosion and the Environment Conference, Bath, UK, p. 163.

Yuan, SJ, Pehkonen, SO(2007) Microbiologically influenced corrosion of 304 stainless steel by aerobic Pseudomonas NCIMB 2021 bacteria: AFM and XPS study, Colloids Surface. B 59, 87-99.

Zhang, C, Wen, F, Cao, Y(2011) Progress in research of corrosion and protection by sulfatereducing bacteria, Proc. Environ. Sci. 10, 1177-1182.

Zhao, W, Wang, Y, Zhang, T, Wang, Y(2012) Study on the mechanism of high-cycle corrosion fatigue crack initiation in X80 steel, Corros. Sci. 57, 99-103.

3 管道应力腐蚀开裂认识

超过98%的石油和天然气输送管道埋地铺设。无论这些管道的设计、制造和保护如何好，一旦使用，它们都将遭受环境侵袭、外部损伤、涂层剥落、固有材料缺陷、土壤运动和不稳定性，以及第三方破坏。管道SCC的发生是由适当的环境（土壤、涂层、CP和温度）、应力（环向应力、纵向应力、残余应力和内部压力波动）和材料（钢级和化学成分、微观结构、冶金缺陷、表面粗糙度和焊接）因素共同作用所致。

根据2008年加拿大国家能源局（NEB）发布的统计数据，加拿大NEB管理的管道中，大约63%的管道失效主要是由腐蚀和金属损失（包括开裂）引起的。特别是，SCC引起的失效占腐蚀失效的10%~13%。在其他事故中，TransCanada管道在1985年、1991年和1992年共发生5次重大SCC失效事故，并且在1995年曼尼托巴省发生了由SCC引起的大爆炸，促使加拿大管道监管组织[例如NEB和加拿大能源管道协会（CEPA）]发展了控制SCC的流程。

在有关管道SCC的各种报告、案例和法规中，最全面、最权威的是NEB在1996年发布的"有关加拿大石油和天然气管道应力腐蚀开裂的公共咨询报告"（National Energy Board，1996a）。此外，美国运输部（DOT）和Michael Baker Jr., Inc. 在2005年完成了"应力腐蚀开裂研究"报告（Baker，2005）。CEPA发布了"应力腐蚀开裂推荐做法"，详细介绍了1997年（Canadian Energy Pipeline Association，1997）和2007年（Canadian Energy Pipeline Association，2007）轴向穿晶SCC的控制。

3.1 管道SCC实际案例

1965年，路易斯安那州的输气管道因为SCC而发生开裂失效，这是公认的第一起管道SCC案例（Leis等，1996）。然而，在Battelle的管道失效分析报告中，类似的金相和断口信息表明第一次SCC失效可能发生在1957年（Leis和Eiber，1997）。

1985年3月至1986年3月，TransCanada管道在加拿大安大略省北部已经发生了3次失效事件（Fang等，2003）。这些失效首次归因于管道SCC。1996年NEB发布了有关管道SCC的调查报告，图3.1给出了1996年之前加拿大发生管道SCC事件的时间顺序。

通过对比加拿大和美国的管道SCC事故，统计数据表明，加拿大17%管道失效事故归因于SCC，而SCC事故仅占美国管道失效事故的1.5%（Baker，2005）。这似乎表明，加拿大管道SCC事故比美国更为严重。然而，美国交通部管道安全办公室的报告指出："SCC仅占美国报告事故的1.5%，却占加拿大的17%的事实是因为美国发生更多的第三方破坏。"因此得出结论，"SCC也是美国管道运营商关注的严重的管道完整性问题"

(Baker，2005)。此外，管道 SCC 是一种普遍现象，除加拿大和美国外，俄罗斯、澳大利亚、伊朗、伊拉克、意大利、巴基斯坦、沙特阿拉伯等国家的管道系统中也发现了管道 SCC 的案例。

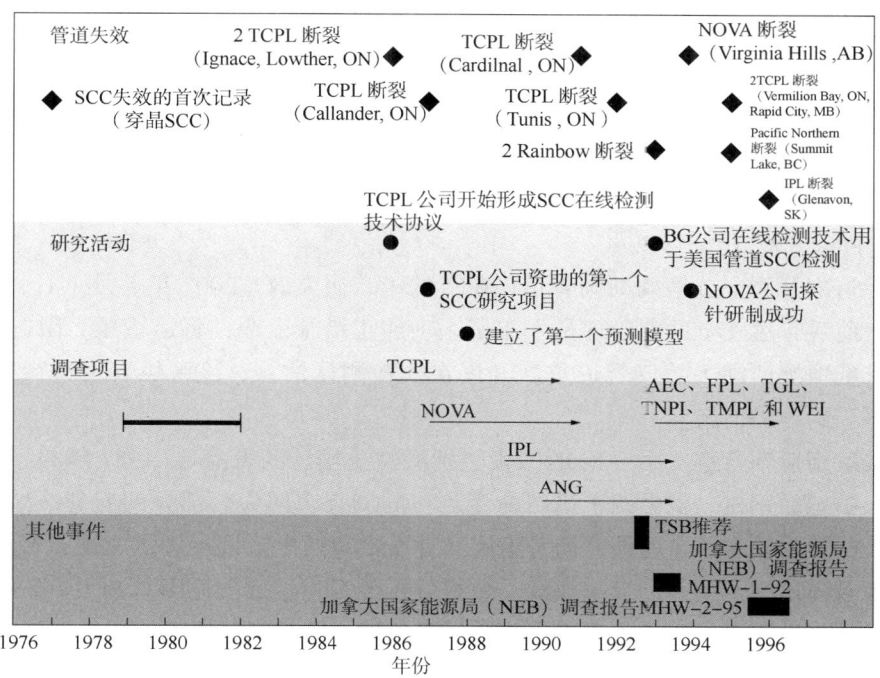

图 3.1　1996 年之前加拿大管道 SCC 相关的大事记(据国家能源局，1996a)

3.1.1　Enbridge Glenavon 管道 SCC(石油管道 SCC)

1996 年 2 月 27 日，在位于加拿大萨斯喀彻温省 Glenavon 和 Langbank 镇附近，Enbridge(以前称为 IPL)主要原油管道(3 号线)的泵站突然同时出现了工作压力降低和原油流速增加的问题(Transportation Safety Board of Canada，1999a)。3 号线将富硫重油从阿尔伯塔省北部输送到美国中西部的炼油厂。该管线在里贾纳以东 120km 处的萨斯喀彻温省 Glenavon 附近开裂，导致 800m³ 的原油泄漏，但无人受伤。据报道，"3 号线的破坏包括 1.87m(约5.8ft)的管道开裂，其在纵焊缝附近沿纵向裂开"(Transportation Safety Board of Canada，1999b)。

该管道于 1968 年建设，管道外防腐为聚乙烯(PE)涂层。土壤分析表明可溶解性固体含量较高，石膏基固体的 pH 值为弱碱性(7.35~7.95)。断裂区域的金相分析表明，该管道沿纵向焊缝断裂，断口长约 1.87m。此外，涂层在某些区域的结合力较差，出现褶皱和剥离。去除涂层后可见沿纵向焊缝出现全面腐蚀，其中最严重的腐蚀对应于失效中心部位。该失效样的无损检测发现在纵焊缝的 150mm 范围内出现 27 个小裂纹集中区域，其中许多在管道的腐蚀区域内。在下游环焊缝附近发现 8 个类似的裂纹集中区域，均沿轴向分布，同时在几个腐蚀区域发现浅层裂纹。在断口表面观察到两个对应于腐蚀最深区域的大平坦区域，表现出一些晶间腐蚀特征及二次裂纹。材料微观分析表明，主要的开裂模式是穿晶开裂。现场和实验室分析得出的结论是，在碳酸盐—碳酸氢盐溶液中PE外涂层剥离下发生了近中性pH值SCC失效导致了管道开裂。

3.1.2 威廉姆斯湖管道SCC(天然气管道SCC)

2003年12月13日，华盛顿托莱多附近的威廉姆斯湖管道(26in)发生开裂。2003年12月19日，在联邦安全检查员确定268mile(431km)管道的事故风险"可能导致严重生命、财产和环境危害"之后，向华盛顿提供大部分天然气的管道公司被勒令关闭从加拿大到俄勒冈的干线(Welch，2003)。

实际上这次开裂是威廉姆斯湖管道(26in)的第二次失效。2003年5月1日，该管道发生过开裂，此后管道安全助理管理员发布了一项纠正措施命令，将运行压力限制在20%以内，并要求威廉姆斯湖天然气管道重新开展在线检测评估，对该区域岩土进行工程评估，以及采取适当的维护措施。

导致威廉姆斯湖管道发生SCC的因素包括酸性土壤、沥青涂层(1957年)、运行压力、外加载荷及敏感的钢材。根据纠正措施命令进行的调查表明失效部分的开裂区域边缘有深色污迹，表明发生了腐蚀。此外，沥青涂层和管道之间的水溶液促进了腐蚀，特别是点蚀。目测还发现管体出现了明显的纵向裂纹。金相分析证实，失效的原因是SCC(Corrosion Doctors，互联网信息)。虽然管道处于发生岩土活动区域，但这不是造成失效的主要原因。

在该事故之前，同一条管道在1992年、1994年和1999年也先后发生过失效。这些早期的失效都归因于SCC。此外，应当指出这条管道在开裂前不到一年的时间进行了静水压试验。然而，静水压试验不能保证没有问题，也不能检出应力腐蚀裂纹。建议采用如电磁超声传感器(EMAT)等更为专业的完整性管理技术进行严格的SCC检测。

2003年12月发生失效后，威廉姆斯将气体压力降低到100psi，输送压力是其输气能力的12%，这基本上使管线处于中断服务状态。公司被勒令在3年内改善人口稠密地区的所有管线，10年内改善整个系统。威廉姆斯湖管道的情况充分说明了在尝试缓解SCC时遇到的困难，如静水压测试等标准测试方法不一定能检测到SCC。此案例还提醒管道运营商要进一步完善完整性管理系统以防止发生事故对生命、财产和环境造成的损害。

3.2 管道SCC的一般特点

管道SCC是一种环境促进开裂(EAC)，是由多种因素共同引起的，包括管道周围的环境、对管线钢施加的应力和钢的冶金敏感特性。管道SCC主要分为两种类型：高pH值SCC和近中性pH值SCC，这取决于与管线钢接触的电解质。因此，该pH值是指开裂位置所处环境的pH值而不是土壤的pH值。

3.2.1 管道高 pH 值 SCC

当外加阴极保护(CP)穿透涂层到达管道并产生阴极电位时,所产生的高浓度的碳酸盐—碳酸氢盐电解质是产生高 pH 值 SCC 的环境因素。这种环境可能是由阴极反应(水的还原)产生的羟基离子与土壤中有机物腐烂产生的二氧化碳之间相互作用而产生的。CP 电流导致剥离涂层下和管道表面局部环境电解质 pH 值增加,二氧化碳很容易溶解在 pH 值升高的电解质中,从而产生 pH 值介于 8~10 之间的高浓度的碳酸盐—碳酸氢盐溶液。

在高 pH 值条件下,形成的裂纹断面通常呈现出一层深色氧化层,主要是四氧化三铁。管道最后断裂部分(即瞬断区)仍为亮银色。对一段裂纹的金相分析表明,断裂模式为沿晶开裂,裂纹通常带有小分支,如图 3.2 所示。

采用小试样进行的模拟实验表明,管道高 pH 值 SCC 具有温度敏感性,更易发生在高于 38℃的环境中。在现场压缩机站下游极易出现高 pH 值 SCC,操作温度可能达到 65℃ (National Energy Board, 1996a)。

3.2.2 管道近中性 pH 值 SCC

直到 20 世纪 80 年代中期近中性 pH 值 SCC 才有记录报道,并首次在加拿大埋地管道

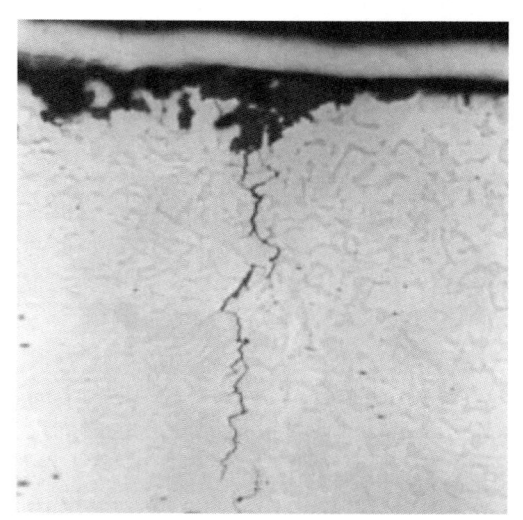

图 3.2 高 pH 值管道沿晶 SCC 的金相照片(250×)
(据 National Energy Board, 1996a)

中发现(National Energy Board, 1996a)。SCC 与剥离涂层与管道表面形成的局部环境 pH 值介于 5.5~7.5 之间的稀碳酸氢盐电解质有关,二氧化碳溶解在电解质中平衡 pH 值,其通常来源于有机物的降解和土壤中的化学反应。由于存在屏蔽涂层、高电阻性土壤或无效的 CP,在长期使用的情况下,几乎没有 CP 电流会到达管道表面,从而使管道发生近中性 pH 值开裂(Parkins 等,1994)。通常,SCC 就已经在出现点蚀的管道外表面萌生了。

微生物硫酸盐还原并不是整个加拿大发生近中性 pH 值 SCC 事故的普遍特征(Delanty 和 O'Beime, 1992)。在许多事故中,碳酸亚铁是唯一的腐蚀沉积物。然而,在剥离涂层下存在的活性微生物过程可以通过硫酸盐还原或微量硫化物的产生来改变阴离子比,从而影响近中性 pH 值 SCC(Jack 等,2000)。这两种结果可能都有利于开裂的发生,二氧化碳含量的升高也是如此(Wilmott 等,1996;Van der Sluys 等,1998)。

此外,在剥离涂层与管道表面形成的局部环境中的电解质与相邻地下水之间的差异相对较小。涂料成分中的活性微生物可能导致这种微小差异(Jack 等,2000)。然而,在近中性 pH 值 SCC 事故中,几乎没有活性微生物的证据。因此,人们认为活性微生物对 SCC 的发生不是必要的,但可能会影响其严重程度。

金相分析表明,近中性 pH 值 SCC 裂纹主要是穿晶开裂,如图 3.3 所示,比高 pH 值 SCC 的裂纹宽度更宽,且近中性 pH 值 SCC 裂纹侧壁表明发生腐蚀导致金属损失。因此,近中性 pH 值 SCC 的开裂机理与高 pH 值 SCC 是不相同的。

3.2.3 裂纹特征

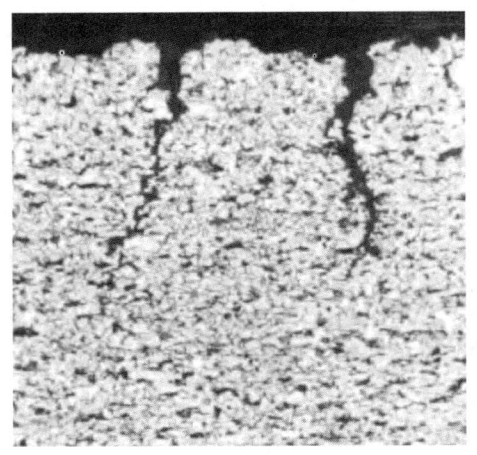

图3.3 管道穿晶应力腐蚀开裂的金相照片(250×)（据 National Energy，1996a）

上文讨论的两种 SCC 形式有许多相似之处。两者均是多个平行裂纹聚集出现，这些裂纹一般垂直于管道外表面最高应力的方向，通常是内压产生的环向应力。这些裂纹在深度和长度上可能有所不同，并呈两个方向[即轴向(长度)和横截面(深度)方向]。并且倾向于聚集或合并在一起，形成更长的裂纹。在某些情况下，这些裂纹可能同时达到临界深度和临界长度导致断裂。应力腐蚀裂纹不需要完全穿透管壁，就会发生断裂（即浅裂纹可能达到临界长度）。管道剩余强度和韧性决定了裂纹行为从缓慢增长的应力腐蚀机制转变为极快脆性的临界尺寸。如果管道在达到断裂的临界长度之前出现裂纹，则会发生泄漏。

裂纹合并是管道 SCC 中常见的现象。裂纹合并的结果是连接裂纹尖端处的单个裂纹，形成更长的裂纹，贯穿整个 SCC 生命周期。裂纹是否如图 3.4 第三阶段所示持续增长取决于裂纹尺寸、环境因素或力学因素。在第四阶段，裂纹群在撕裂过程中合并（Canadian Energy Pipeline Association，1996a），其中机械载荷在裂纹扩展中起着重要作用。裂纹群的几何形状对于确定裂纹是否会合并扩展到失效及失效模式至关重要。纵向较长但周向较窄的裂缝群比长度和宽度相似的裂缝群对管道完整性更为危险。对于前一种裂纹群，独立的裂纹可以合并连接从而导致开裂。然而，对于具有后一种几何形状的裂纹群，生长主要发生在裂纹的边缘（Canadian Energy Pipeline Association，1996b）。此外，位于裂纹群内部的裂纹不受压力的影响，处于休眠状态（Canadian Energy Pipeline Association，1996a）。

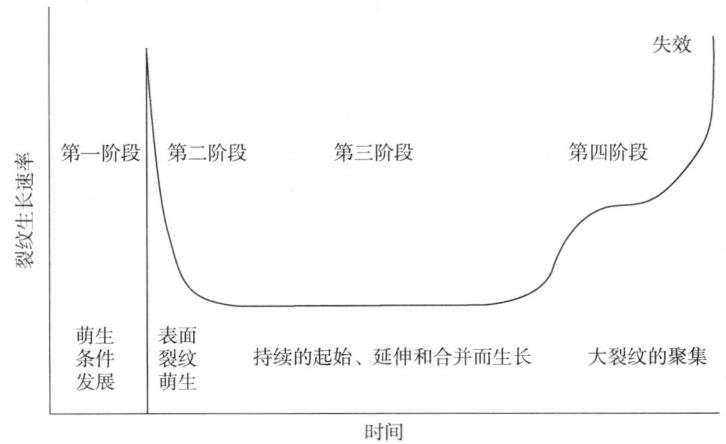

图3.4 管道 SCC 生命周期原理图（据 National Energy Board，1996a）

此外，裂纹群中的裂纹可以相互靠近或远离，使得裂纹间距稀疏或密集。将裂纹之间的圆周间距等于壁厚的20%作为区分稀疏和密集的标准。通常，裂纹间距接近壁厚20%的裂缝往往会进入休眠状态，而间隔较远的裂纹（距离大于壁厚20%的距离）可以继续增长（Leis，1995）。因此，裂纹合并是影响裂纹生长的潜在机制。

两种形式SCC最明显的差异包括高pH值SCC的温度敏感性、断口微观形貌和管道SCC的环境pH值。表3.1总结了这两种类型管道SCC的主要特征。

表3.1 两种管道SCC特征比较（据National Energy Board，1996a）

因素	近中性pH值SCC	高pH值SCC
位置	与特定的地形条件相关，通常为干湿交替土壤和容易分解、损坏涂层的土壤	通常在泵或压缩机站下游20km范围内；与压缩机或泵的距离增加，管道温度降低，失效次数显著降低
温度	与管道温度无明显相关性；在较冷的气候和地下水中的二氧化碳浓度较高，可能更频繁地发生	增长率随温度升高呈指数级增长
相关电解质	中性pH值在5.5~7.5范围内稀碳酸氢盐溶液	高浓度碳酸盐+碳酸氢盐溶液，碱性pH值高于9.3
电化学电位	$-760 \sim -790$mV（$Cu/CuSO_4$）；阴极保护不能到达管道表面发生SCC的位置	$-600 \sim -650$mV（$Cu/CuSO_4$）；阴极保护维持实现该电位范围
裂纹路径和形态	主要是穿晶，宽裂缝，裂纹两侧表面有大量腐蚀的痕迹	主要是沿晶，窄裂缝，裂纹两侧表面无腐蚀的痕迹

3.3 管道SCC的条件

与所有其他SCC失效一样，管道发生SCC须同时满足以下三个条件：腐蚀环境、敏感性的管道材料和拉伸应力。如果缺少其中任何一个，即管道不会发生SCC。相比而言，控制环境因素以防止SCC比控制材料和应力因素更常见。

3.3.1 腐蚀环境

导致管道SCC的环境通常与剥离涂层和管道表面之间的局部环境电解质有关。因此，腐蚀环境可能不同于周围土壤环境。例如，近中性pH值SCC的环境可能含有稀的碳酸氢根离子和其他物质，如氯离子和硫酸根离子，而高pH值SCC通常发生在含有高浓度碳酸盐和碳酸氢盐的环境中（National Energy Board，1996a）。这些环境是由于涂层性能失效、CP渗透水平和土壤条件的综合影响造成的。但是，当涂层损坏或缺失时，管道会直接暴露在土壤中，土壤环境可能导致管道SCC。

碳酸根和碳酸氢根离子是由土壤中的二氧化碳溶解到地下水中产生的。由于防水性涂层（如PE涂层）的屏蔽作用失效，因此只有在没有CP的情况下才能存在近中性pH值SCC的环境。如果CP穿透涂层，通常为自然渗透（例如沥青、煤焦油）并到达管道表面，则会产生高pH值碳酸盐或碳酸氢盐环境。土壤在CP渗透中的作用十分重要。干燥土壤的高电阻率可能阻止CP到达管道，有利于形成近中性pH值的环境。此外，温度影响二氧化碳在水中的溶解度。在低温下，二氧化碳溶解度增加，剥离涂层和管道表面之间的局部环境的

pH值降低。实际上，由于外加阴极电位波动或变化，管道沿晶SCC(TGSCC)和穿晶SCC(IGSCC)的环境条件是相关的，可能从一个变为另一个环境的条件(Asher等，2007)。

控制导致管道SCC的电化学电位环境的四个因素：涂层的类型和性能、钢管表面的CP水平、土壤电阻率和温度。后续章节将深入探讨影响SCC过程的涂层、CP和温度因素。在季节性干湿交替期间土壤电阻率的变化将影响钢的腐蚀及其SCC敏感度，通过引入先进的扫描开尔文探头(SKP)技术，来更加全面地描述其变化过程。

扫描开尔文探针技术是一种非侵入性电化学方法，原位测量电化学活性试样表面局部电位的变化(Grundmeier等，2000；Leng等，1999)。通过测量工作电极和参比电极(后者是由钨元素制成的开尔文探针)功函数的差异，可以准确确定目标电极的表面条件和电化学活性。图3.5显示了在碳酸氢盐溶液中涂有涂层的X65管道钢电极经历了干湿交替实验的SKP测量值，其扫描区域中心(浅灰色区域)负电位区域是涂层剥落区域。随着夹缝溶液的蒸发，溶液层从"厚"变"薄"。相应地，开尔文电位呈负偏移(标记为"薄"的深灰色区域)。

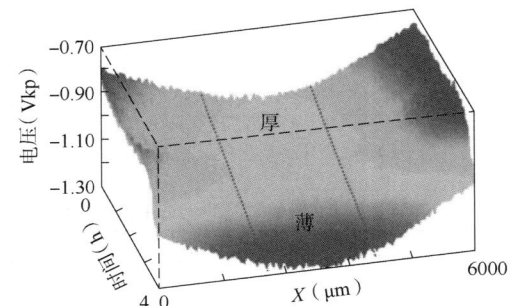

图3.5 在干湿循环期间剥离涂层下的
X65管道钢电极上测量的开尔文电位
(据Fu和Cheng，2009)

在干湿交替中，由于水的蒸发，剥离涂层和管道表面之间的局部环境溶液层厚度将会减小。溶液厚度的减小有助于钢表面氧的扩散和还原。同时，溶液浓度随溶液厚度变薄而增加，导致氧溶解量的降低。前者通过增加阴极反应来增强钢的腐蚀，导致钢的腐蚀电位发生负移，而后者则可能由于高浓度碳酸根氧化能力的提高而导致腐蚀电位正移。随着溶液层厚度的变化，这两种效应之间存在竞争。在干湿交替中开尔文测量电位负移(图3.5)，表明在夹缝溶液中加速的氧扩散和还原有利于钢的腐蚀过程。因此，在土壤干燥过程中，减少溶液层厚度有利于钢的腐蚀，使钢电位发生负移。虽然干燥的土壤可能会"屏蔽"管道免受CP渗透的影响，但在季节性干燥期间出现的钢负电位可能会导致在敏感电位范围内的管道发生高pH值SCC。

虽然微生物活动影响管道腐蚀和SCC，但是值得指出的是土壤样品采集和溶液制备可以实现管道土壤环境SCC的实验室模拟，而试图重现微生物活动的可能影响是很困难甚至是不可能的(Bueno等，2004)。

3.3.2 敏感的管道材料

敏感的管道材料是引起SCC的另一个条件。统计显示，SCC已发生在从X25到X65等各种牌号的管线钢。此外，SCC已在直径114~1067mm，壁厚2.0~9.5mm的管道上发生。电阻焊(ERW)和双面电弧焊(DSAW)管道都发现了与SCC相关的失效案例(National Energy Board，1996a)。

通常，SCC似乎与特定的管道制造方法或制造商无关。然而，20世纪50年代在安大略省南部制造的管道发现ERW纵向焊缝耐近中性pH值SCC的能力低于母材(Canadian Energy Pipeline Association，1996c)。这可能是由于焊缝区域的断裂韧性较低或残余应力高于正常水平所致(TransCanada Pipelines，1996)。此外，与近中性 pH 值环境中的基材相比，与 DSAW 相邻的热影响区(HAZ)明显更容易开裂(Canadian Energy Pipeline Association，1996b)。HAZ 的平均裂纹速度比母材高 30%左右。但是，对于高强度 X100 管线钢，在近中性的 pH 值溶液中，母材的局部腐蚀速率高于焊接部位，这与 HAZ 的软化有关(Zhang 和 Cheng，2010)。对于低强管线钢(如 X70 钢)，在 HAZ 的开裂率高于母材(Zhang 和 Cheng，2009)。

研究发现管道牌号从 X35 到 X70 和 X100 的钢易受近中性 pH 值 SCC 的影响。特别是，在近中性 pH 值溶液中，X80 和 X100 等高强钢更容易受到氢致 SCC 影响。即使没有外部应力，氢一旦超过阈值也将导致 X80 和 X100 钢开裂(Jin 等，2010；Xue 和 Cheng，2011)。对于高 pH 值 SCC，尚未发现钢管的强度范围与 SCC 敏感性之间的相关性(Parkins，1994)。

管道局部塑性变形增加了钢对 SCC 的敏感性。Xu 和 Cheng(2012)的最新研究发现，随着预应变增加，屈服强度和极限抗拉强度均增加，断裂应变减小。此外，在近中性 pH 值溶液中，弹性应变使 3.918%预应变 X100 钢试样腐蚀电位下降了 1.1mV(SCE)，如图 3.6 所示，但在塑性变形阶段，腐蚀电位负移至 11.2mV(SCE)。结果表明，塑性变形比弹性变形对钢腐蚀电位的影响更加显著；即弹性变形的力学电化学效应是有限的，通常可以忽略不计；而塑性变形对钢腐蚀的影响是显著的。因此，在管道表面或裂纹尖端产生或增强局部塑性变形的条件将有利于 SCC 发生。

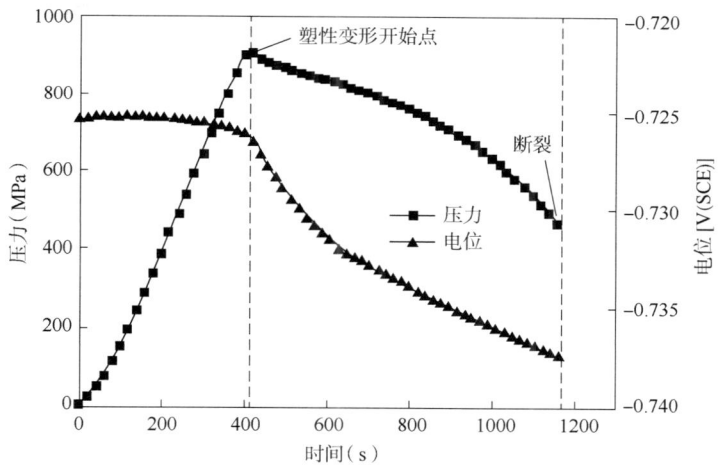

图 3.6 近中性 pH 值溶液中，在拉伸测试期间，应力和腐蚀电位的时间依赖性为 3.918%，应变速率为 $10^{-4}s^{-1}$(据 Xu 和 Cheng，2012)

通常，在应力水平低于钢的弹性极限时不会产生引起局部塑性变形的应变，该弹性极限通常在钢屈服强度的 85%~95%的范围内。但是，在两种情况下当应力水平低于钢的弹性极限时也会发生局部塑性变形。一种是管道表面层的变形，该变形发生在低应力水平之前的壁厚大的部分(Leis，1990)，另一种是在循环载荷下发生的变形(Canadian Energy Pipeline Association，1996a)。

此外，非金属夹杂物对管线钢 SCC 的敏感性有很大影响。在 X70 管线钢中，主要为富含氧化铝的夹杂物，而氧化铝在钢中易碎且不连贯。微裂纹和缝隙很容易在夹杂物和晶界上形成(Liu 等，2009a)。在 X100 管线钢中，至少识别出四种夹杂物类型：长条形硫化锰

(MnS)夹杂物和球形 Al、Si 和 Ca—Al—O—S 富集夹杂物。特别是,钢中大部分夹杂物富含铝。充氢后,可能会产生氢鼓泡和 HIC,其裂纹主要与富铝和硅的夹杂物有关,而不是与长条形 MnS 夹杂物有关(Jin 等,2010)。此外,夹杂物的大小对于裂纹的萌生至关重要。如果表面缺陷的长度主要由长度在 200~250μm 之间的非金属夹杂物控制时,则不会形成纵向裂纹。同时,检查具有断裂记录的现场管道发现(TransCanada Pipelines,1996),未断裂的管道包含的夹杂物比断裂的样本更长。

迄今为止,尚未发现钢的化学成分与近中性 pH 值 SCC 敏感性之间的系统关系。实际上,通常认为管线钢的微观化学组成对 SCC 影响非常有限。对于高 pH 值 SCC,在钢中添加 2%~6% 的铬、镍或钼可以提高抵抗高 pH 值 SCC 的能力,主要是由于在高 pH 值环境中钢的钝化性得到了改善,但如此高的添加量使钢生产成本过高(Parkins,1994)。

管道表面存在的水垢会促进 SCC 过程,有研究者建议(Canadian Energy Pipeline Association,1996d),在应力水平高于屈服强度时,光滑、干净的钢表面的极限应力不同于已经使用多年的表面的极限应力。实际上,对于在近中性 pH 值溶液的管线钢,水垢会影响钢的阴极氢析出和阳极溶解(Meng 等,2008)。图 3.7 和图 3.8 给出了在 X70 钢电极上测得的局部电化学阻抗谱(LEIS)和扫描振动电极技术(SVET)图,该电极部分覆盖了在近中性 pH 值溶液中形成的腐蚀产物层,其中区域 A 和 B 分别表示腐蚀产物覆盖的表面和裸露的钢表面,虚线 l 表示两个区域之间的边界。B 区(裸钢区)的阻抗值高于 A 区(腐蚀产物覆盖区)的阻抗值。B 区的平均阻抗值为 1330Ω,而 A 区的平均阻抗值约为 1190Ω。除了低阻抗区域(区域 A)和高阻抗区域(区域 B)之外,在边界线附近还有一个具有中阻抗的过渡区域。此外,SVET 电流密度图包含三个不同的区域(图 3.8 中的 A、B 和 C)。在区域 A(电极表面被腐蚀产物层覆盖)中测得的电流密度高于其他两个区域的电流密度(70~80μA/cm^2)。与区域 A 和 C 相邻的区域 B 的特征是中间电流密度约为 55μA/cm^2。最小电流密度在 C 区,为 35~40μA/cm^2。

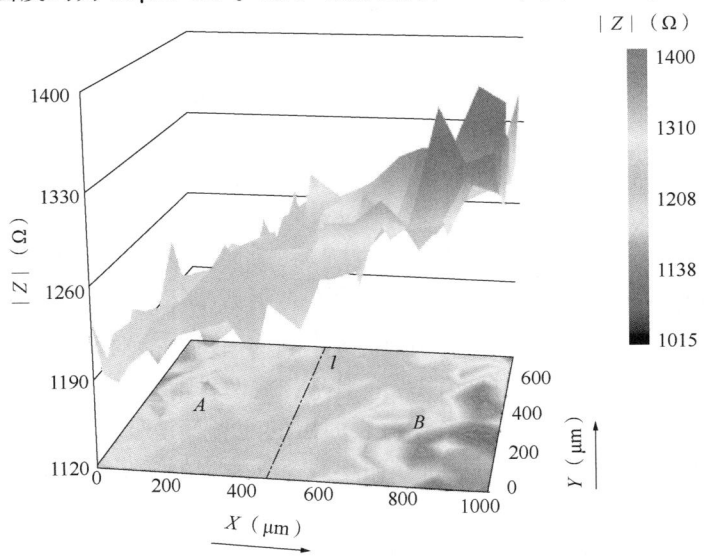

图 3.7 X70 钢电极上在近中性 pH 值溶液中测量的 LEIS 图(据 Meng 等,2008)
区域 A 和 B 分别表示腐蚀产物覆盖的表面和裸露的钢表面,并且线 l 是两个区域的边界

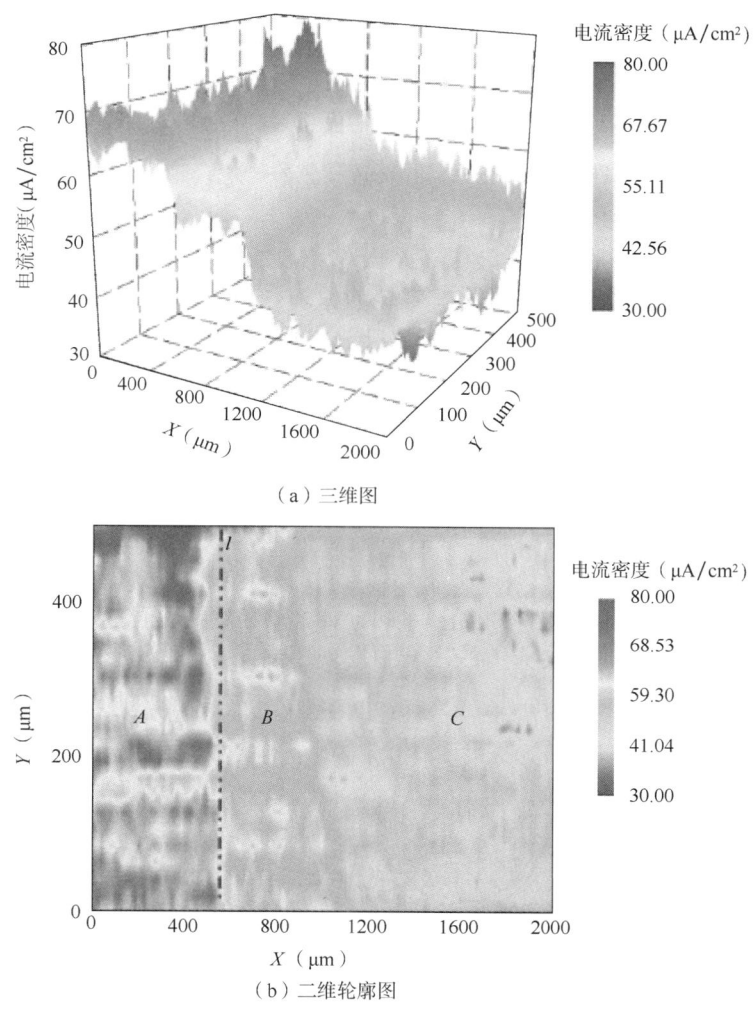

图 3.8 在与图 3.7 相同的扫描区域上测得的 SVET 电流密度图
(据 Meng 等,2008)

整个钢电极上的电流密度图显示,由于腐蚀产物层的非致密多孔结构,腐蚀产物层的腐蚀活性不均匀(Meng 等,2008)。可以合理地认为,阳极反应集中在以高溶解电流密度为特征的孔中,而阴极氢的析出主要发生在沉积层表面上。因此,产生小阳极/大阴极的几何形状加速了钢局部阳极溶解,并且所产生的电子通过阴极水还原而被消耗,从而阴极反应增强保持电荷中性。因此,多孔沉积层增强了氢析出,提高了氢诱导的 SCC 敏感性。

此外,LEIS 和 SVET 的测试结果均表明,电极表面上腐蚀产物层的存在增强了钢的阳极溶解。主要因为增加了中间物种吸附在沉淀物上的有效的表面积,例如 $Fe(I)_{ad}$ 或 $Fe(II)_{ad}$(Keddam 等,1981;Modiano 等,2008)。在两次测试中均观察到过渡区。与腐蚀产物层相邻的钢被某种程度地氧化产生沉积垢,在该沉积垢处,中间物质的吸附得到增强,但是强度不如预先形成的沉积区。因此,"自催化"溶解效果小于区域 A 中的溶解效果,但远高于区域 C 中的溶解效果。

管道 SCC 的发生通常与管道表面腐蚀产物和水垢的存在有关,沉积物和水垢会加速钢的腐蚀。特别是由沉积垢的多孔结构产生的小阳极/大阴极几何形状导致点蚀的发生,这表明电极表面各个位置的局部溶解电流密度很高(图 3.8)。腐蚀坑可能是最常见的裂纹萌生点。因此,在管道表面存在沉积层和水垢的情况下,管道极易发生腐蚀尤其是点蚀。应力腐蚀裂纹可能由沉积物和水垢下形成的腐蚀坑引发。

3.3.3 应力

埋地管道承受着来自各种来源和各种类型的应力,所有这些都会导致 SCC。管道的工作压力通常是管壁上最大的应力源(环向应力)。管道周围的土壤会移动并产生轴向应力。管道制造过程(例如焊接)会产生残余应力。

应力对裂纹萌生和扩展的重要影响决定了是否存在阈值应力水平,低于该阈值应力,裂纹将不会生长;而增加管道中应力导致裂纹更快地生长,应该合理安排时间进行一次管道静水压试验。通常,裂纹以两种方式生长:由溶解和氢脆而导致的在长度和深度方向的生长,以及通过多个裂纹合并而形成长裂纹。

管道上通常有两种类型的应力:围绕管道圆周的环向应力,以及沿着管道轴线的纵向或轴向应力。裂纹始终垂直于应力方向。因此,如图 3.9 所示,在高环向应力的区域中发现了纵向(轴向)裂纹,在高轴向应力的区域中发现了周向(横向)裂纹。

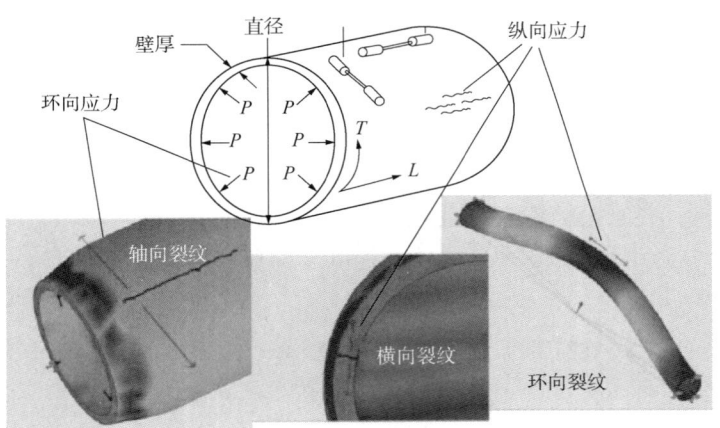

图 3.9 埋地管道应力示意图

(1) 环向应力。

管道的环向应力有多种来源,包括由内压引起的环向应力,这通常是管道中的最高应力分量;管道制造过程中产生的残余应力;当椭圆形或不圆管受到内压时产生的弯曲应力;在双埋弧焊缝的边缘或与机械豁口和腐蚀坑有关的局部应力;可能导致管道不圆的二次应力,例如土壤沉降或地面滑移;以及由于管壁厚度的温差而产生的应力。有报道(National Energy Board,1996a),在已调查的加拿大管道 22 个服役失效案例中,有 16 个(73%)涉及轴向裂纹,表明环向应力主导了这些失效。

管道的工作压力定义为钢管指定的最小屈服强度(SMYS)的百分比。但是,管道的实际屈服强度通常高于 SMYS,实际屈服强度可以比 SMYS 高 10%~30%。因此,以 72%SMYS

运行的管道可能仅达到管线钢实际屈服强度的60%。特别是，加拿大标准协会(CSA)Z662根据管道的位置和周围的人口居住密度来设置最大允许环向应力，并且根据人口居住密度设置了四个类别的地区(Canadian Standards Association，2011)。在天然气管道上，最大允许环向或工作应力范围为 SMYS 的44%~80%，具体取决于住宅的密度。例如，80%SMYS 是在1类地区，人烟稀少的地区或农村地区所允许的最大环向应力。对于给定等级(SMYS)，最大允许环向应力决定着管道壁厚。目前，许多其他国家/地区的法规将最大环向应力限制在 SMYS 的72%(Institute of Gas Engineers，1993；U. S. Department of Transportation，1994)。根据 NEB 的统计数据(National Energy Board，1996a)，在由 SCC 引起的管道失效时，环向应力的变化范围为管道 SMYS 的46%~77%。显然，仅遵循 SMYS 标准将无法避免 SCC。

管道内部压力在整个使用过程中是连续变化或波动的。在气管线中，它受气体注入系统的速率和下游产量的影响。在液体管道中，压力波动更大，因为它受泵的开启和关闭及所泵送流体密度等变化的影响。为了充分表征管道的工作压力，必须考虑三个因素：施加的最大工作压力、压力波动范围和压力变化率(National Energy Board，1996a)。

当扁平钢板加工成管道时，残余应力将被引入管道。残余应力水平取决于制造工艺。已经被证实，尽管残余应力可能会影响开裂行为，但是运行管道包含的残余应力强度至少约为材料屈服强度的25%(National Energy Board，1996b)。

2000年之前，关于残余应力对管道 SCC 影响的研究是有限的。近年来，加拿大研究人员对这一问题进行了研究，并系统地研究了残余应力对高 pH 值环境和近中性 pH 值环境下管道 SCC 的影响。Li 和 Cheng(2008)发现在高 pH 值条件下，变形引起的残余应力(如果不够高)实际上会对管道腐蚀、点蚀发生和裂纹萌生产生抑制作用，这归因于碳酸亚铁腐蚀产物的增加及在应力区域产生的表面阻塞效应，拉伸残余应力和压缩残余应力具有相同的抑制作用。腐蚀凹坑很容易出现在"U"形弯曲试样的中性轴周围，中性轴周围的试样变形和残余应力是可忽略的。研究发现，在近中性 pH 值环境中(Van Boven 等，2007)，微凹坑的形成优先发生在拉伸残余应力最高的区域(约300MPa)，而表面残余应力在150~200MPa 范围内的区域，SCC 引发的归一化频率为71%。SCC 位置处的残余应力水平与点蚀位置处的残余应力水平的差异是由深度方向上的残余应力梯度引起的。此外，由于塑性变形和/或广泛的阳极溶解，SCC 容易钝化。因此，在暴露于中性 pH 值环境的管线钢中，SCC 的持续生长需要高的正拉伸残余应力梯度(Chen 等，2007)。残余拉伸应力作为一种主驱动力促进了裂纹成核和短裂纹扩展。由于自平衡，近表面残余应力梯度从高拉伸状态变为低拉伸状态或压缩状态时，活动裂纹可能会进入休眠状态。残余应力水平的变化可能发生在表面的1mm 之内，从而导致 SCC 大量休眠。

此外，焊接过程中产生的残余应力(即焊接应力)会局部影响钢的腐蚀反应，特别是在热影响区，因此一旦在近中性 pH 值溶液中引发裂纹，裂纹的扩展就会加剧。同时，在近中性 pH 值溶液中，以 $10mA/cm^2$ 的充氢电流密度和施加550MPa 应力对焊接的 X70 钢阳极溶解的总协同效应在5.7~6.5之间，在热影响区达到最大值(Zhang 和 Cheng，2009)。

管道表面的任何不平整都可能是应力集中源。在表面损坏、凹痕或腐蚀坑处，环向和轴向的应力水平高于管道其余部分的应力水平。图3.10显示了 X100 钢管在有限的内部压力和土壤应变的共同作用下通过有限元模型模拟的腐蚀缺陷应力分布(Xu 和 Cheng，2012)。

从图中可以看出，腐蚀缺陷周围的应力分布是不均匀的。高达 700~900MPa 的高应力区域集中在缺陷的底部，并随着内部压力和土壤预应力的增加沿纵向和环向传播。

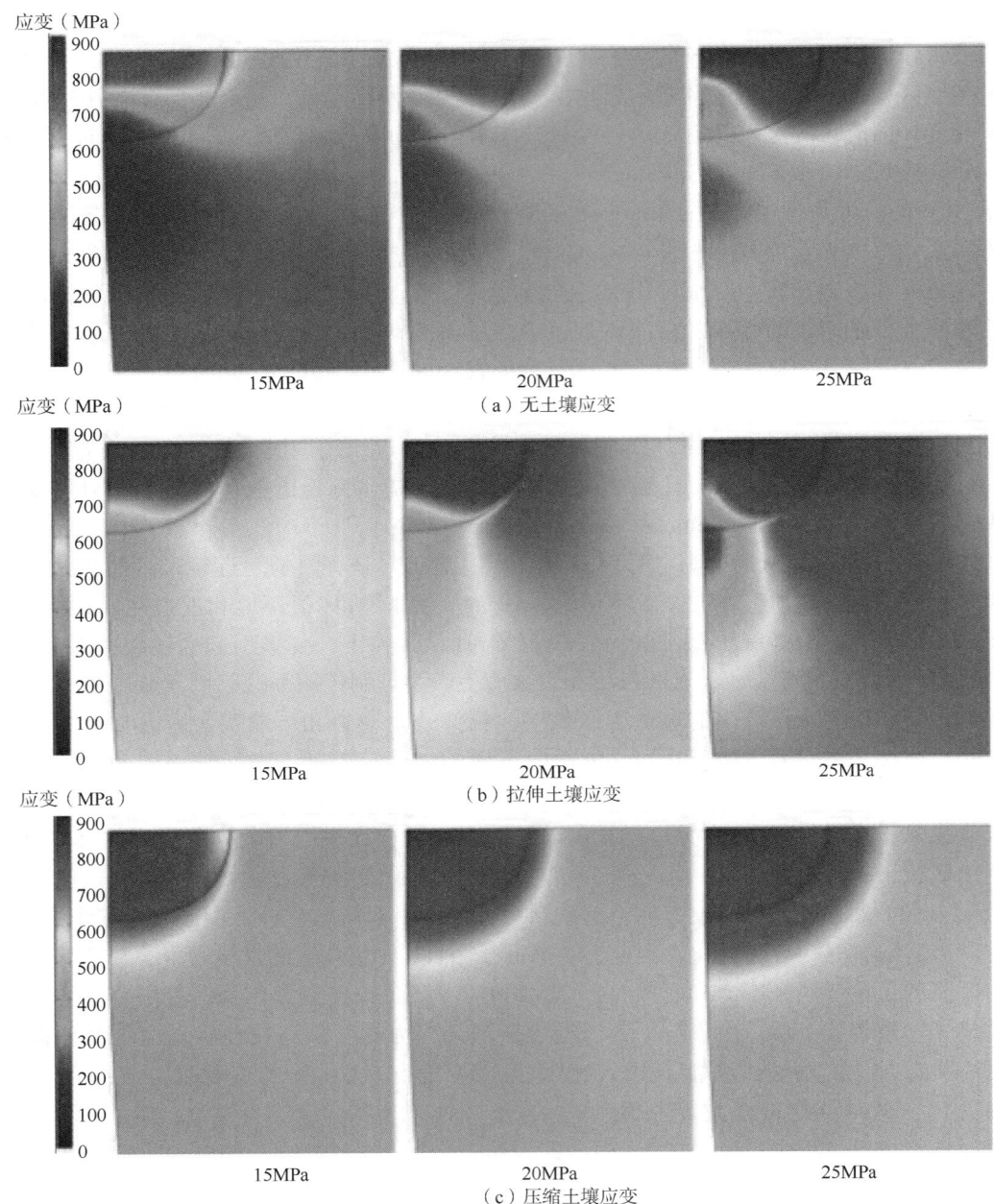

图 3.10　含腐蚀缺陷钢管在不同土壤应变下的应力分布情况
（据 Xu 和 Cheng，2012）

（2）纵向（轴向）应力。

除环向应力外，运行中的管道还承受沿轴向作用的应力。管道内压可在轴向引起应力，该应力与环向应力呈比例。例如，当管道完全埋入土壤并限制其纵向运动时，轴向应力为环向应力的28%。当管道未完全约束纵向运动时，轴向应力可能高达环向应力的50%(National Energy Board，1996a)。

此外，轴向应力最常见的原因是地面运动，例如滑坡和沉降，或者是土壤的物理重量或管道上方的负荷(覆盖层)(即管道的表面负荷)。这些压力的大小通常很难预测，但可能会影响管道的SCC。通过复杂的岩土工程计算可以准确确定土壤引起的应力。

3.4 管道内压力波动的影响：SCC或腐蚀疲劳

应力对裂纹扩展的重要影响取决于应力水平和应力波动(Canadian Energy Pipeline Association，1996e)。管道中的内部压力也就是管道应力水平，经常波动。应力波动，通常称为R比率，是圆周方向上的最小应力与最大应力之比。根据实验测试，在恒定载荷或恒定位移条件下未发现裂纹扩展行为，而在动态载荷条件下观测到裂纹扩展(Canadian Energy Pipeline Association，1996e)，从而普遍认为压力波动对于裂纹扩展至关重要。当进行全尺寸试验时，即使当应力水平高达实际屈服强度的80%时，在静载荷条件下也未发现裂纹扩展(Canadian Energy Pipeline Association，1996f)。

此外，降低循环应力R比率可以增大应力范围，并随后增加腐蚀点或机械缺陷边界处的应力强度范围。随着R比率的降低，由于裂纹边界处的应力强度很大，微裂纹在凹坑口处萌生并出现分支(Eslami等，2011)。相对于加载方向，分支方向呈45°，即最大剪切应力的方向。此外，凹坑的底部未开裂，这表明凹坑深度不会因R比率的减小而受到很大影响。然而，当电化学或几何因素达到临界条件时，在坑的底部开始发生由坑到裂纹的转变(Fang等，2010)。

尽管压力波动对于裂纹扩展至关重要已经得到公认，但是也有研究者试图寻找应力水平与R比率和管道裂纹扩展率之间的关系，然而目前在该方面尚未达成共识。例如，裂纹的扩展可以通过新裂纹的持续生成、现有裂纹的扩展，以及与附近裂纹的聚集合并而发生。在正常的工作压力水平下，增长率似乎与最大压力和R值无关，并且受环境控制。但是，最大应力的增加和/或R值的减小将更有可能促进更深裂纹的形成(Parkins，1995)。而且，通过减小压力或压力波动进而降低SCC管道中的压力的方式并不会阻止开裂，但可能会略微降低裂纹的增长率。工程实践分析表明，在较高的应力水平下，裂纹深度会增加，这归因于较高的加载速率，而非压缩机站附近位置的较高应力水平(TransCanada Pipelines，1996)。

在近中性pH值溶液中，研究了单个R值下的应力水平与裂纹扩展速率之间的关系。对于X65管线钢，在低R比率[即0.5(石油管道运行的典型值)和0.7]下，最大应力与裂纹扩展速率的增加之间存在直接关系。当R值达到0.85(天然气管道运行的典型值)时，应力水平对测得的裂纹扩展速率没有影响(Canadian Energy Pipeline Association，1996b)。显然，类似于管道中的循环应力的压力波动将有助于开裂过程。

压力变化率或应变率对裂纹萌生和扩展的影响也被认为是存在的。通常，频率越低则每个周期的增长率就越高(Canadian Energy Pipeline Association，1996b)。在低频下，由于环境与裂纹相互作用的时间较长，每个周期的裂纹扩展速率更高，增加了裂纹的扩展速率。在这里引入局部附加电势(LAP)模型来说明应变率在管道钢SCC中的关键作用(Liu等，2009b)。

众所周知，应力或应变的施加将激活钢中的位错迁移(Hertzberg，1996)。在弹性区域内,一些位错在其平衡位置附近振荡,如图 3.11(a)所示。当滑移位错在局部产生时,应力集中将在诸如夹杂物的位置处产生,如图 3.11(b)所示,一旦局部应力接近或超过钢的屈服强度,就会发生明显的位错运动,从而在钢表面形成位错出现点和滑动台阶。

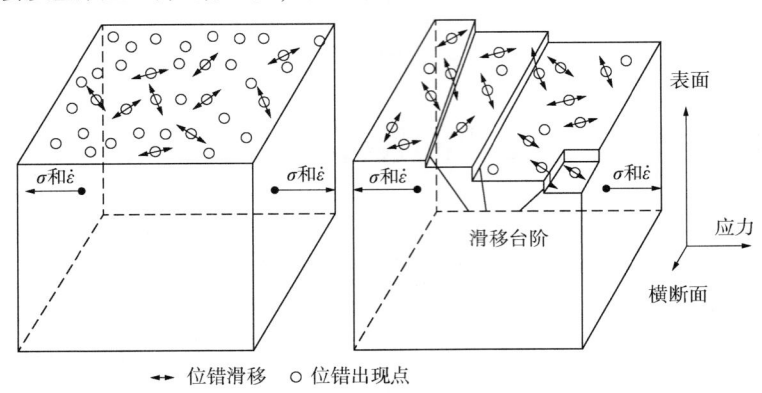

图 3.11 在受应力或应变的钢表面上产生位错出现点和滑动台阶(据 Liu 等,2009b)

由于刃位错比螺旋位错更容易发生滑移,因此可以认为前者是钢中主要的可动位错。位错的出现和滑移过程在钢表面上引入了局部活性区域,电子将在这些区域迁移并聚集,从而产生局部带电效应。因此,当钢试样暴露在溶液中时,局部会产生附加电势,并且 LAP 随着极化条件而改变。例如,如图 3.12(a)(c)所示,在阳极极化期间会生成一个阳极 LAP,而在阴极极化期间会生成一个阴极 LAP[图 3.12(b)(c)]。

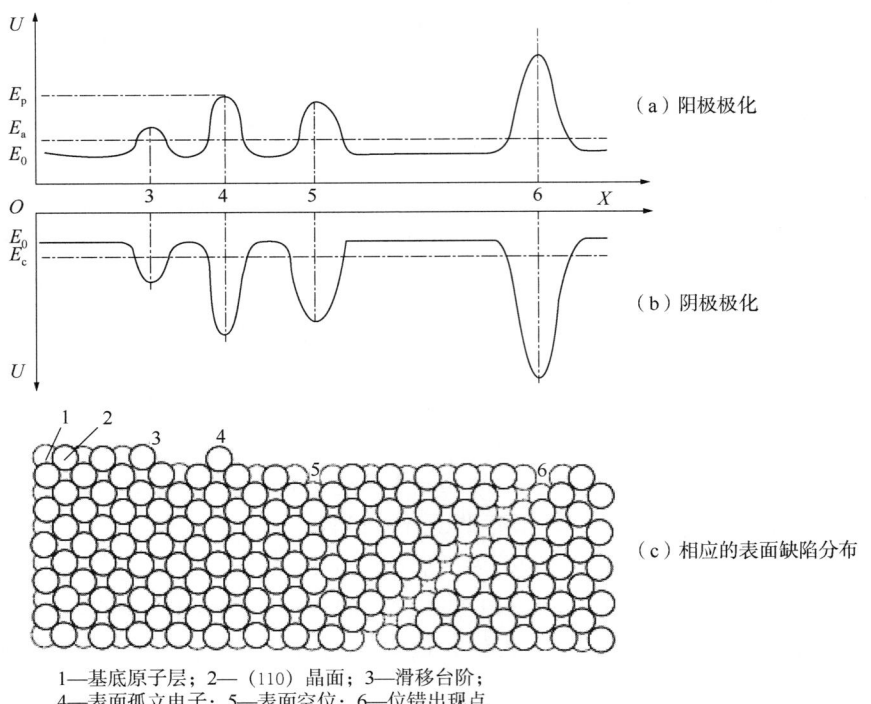

1—基底原子层;2—(110)晶面;3—滑移台阶;
4—表面孤立电子;5—表面空位;6—位错出现点

图 3.12 阳极极化和阴极极化以及相应的表面缺陷分布时的局部电势分布示意图(据 Liu 等,2009b)

LAP 定义为点电荷电势，而局部活动位点 E_{pi} 的总电势可以表示为：

$$E_{pi} = E_0 + \frac{kq_i}{4\pi\varepsilon_r r} \quad (3.1)$$

式中：E_0 是完整部位的电极电势；q_i 是电子电荷；ε_r 是水的介电常数；r 是钢表面上的局部带电点到溶液层的距离；k 是常数。因此，钢表面局部活性部位的电势在很大程度上取决于钢—溶液界面处的局部电荷量（即电子数）。因此，局部电子集中引入的 LAP 将显著影响溶液中钢的电化学行为。

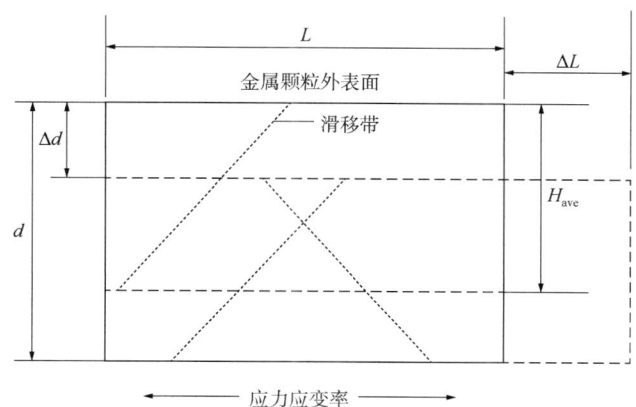

图 3.13 变形前后表面晶粒的示意图（据 Liu 等，2009b）

为了建立 LAP 和应变率之间的关系，推导了滑移位错的数量。图 3.13 是钢表面上晶粒的简化视图，其中假定晶粒上表面暴露在溶液中。实心矩形线定义了晶粒的初始边界，其中 L 和 d 分别是晶粒的初始尺寸和深度。虚线为在经过 ΔL 和 Δd 变形后形成的新晶界。二维图用于简化，W 是晶粒的厚度，其变形为 ΔW。假设 L 转变为 $L+\Delta L$ 的时间段为 t，位错源的平均深度为 H_{ave}，位错密度为 ρ，新位错的产生频率为 f，剪切应力是位错运动的唯一驱动力。此外，假设 v_{th} 是钢表面位错的最小迁移速度，迁移率高于 v_{th} 的位错将在时间 t 内到达钢表面。

应变 ε 定义为：

$$\varepsilon = \frac{\Delta L}{L} = \frac{\Delta d}{d} = \frac{\Delta W}{W} \quad (3.2)$$

因此，应变率 $\dot{\varepsilon}$ 为：

$$\dot{\varepsilon} = \frac{\varepsilon}{t} = \frac{\Delta L}{Lt} = \frac{\Delta d}{dt} = \frac{\Delta W}{Wt} \quad (3.3)$$

位错从其初始位置离开到达晶粒表面的平均时间为：

$$t_0 = \frac{\sqrt{2}H_{ave}}{v_{th}} \quad (3.4)$$

到达晶粒表面的位错数为：

$$n = \rho f \frac{t}{t_0} H_{\text{ave}}(L+d+W) \tag{3.5}$$

然后，到达晶粒上表面的位错数为：

$$n_{\text{upper}} = \rho f \frac{t}{t_0} H_{\text{ave}} L \tag{3.6}$$

结合式(3.4)和式(3.6)，单位时间内到达晶粒上表面的位错数为 n_0：

$$n_0 = \frac{n_{\text{upper}}}{t} = \frac{\sqrt{2}}{2} \rho f L v_{\text{th}} \tag{3.7}$$

此外，根据晶粒在拉伸应力下变形后的几何变化，释放的位错数 n 与应变之间的关系为：

$$n = \frac{(\Delta L/2)+L\Delta d}{r_0} + \frac{(\Delta L/2)+L\Delta W}{r_0} + \left(\frac{W-\Delta W}{2r_0} + \frac{d-\Delta d}{2r_0}\right)\frac{\Delta L}{r_0} \approx \frac{3}{2}\frac{Ld+LW}{r_0^2}\varepsilon \tag{3.8}$$

其中，r_0 是原子半径。因此，到达晶粒上表面的位错数记为：

$$n_{\text{upper}} = \frac{(\Delta L/2)+L\Delta d}{r_0} \approx \frac{Ld}{r_0^2}\varepsilon \tag{3.9}$$

然后确定密度 n_0 为：

$$n_0 = \frac{n}{t} = \frac{S}{r_0^2}\frac{\varepsilon}{t} = \frac{S}{r_0^2}\dot{\varepsilon} \tag{3.10}$$

$$S = Ld$$

比较式(3.7)和式(3.10)，有：

$$v_{\text{th}} = \frac{\sqrt{2}S}{\rho f L r_0^2}\dot{\varepsilon} \tag{3.11}$$

显然，如式(3.10)和式(3.11)所示，钢表面位错(如位错出现点)的密度 n_0 和迁移率 v_{th} 均与应变率线性相关。

图 3.14 表明位错出现点的密度和迁移率对应变速率对数的归一化依赖性。随着应变速率的增加，位错出现点的密度增加，钢电极的局部电化学活性也将因 LAP 效应而增强。同时，位错出现点的迁移率随应变速率的增加而增加。当应变速率足够高以致在钢表面上的位错出现点的迁移率很高时，从溶液中迁移出来的反应性物质几乎不能通过吸附在这些活性部位上发生电化学反应。因此，应变速率在应变下对钢的电化学活性具有双重作用。关于应变率对 SCC 敏感性的影响，预计会出现最大值。关于应变速率对管线钢的 SCC 敏感性影响的详细实验结果将在第 6 章中论述。

虽然循环应力有助于裂纹扩展，但同时也发现在恒定载荷条件下近中性 pH 值 SCC 也会发生(Fang 等,2007)。在恒定载荷测试中,裂纹萌生与凹坑形核和生长及相关的应力集中有关。如果凹坑尺寸合适,当凹坑周围的局部应变率足够高时(对于近中性 pH 值 SCC,应变率可能处于敏感应变率范围内),裂纹可能会萌生甚至扩展。因此,在恒定负载测试中,当负载和测试时间适当时将发生近中性 pH 值 SCC。

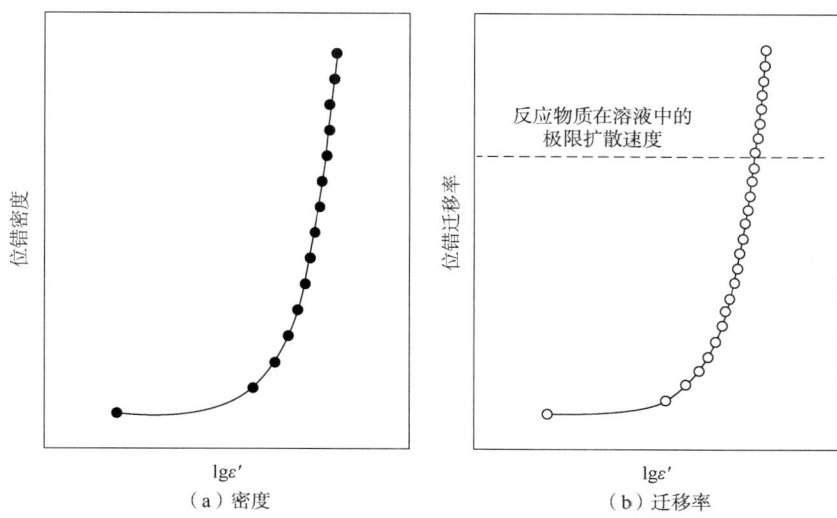

图 3.14　位错出现点的密度和迁移率与应变率的关系示意图(据 Liu 等,2009b)

　　循环载荷还会导致钢局部塑性变形,称为循环软化现象。钢在若干周期内可能具有弹性,然后在多个负载循环中表现出塑性变形,已在近中性 pH 值 SCC 失效的管道钢上发现这种现象(Leis,1991)。迄今为止,关于管道钢循环软化行为的工作还需进一步深入研究。

参 考 文 献

Asher, SL, Leis, B, Colwell, J, Singh, PM(2007)Investigating a mechanism for transgranular stress corrosion cracking on buried pipelines in near-neutral pH environments, Corrosion 63, 932–939.

Baker, M, Jr. (2005) Final Report on Stress Corrosion Cracking Study, Integrity Management Program Delivery Order DTRS56-02-D-70036, Office of Pipeline Safety, U. S. Department of Transportation, Washington, DC.

Bueno, AHS, Castro, BB, Ponciano, JAC(2004)Laboratory evaluation of soil stress corrosion cracking and hydrogen embrittlement of API grade steels, Proc. 5th International Pipeline Conference, Paper IPC04-0284, Calgary, Alberta, Canada.

Canadian Energy Pipeline Association(1996a)Submission to the National Energy Board, Proceeding MH-2-95, Vol. 2, CEPA, Calgary, Alberta, Canada, App. D, Tab. 1, p. 13.

Canadian Energy Pipeline Association(1996b)Submission to the National Energy Board, Proceeding MH-2-95, Vol. 2, CEPA, Calgary, Alberta, Canada, App. D, Tab. 9, pp. 9–10.

Canadian Energy Pipeline Association(1996c)Submission to the National Energy Board, Proceeding MH-2-95, Vol. 1, CEPA, Calgary, Alberta, Canada, Issue 1, Tab. 1. 10.

Canadian Energy Pipeline Association(1996d)Submission to the National Energy Board, Proceeding MH-2-95, Vol. 2, CEPA, Calgary, Alberta, Canada, App. D, Tab. 6, pp. 5–6.

Canadian Energy Pipeline Association(1996e) Submission to the National Energy Board, Proceeding MH-2-95, Vol. 2, CEPA, Calgary, Alberta, Canada, App. D, Tab. 5, p. 7.

Canadian Energy Pipeline Association(1996f) Submission to the National Energy Board, Proceeding MH-2-95, Vol. 2, CEPA, Calgary, Alberta, Canada, App. D, Tab. 4, p. 8.

Canadian Energy Pipeline Association(1997) Stress Corrosion Cracking Recommended Practices, CEPA, Calgary, Alberta, Canada.

Canadian Energy Pipeline Association(2007) Stress Corrosion Cracking Recommended Practices, 2nd ed., CEPA, Calgary, Alberta, Canada.

Canadian Standards Association(2011) Oil and Gas Pipeline Systems, Z662-11, CSA, Reydale, Ontario, Canada.

Chen, W, Van Boven, G, Rogge, R(2007) The role of residual stress in neutral pH stress corrosion cracking of pipeline steels: Part II. Crack dormancy, Acta Mater. 55, 43-53.

Corrosion Doctors, online source, http://corrosion-doctors.org/Pipeline/Williams-explosion.htm.

Delanty, B, O'Beime, J(1992) Oil Gas J., June, p. 39.

Eslami, A, Kania, R, Worthingham, B, Van Boven, G, Eadie, R, Chen, W (2011) Effect of CO_2 and Rratio on near-neutral pH stress corrosion cracking initiation under a disbanded coating of pipeline steel, Corros. Sci. 53, 2318-2327.

Fang, BY, Atrens, A, Wang, JQ, Han, EH, Ke, W(2003) Review of stress corrosion cracking of pipeline steels in "low" and "high" pH solutions, J. Mater. Sci. 38, 127-132.

Fang, BY, Han, EH, Wang, JQ, Ke, W(2007) Stress corrosion cracking of X-70 pipeline steel in near neutral pH solution subjected to constant load and cyclic load testing, Corros. Eng. Sci. Technol. 42, 123-129.

Fang, B, Eadie, R, Chen, W, Elboujdaini, M(2010) Pit to crack transition in X-52 pipeline steel in near-neutral pH environment: 1. Formation of blunt cracks from pits under cyclic loading, Corros. Eng. Sci. Technol. 45, 302-312.

Fu, AQ, Cheng, YF (2009) Characterization of corrosion of X65 pipeline steel under disbanded coating by scanning Kelvin probe, Corros. Sci. 51, 914-920.

Grundmeier, G, Schmidt, W, Stratmann, M (2000) Corrosion protection by organic coatings: electrochemical mechanism and novel methods of investigation, Electrochim. Acta 45, 2515-2533.

Hertzberg, RW (1996) Deformation and Fracture Mechanics of Engineering Materials, 4th ed., Wiley, New York. Institute of Gas Engineers (1993) Steel Pipelines for High Pressure Gas Transmission, 3rd ed., IGE, London.

Jack, TR, Krist, K, Erno, B, Fessler, RR (2000) Generation of near-neutral pH and high pH SCC environments of buried pipelines, Corrosion 2000, Paper 362, NACE, Houston, TX.

Jin, TY, Liu, ZY, Cheng, YF(2010) Effects of non-metallic inclusions on hydrogen-induced cracking of API5L X100 steel, Int. J. Hydrogen Energy 35, 8014-8021.

Keddam, M, Mattos, OR, Takenouti, H(1981) Reaction model for iron dissolution studied by impedance electrode, J. Electrochem. Soc. 128, 257-266.

Leis, BN(1990) Update on SCC life prediction models for pipelines, First Pipeline Technology Conference, Ostende, Belgium.

Leis, BN(1991) Some aspects of SCC analysis for gas transmission pipelines, CIM International Symposium on Materials Performance and Maintenance, Ottawa, Ontario, Canada.

Leis, BN(1995) Characteristic features of SCC colonies in gas pipelines: implications for NDI systems and related integrity analyses, Pipeline Technol. 1, 611-614.

Leis, BN, Eiber, RJ (1997) Stress corrosion cracking on gas transmission pipelines: history, causes and mitigation, Proc. First International Business Conference on Onshore Pipelines, Berlin, Germany.

Leis, BN, Bubenik, TA, Nestleroth, JB(1996)Stress-corrosion cracking in pipelines, Pipeline Gas J. 223, 42-49.

Leng, A, Streckel, H, Stratmann, M(1999)The delamination of polymeric coatings from steel: 1. Calibration of the Kelvin probe and basic delamination mechanism, Corros. Sci. 41, 547-578.

Li, MC, Cheng, YF(2008)Corrosion of the stressed pipe steel in carbonate-bicarbonate solution studied by scanning localized electrochemical impedance spectroscopy, Electrochim. Acta 53, 2831-2836.

Liu, ZY, Li, XG, Du, CW, Lu, L, Zhang, YR, Cheng, YF (2009a) Effect of inclusionson initiation of stress corrosion cracks in X70 pipeline steel in an acidic soil environment, Corros. Sci. 51, 895-900.

Liu, ZY, Li, XG, Du, CW, Cheng, YF(2009b)Local additional potential model for effect of strain rate on SCC of pipeline steel in an acidic soil solution, Corros. Sci. 51, 2863-2871.

Meng, GZ, Zhang, C, Cheng, YF (2008) Effects of corrosion product deposit on the subsequent cathodic and anodic reactions of X-70 steel in near-neutral pH solution, Corros. Sci. 50, 3116-3122.

Modiano, S, Carreño, JAV, Fugivara, CS, Torresi, RM, Vivier, V, Benedetti, AV, Mattos, OR (2008) Changes on iron electrode surface during hydrogen permeation in borate buffer solution, Electrochim. Acta 53, 3670-3679.

National Energy Board(1996a)Stress Corrosion Cracking on Canadian Oil and Gas Pipelines, Report of the Inquiry, MH-2-95, NEB, Calgary, Alberta, Canada.

National Energy Board(1996b)Notes from 12 January 1996 meeting between NEB SCC Inquiry Panel and Camrose Pipe Company Ltd., Exhibit A-58, NEB, Calgary, Alberta, Canada.

National Energy Board(2008)Focus on Safety and Environment: A Comparative Analysis of Pipeline Performance, 2000-2008, NEB, Calgary, Alberta, Canada.

Parkins, RN(1994)Overview of Intergranular Stress Corrosion Cracking Research Activities, AGA PRC Report PR-232-9401, PRCI, Falls Church, Virginia, p. 85.

Parkins, RN(1995)Stress Corrosion Cracking of Pipelines in Contact with Near-Neutral pH Solutions, AGA PRC Report 232-9501, PRCI, Falls Church, Virginia, p. 23.

Parkins, RN, Blanchard, WK, Delanty, BS(1994)Transgranular stress corrosion cracking of high pressure pipelines in contact with solutions of near-neutral pH, Corrosion 50, 394-408.

Revie, RW(2011)Uhlig's Corrosion Handbook, 3rd ed., Wiley, Hoboken, NJ. http://onlinelibrary.wiley.com/doi/10.1002/9780470872864.fmatter/summary.

TransCanada Pipelines(1996)Response to National Energy Board Information Request 2 of Proceeding MH-2-5, TCP, Calgary, Alberta, Canada, p. 3.

Transportation Safety Board of Canada(1999a)Crude Oil Pipeline Rupture near Glenavon, Saskatchewan, 27 February 1996 Involving Interprovincial Pipe Line, Report P96H0008, TSBC, Ottawa, Ontario, Canada.

Transportation Safety Board of Canada (1999b)Pipeline Reports, 1996, Report P96H0008, TSBC, Ottawa, Ontario, Canada.

U.S. Department of Transportation(1994)Pipeline Safety Regulations, CFR Parts 192 and 195, U.S. DOT, Washington, DC.

Van Boven, G, Chen, W, Rogge, R(2007)The role of residual stress in neutral pH stress corrosion cracking of pipeline steels: I. Pitting and cracking occurrence, Acta Mater. 55, 29-42.

Van der Sluys, WA, Wilmott, M, Krist, K(1998)Effect of sulfide on stress corrosion crack growth in gas transmission pipe lines, First International Pipeline Conference, ASME, New York.

Welch, C(2003)Natural-gas trunk line through state at risk of cracking, The Seattle Times, Dec. 20.

Wilmott, MJ, Jack, TR, Van Boven, G, Sutherby, R(1996)Pipeline stress corrosion cracking: crack growth sensitivity studies under simulated field conditions, Corrosion 1996, Paper 242, NACE, Houston, TX.

Xu, LY, Cheng, YF(2012)Assessment of the complexity of stress/strain conditions of X100 steel pipeline and the effect on the steel corrosion and failure pressure prediction, Proc. 9th International Pipeline Conference, Paper IPC 2012—90087, Calgary, Aberta, Canada.

Xue, HB, Cheng, YF(2011)Characterization of microstructure of X80 pipeline steel and its correlation with hydrogen-induced cracking, Corros. Sci. 53, 1201-1208.

Zhang, C, Cheng, YF(2010)Corrosion of welded X100 pipeline steel in a near-neutral pH solution, J. Mater. Eng. Perf. 19, 834-840.

Zhang, GA, Cheng, YF(2009)Micro-electrochemical characterization of corrosion of welded X70 pipeline steel in near-neutral pH solution, Corros. Sci. 51, 1714-1724.

4 近中性 pH 值条件下的管道应力腐蚀开裂

直到 20 世纪 80 年代中期才有记录报道近中性 pH 值条件下的管道应力腐蚀开裂事故，并且首次在加拿大管道中得到证实。近中性 pH 值条件下的管道 SCC 的命名源于在剥离涂层下管道表面局部缝隙环境中的电解质 pH 值处在 5.5~7.5 之间。尽管 1985 年和 1986 年发生的管道事故被认为是加拿大近中性 pH 值条件下 SCC 的第一个事故，但随后在 20 世纪 70 年代其他管道中也检测到这种 SCC（National Energy Board，1996）。此外，与世界上其他国家一样，美国管道中 SCC 主要为高 pH 值的类型；然而，之后的事故则归因于近中性 pH 值 SCC（National Energy Board，1996）。

4.1 主要特征

近中性 pH 值管道应力腐蚀开裂相关的服役环境为厌氧菌、主要成分为碳酸根离子的稀释土壤溶液及土壤中有机物化学反应产生的溶解 CO_2。这种环境是由于 CP 在足够长的时间内无法到达管道表面而形成的，或者是由于剥离涂层屏蔽，或是高电阻土壤而形成的。因此，发生应力腐蚀开裂的管线钢处于约 $-760mV$ 和 $-790mV$（$Cu/CuSO_4$）的自腐蚀电位。此外，尽管缺乏中性 pH 值应力腐蚀开裂与温度之间的明确关系，但是在寒冷气候下 CO_2 浓度高的地下水中更容易发生开裂。

直到 1996 年，在 NEB 管道上，65% 的压缩机站和第一个下游截止阀之间都出现了近中性 pH 值 SCC，在第一个、第二个及第三个阀门的下游之间出现的概率分别是 12%、5% 和 18%（National Energy Board，1996）。此外，近中性 pH 值的应力腐蚀开裂均与相关特征地形条件有关，如交替的干湿土壤和倾向于剥离或损坏涂层的土壤。

近中性 pH 值的应力腐蚀开裂主要是穿晶型（即裂纹穿过晶粒而生长），如图 3.3 所示。裂纹通常比在高 pH 值条件下形成的裂纹宽度更宽。此外，裂纹两侧表面覆盖有腐蚀产物。

通常，观察到多个平行裂纹的聚集处垂直于外管表面上的最高应力方向，这些裂纹的深度和长度均发生变化并且在两个方向上扩展：即沿管壁厚度方向和沿管表面轴向方向。大约 2/3 的近中性 pH 值 SCC 管道事故由轴向开裂所致，这表明引起开裂的最主要应力来源是管道的内部压力。由于存在凹痕，局部弯曲和/或土壤运动引起的轴向载荷所产生的二次应力，近中性 pH 值 SCC 的裂纹扩展垂直于管道的轴线方向。裂缝的深度和长度增加并且倾向于结合或连接在一起而形成更长的裂纹。在某些情况下，这些裂纹可能达到临界深度和长度，从而导致开裂。如果裂纹在达到临界断裂长度之前在壁厚方向扩展，就会导致管道发生泄漏。此外，尽管大多数裂纹和集聚在不到 1mm 的深度处变成休眠状态，但是一些集聚中的极少数裂纹仍在继续增长（Bouaeshi 等，2007）。

此外，近中性 pH 值 SCC 裂纹可以互联或独立（Chen 等，2002）。前者的特征在于其深度方向上的多个峰被认为是裂纹集聚的结果，而后者具有单峰和平滑深度剖面。连接的裂纹深度通常小于 500μm，当裂纹长度超过 2mm 时其深度几乎不再增加。相反，独立的裂纹在长度和深度之间呈现线性关系。虽然在深度方向上处于休眠状态，但在裂纹根部附近的宽度方向上两个连接裂纹之间的重叠区域处表现为活性腐蚀。对于独立裂纹，宽度方向的腐蚀随着裂纹的加深而加快，这意味着裂纹的扩展正在朝凹坑方向演化。

4.2 影响因素

4.2.1 涂层

涂层特征和性能是影响管道 SCC 最重要的因素之一，包括近中性 pH 值 SCC。如果涂层完整且与钢基材未脱黏，则不会发生腐蚀和 SCC，这是因为钢接触不到腐蚀性电解质。多种机制导致涂层失效，包括剥离、漏涂、涂层局部缺失和普通退化（Jack 等，2000）。尤其是对于 CP 不可渗透的涂层发生剥离后形成"屏蔽"，从而使涂层下方的钢管屏蔽 CP 电流。这是引发近中性 pH 值 SCC 溶液化学和电化学的必要条件。

管道近中性 pH 值 SCC 的出现通常与 PE 缠绕带涂层有关（National Energy Board，1996）。进一步分析表明，65% 的近中性 pH 值 SCC 轴向裂纹发生在剥离的 PE 下，100% 的横向裂纹与 PE 带相关。在 20 世纪 60 年代至 80 年代早期主要使用 PE 带，但其抗剥离性差。通常，PE 带螺旋缠绕在管道上，并在螺旋线处有重叠搭接。脱黏则经常发生在管体表面与缠绕带之间，沿着纵向，螺旋和环焊缝形成的脊线，以及 PE 带螺旋缠绕的重叠处（National Energy Board，1996）。

当 PE 缠绕带从管道脱落时，水分会积聚在缠绕带表面下方。由于缠绕带具有相当高的电绝缘性能，因此可以阻隔 CP 电流到达 PE 缠绕带和管道表面之间的水溶液。管钢表面在电解质中接近其腐蚀电位。这已得到长期土壤箱测试的证实，其中极小的 CP 能够渗透到剥离区域（Been 等，2005）。此外，由于土壤中的植物和有机物质的腐烂产生的二氧化碳溶解在剥离区域的水溶液中，产生稀的碳酸氢盐溶液。在缺少 CP 和溶有 CO_2 的水溶液中形成了近中性的 pH 值溶液。当土壤电阻率很大以至 CP 电流无法到达管道时，应力腐蚀开裂可能发生。

沥青和煤焦油涂料也可能脱黏，尤其是当表面处理不好的情况下。然而，由于这些涂层易于被水分浸透，或者易脆，可能会破碎成碎片，CP 电流能够到达脱黏区域的管道表面。

通常认为熔结环氧树脂（FBE）涂层是一种有效的抗 SCC 防护材料。如果对钢表面进行适当处理，FBE 对钢基材具有优异的附着力。此外，FBE 可渗透 CP。为了测试研究涂层膜对土壤溶液的渗透性能，设计了图 4.1 所示的实验装置，涂层膜将工作电极（WE）和参比电极（RE）及对电极（CE）分别隔离在两个电化学测试池中，通过电化学信号来反映涂层的渗透性。图 4.2 给出了 FBE 涂层膜的电化学特性，其腐蚀电位随时间急剧下降，浸泡 32d 后其电位基本接近于裸钢在土壤溶液中的自腐蚀电位 [即 $-0.87V(SCE)$]，如图 4.2(a) 所示。在 $-1.5V(SCE)$ 的恒电位极化下获得的阴极电流密度随时间负移 [图 4.2(b)]。奈奎斯特阻抗谱图呈规则的半圆形，其半径随浸泡时间的增加而减小，表明阴极极化下析氢量随时间而增加。显然，正如电化学响应所示，CP 可以透过 FBE 涂层。

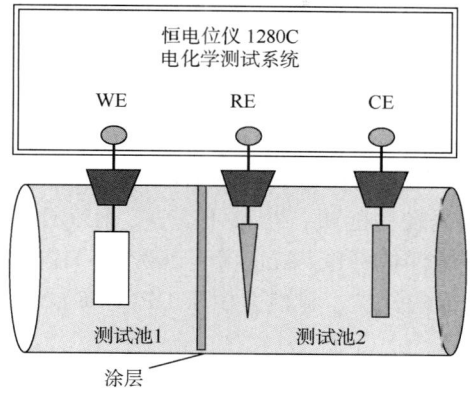

图 4.1　研究 FBE 涂层对 CP 渗透性的实验装置示意图（据 Fu 和 Cheng，2011）
WE（工作电极）为 X70 管线钢，RE（参比电极）为 SCE，CE（对电极）为铂网，
两个测试池采用相同的土壤溶液

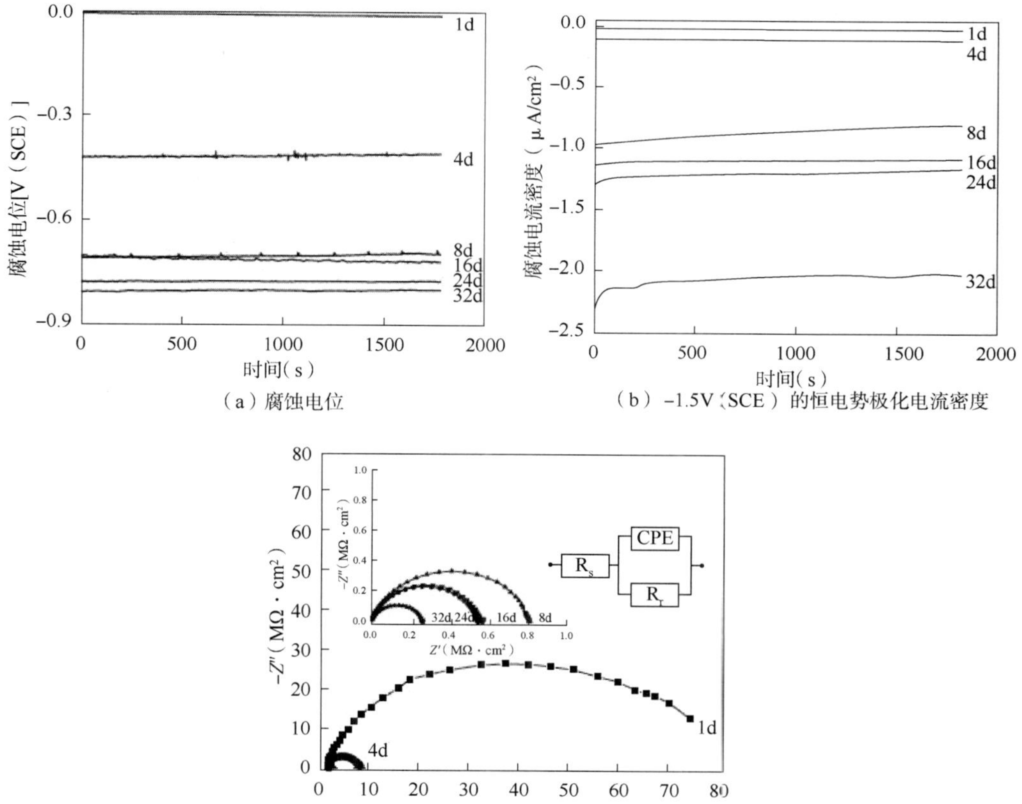

（a）腐蚀电位

（b）-1.5V（SCE）的恒电势极化电流密度

（c）奈奎斯特图

图 4.2　X70 钢在 FBE 涂层膜隔离的两个电化学测试池中的电化学测试结果
（据 Fu 和 Cheng，2011）

此外，新开发的多层结构涂层，如高性能复合涂层（HPCC）对 CP 不具渗透性。图 4.3 是由 HPCC 膜隔离的两个测试池测试 X70 管线钢的腐蚀电位、恒电位极化电流和奈奎斯特阻抗谱图。可以看出，尽管管线钢的腐蚀电位随时间逐渐下降[图 4.3(a)]，经过 32d 的浸泡后其腐蚀电位远远正于裸钢在土壤溶液中的腐蚀电位[即-0.87V(SCE)]。即使在-1.5V(SCE)的恒电位极化下，尽管测试到阳极电流密度，但其值非常小，即涂层的阻隔性能非常强，并且随着时间的增加电流密度几乎没有变化[图 4.3(b)]。奈奎斯特阻抗谱图测试结果也具有相似的电化学特征，即随着浸泡时间的增加，阻抗谱图的特征几乎没有明显变化，由于在低频范围内获得的数据较为随机，半圆不完整，HPCC 的阻抗特性表现出纯电容特性。根据之前开发的涂层性能评估标准（King 等，2002），HPCC 电化学阻抗性能表现为理想电容器，能够为钢提供全面的保护。显然，由于 HPCC 涂层极高的阻抗特性，HPCC 对所施加的 CP 是完全不渗透的。

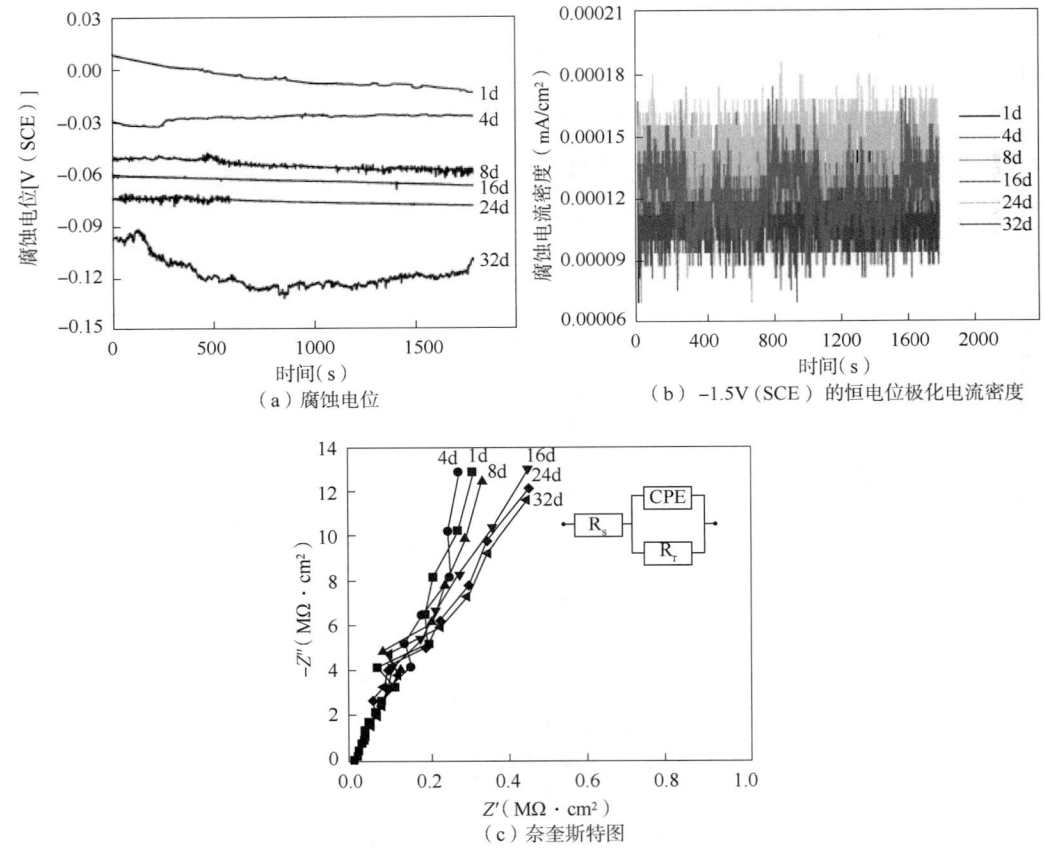

图 4.3　X70 钢在 HPCC 涂层膜隔离的两个电化学测试池中的电化学测试结果
（据 Fu 和 Cheng，2011）

除了涂料的固有特性外，涂层施工质量对涂层性能和剥离失效有很大影响。例如，管线钢表面处理不合格会增大涂层剥离的可能性。此外，管道施工可能会损坏涂层并导致涂层出现缺陷。

4.2.2 阴极保护

近中性 pH 值的 SCC 发生在 CP 电流无法穿透涂层的钢管表面。现已证明 CP 通过涂层缺陷部位向涂层剥离区域长度方向的渗透能力是有限的。例如,对于剥离厚度为 0.9mm 的涂层剥离区域,由于剥离区域的屏蔽效应,从涂层缺陷(3.5cm×1cm)部位施加的 CP 电位向涂层剥离区域长度方向的渗透距离不超过几厘米,如图 4.4 所示。尽管 CP 电流或电位的增加可以使 CP 渗透到更远的剥离区域,但无论 CP 电流或电位多大,渗透到剥离区域长度方向 1m 或更远的区域是不可能的。此外,过负的 CP 电位或电流密度会促进氢的析出,从而导致管道的氢致 SCC。因此,高 CP 水平不能有效预防 SCC。此外,过高的 CP 电流也会增加涂层对阴极剥离的敏感性。

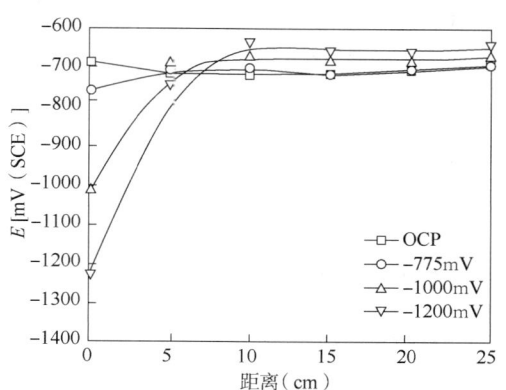

图 4.4 涂层剥离区域测试 0.5h 后的电位分布情况(据 Chen 等, 2009)
在位于 0cm 的涂层缺陷位置施加不同水平的阴极电位

由于涂层缺陷几何尺寸的约束,特别是小尺寸的缺陷如直径为 0.2mm 的缺陷,施加在涂层缺陷处的 CP 被部分屏蔽而无法全部到达缺陷底部的管线钢基体(Dong 等, 2008)。图 4.5 为在碳酸盐—碳酸氢盐溶液中不同阴极电位下 HPCC 涂层 X70 钢试样的 0.2mm 涂层缺陷处 LEIS 奈奎斯特阻抗谱图。为了进行比较,在与图 4.5 相同的阴极电位下,测试了 X70 裸钢的 EIS 奈奎斯特阻抗谱图,结果如图 4.6 所示。

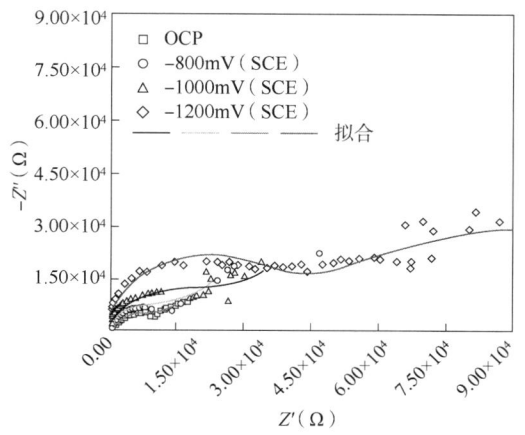

图 4.5 LEIS 测量不同阴极电位下 HPCC 涂层 X70 钢缺陷(直径为 0.2mm)处的奈奎斯特阻抗谱图(据 Dong 等, 2008)

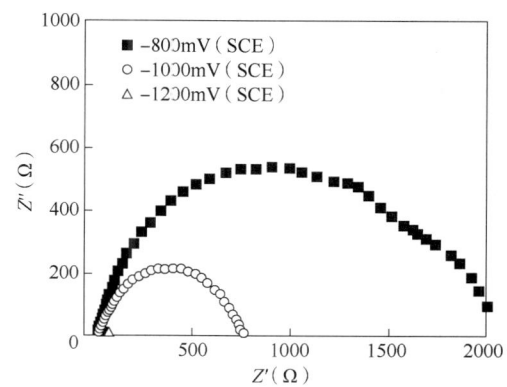

图 4.6 X70 裸钢样在碳酸盐—碳酸氢盐溶液中不同阴极电位下的奈奎斯特阻抗谱图(据 Dong 等, 2008)

显然,涂层缺陷(直径 0.2mm)的存在会影响阴极电位向缺陷底部钢基体渗透的有效性。尤其是除了在缺陷底部发生界面转移电荷的高频半圆之外,在图 4.5 中也观察到一条斜率约为45°的低频直线。这表明反应物的传质过程，例如氧气通过窄且深的缺陷(深度/宽度比为5.5)。即使在非常负的电位下[例如-1200mV(SCE)]，测得的阻抗仍然与缺陷底部的扩散转移电荷反应有关，而不是与图4.6中所示的纯电荷转移反应相关。这是由于所施加的CP被窄且深的缺陷部分屏蔽。

NOVA技术研究中心(NRTC)对脉冲CP的初步研究表明，脉冲CP技术比传统的CP系统更远地到达涂层剥离区域(Van Boven和Wilmott，1995)。根据剥离区域的大小，脉冲CP技术可能有助于控制近中性pH值SCC。

4.2.3 土壤特性

SCC可能发生在各种颜色、质地、pH值的土壤中，尚未发现所有土壤样品都具有共同的特征(Wenk，1974)。在20世纪80年代中后期对TCPL系统进行的450多次调查进行分析，结果表明在管道的PE带缠绕防腐层的部位，许多类型的地形和土壤(例如，沼泽、黏土、淤泥、沙子和基岩)中均发现了近中性pH值SCC。发生SCC和不发生SCC位置的土壤化学成分没有明显差异(Delanty和O'Beirne，1991，1992)。此外，在管道涂有沥青的部位也发现了近中性pH值SCC，其中超过83%发生在极其干燥的土壤中，包括沙质土壤或沙子和基岩的混合物，这些位置的阴极保护不足。

基于TCPL的PE带缠绕防腐层管道的近中性pH值SCC严重等级模型(Delanty和Marr，1992)，侵蚀性最强的土壤类型是湖泊土壤(由湖泊中的沉积物形成)，其次是冰川土壤的有机物(由冰川融化的溪流中的沉积物形成)，以及湖泊土壤中的有机物。在冰川土壤中SCC的发生率约为湖泊土壤中的13%，约为冰川或湖泊有机物土壤中的17%。发现非常贫瘠或排水不良的土壤是最具有侵蚀性的，而水平洼地土壤被认为最具侵蚀性。

此外，近中性pH值SCC可能与局部地形区域有关：例如，在丘陵或溪流的底部，这里的地下水要么平行于管道要么穿过管道。环境中大量的水将有利于向滞留在涂层剥离区域中的电解质供应CO_2，从而保持接近中性的pH值环境。迄今为止，大多数实验室在NS4溶液中进行了测试，这种溶液是采用5%CO_2与N_2混合气体对稀释碳酸氢盐溶液进行通气，以模拟近中性pH值SCC的位置处的剥离PE涂层下的滞留电解质(National Energy Board，1996)，电解质的主要成分是碳酸氢钠(Fessler等，1973)。

总之，土壤的化学成分似乎与管道SCC的发生无直接关系。相反，在剥离涂层下滞留的电解质会导致管道发生SCC。然而，试验表明管道钢在土壤提取液中SCC的高敏感性与溶液高的氢渗透电流密切相关(Cheng，2007a)。这明确表明土壤的化学成分将有利于管道SCC的发生，甚至通过析氢和渗透过程或其他潜在过程(例如微生物培养物)改变其机制。

此外，管线钢的SCC行为已经在几种土壤提取液中进行了研究，这些溶液的组成与NS4溶液的组成不同，但它们都具有近中性的pH值，其值为6.6~7.0。图4.7为X70管道钢样在各种土壤溶液和空气中测得的应力—应变曲线。可以看出，钢在溶液中的强度比在空气中更高，同时伴随着伸长率的降低。通过断裂应变的SCC敏感性评估结果表明，钢在土壤溶液中的 SCC 敏感性排序为 2>3>4>1。此外，在各种土壤溶液中测量了 X70 钢试样（厚度 1mm）的电化学氢渗透电流，各种土壤溶液中测量的近表层的氢浓度如图 4.8 所示。近表层的氢浓度范围为 $0.2\sim0.5\,\mathrm{mol\,H/m^3}$。$2^\#$ 土壤溶液具有最高的氢浓度，而 $1^\#$ 溶液的氢浓度最低，近表层氢浓度等级与 SCC 敏感性一致。实际上，有学者提出（Been 等，2005）不同土壤中剥离涂层下管道表面局部环境中滞留水的性质存在差异，从而会导致不同的 SCC 行为。

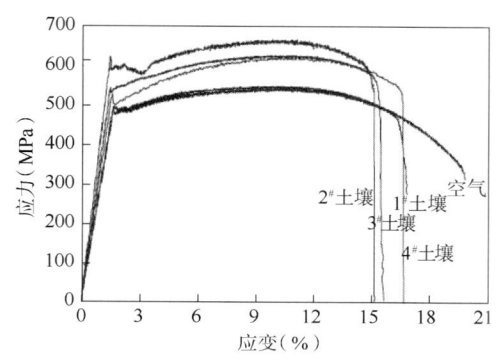 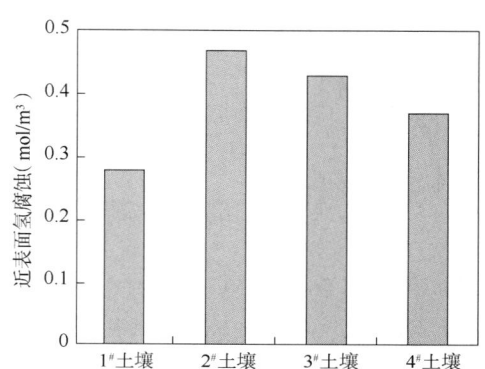

图 4.7 X65 管线钢样在空气和各种土壤溶液中的应力—应变曲线（据 Cheng，2007a）

图 4.8 在各种土壤溶液中测量的表层下氢浓度（据 Cheng，2007a）

土壤的化学成分对裂纹的扩展速率有很大影响，特别是在低应力强度因子的条件下影响更大（Chen 和 Sutherby，2004）。在高应力强度的区域中，裂纹扩展速率对土壤化学成分不敏感。然而，在低 ΔK 区域中，扩展速率对测试环境具有高度的依赖性。通常，均匀腐蚀速率低的土壤溶液与钝裂纹尖端和宽裂纹有关，这将导致裂纹尖端处的应力强度降低和裂纹闭合效应较弱。

4.2.4 微生物

目前已经有研究提出存在多种微生物参与管钢应力腐蚀裂纹的萌生和扩展的可能性（International Science and Technology Center，1992）。此外，一些微生物参与管道 SCC 遵循氢脆机制（Parkins，2000）。特别是，厌氧土壤被认为是产生近中性 pH 值 SCC 的必需条件（Canadian Energy Pipeline Association，1996a；National Energy Board，1996）。在厌氧土壤条件下，SRB 可能在土壤电解质中形成，包括黏土、壤土和砂质壤土。SRB 能够将土壤中的硫酸盐还原为硫化物。当管线钢发生腐蚀反应时，就会产生氢原子。由于硫化物可以作为"毒化剂"，防止原子氢形成分子氢，因此氢原子会渗透进入管线钢。渗透的氢可以向应力集中区扩散，例如裂纹尖端，使钢材局部变脆，导致裂纹更容易扩展（Hirth，1980）。

有许多重要的证据证明 SRB 与管道的 SCC 有直接关系，包括裂纹簇集中在钢表面硫沉积的区域、由于碳的生化转变而导致钢沿裂纹面发生脱碳、有机形成的碳酸钙或作为微生物活动及其残留物的产物等具有钙丰度的特定沉积物（Ott，1998）。此外，相关研究案例表明所有埋地管道 SCC 的土壤微生物活动，包括 SRB、异养和产酸菌群，比普通的土壤高 10 倍（National Energy Board，1996）。

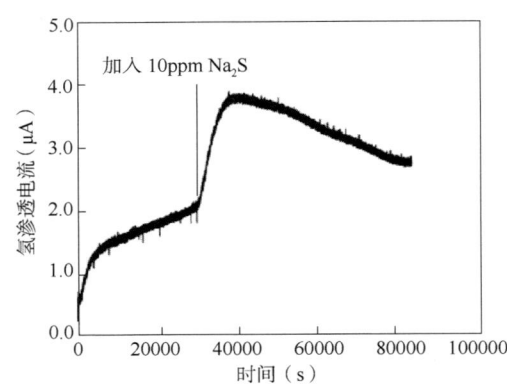

图 4.9 X65 管线钢在 0.01mol/L NaHCO$_3$
溶液中加入 10ppm Na$_2$S 的氢渗透
电流曲线（据 Cheng，2007b）

已有研究使用硫化钠来模拟土壤中的 SRB，测量透过 X65 管道钢表面膜（1mm 厚度）的电化学氢渗透电流（Cheng，2007b）。在 0.01M 的 NaHCO$_3$ 溶液中加入 10ppm Na$_2$S 测得的氢渗透电流曲线如图 4.9 所示。显然，添加 Na$_2$S 可显著提高氢渗透电流，但没有达到氢电流的稳态值。达到最大值之后，氢渗透电流随时间的增加而降低。氢渗透电流曲线的数值分析表明，添加 Na$_2$S 前后氢扩散系数差异不大，在 0.01M 的 NaHCO$_3$ 溶液中分别为 $9.49\times 10^{-7} cm^2/s$ 和 $8.13\times 10^{-7} cm^2/s$。然而，加入硫离子后，表层下的氢浓度从 0.20mol H/m^3 升高到 0.54mol H/m^3（Cheng，2007b）。硫化物

离子和 SRB 都被认为是氢进入钢中的催化剂（Iyer 等，1990）。由于硫离子增强了表面下的氢浓度但不影响氢的扩散性，因此可以合理地假设硫离子主要通过抑制氢结合和增加氢的进入来促进氢的渗透。在含硫化物溶液中测的氢渗透电流曲线中的最大值现象，归因于氢陷阱的活化及随着氢浓度的迅速升高超过临界值，在钢表面和内部产生了微裂纹。当表面微裂纹裂开时，氢扩散路径的数量减少并且氢渗透电流下降，导致渗透电流曲线中出现峰值。通常，当充氢溶液中含有氢渗透的"毒化剂"时，例如硫化物，钢材内的氢浓度可能达到并超过临界值，因此出现了氢渗透电流的最大值。

4.2.5 温度

温度对近中性 pH 值 SCC 的影响尚未完全明确。此外，现场经验表明温度可能不是影响 SCC 发生的重要因素（Baker，2005）。与高 pH 值 SCC 相比，温度不是影响管道近中性 pH 值 SCC 发生的关键因素。从统计上看，TCPL 2 号管线上几乎 50% 的近中性 pH 值 SCC 失效发生在距压缩机站下游 10miles 以内，而 90% 的高 pH 值 SCC 发生在与站场相同距离的范围内（Delanty 和 O'Beirne，1991）。此外，实验室已经证明，在近中性 pH 值条件下，在 5~45℃ 的温度范围内，开裂与温度的关系不大，这与现场观察的结果是一致的（Parkins 等，1994）。

4.2.6 应力

埋地管道通常经历相当复杂的应力条件。除了由于内部压力产生的环向应力之外，由

于地质运动，纵向应力也会施加在管道上（Xu 和 Cheng，2012a）。此外，各种残余应力，包括焊接应力和弯曲应力，都不会完全消除，反而有助于开裂过程。例如，发现含有不同程度拉伸和综合残余应力的 X65 管线钢在近中性 pH 值土壤电解质溶液中，微点蚀优先发生在拉伸残余应力最高的区域，而 SCC 起始发生在表面残余应力低于最大残余应力的区域中，发生频率为 71%（Van Boven 等，2007）。在 SCC 测试过程中，施加循环应力时残余应力变化导致了 SCC 发生部位和点蚀部位的残余应力水平的差异。此外，近中性 pH 值的环境中，无应力的 X65 钢试样不会发生 SCC（Asher 和 Singh，2009）。当保持 85%屈服强度时，光滑试样在环境中没有表现出更高的开裂敏感性。然而，当试样表面划痕等应力集中因素存在时，当试样保持在 80%的屈服应力时，钢试样发生准解理断裂。因此，应力集中是氢积累的必要条件（氢被认为参与了管道的近中性 pH 值应力腐蚀开裂），并在近中性 pH 值环境中导致钢试样发生准解理断裂。

临界应力是一种低于该应力值时不会引发裂纹的应力水平。钢的裂纹萌生的研究主要是为了找到临界应力。当低于该应力水平时，钢不会发生应力腐蚀开裂。不幸的是，SCC 的临界应力很难确定。迄今为止，还没有明确管道近中性 pH 值 SCC 的临界应力。通过实验室确定管道的 SCC 临界应力值并不可靠，因为现场管道会遇到各种来源的复杂多轴应力，而实验室通常是由实验机施加的单轴拉伸应力（Beavers，1993）。尽管如此，一些实验室数据仍然有助于推断近中性 pH 值 SCC 初始的临界应力水平（Canadian Energy Pipeline Association，1996b）。例如，448MPa 钢级管线钢试样可能会在 69%SMYS 的应力水平下产生裂纹，但在更低的应力水平下不会产生裂纹。文中还指出，这些数据是有限的，其有效性需要更多的重现才能验证。更重要的是，试图在整个管道长度上应用单一临界应力值是不可取的。

由内部压力引起的环向应力是可以适当控制的。然而，来自制造和焊接的残余应力、来自重载卡车的表面载荷、来自地层运动的纵向应力及凹痕、凿槽或腐蚀坑处的应力集中，都能显著增强管道的应力水平，但这些超出了管道运营商的控制范围。然而，对于变形引起的应力或其他具有弹性的残余应力，对钢的电化学腐蚀没有影响（Xu 和 Cheng，2012b）。计算得出钢表面形成的腐蚀产物膜的临界破坏应变为 0.00357~0.00417，大于在 582MPa 的应力作用下的最大应变 0.0029，如图 4.10 所示。因此，在弹性载荷作用下，形成的腐蚀产物膜不会破裂。在施加弹性拉伸或压缩应力时检测到的稳态腐蚀电位没有差异。如果残余应力引起钢管塑性应变，则对钢管的腐蚀影响很大（Xu 和 Cheng，2012c）。

由于氢参与了近中性 pH 值 SCC，任何影响氢渗透和吸附的因素都会影响 SCC 过程。试验表明，当管道在 70bars 内压运行时，施加应力相当于管壁产生的总环向应力，会显著加速 X52、X70 和 X100 管线钢的氢吸附（Capelle 等，2010）。无应力和有应力状态下钢的近表面氢浓度可能相差好几倍。因此，应力可以加速管道氢渗透，从而导致开裂发生。

此外，应变速率在钢的 SCC 敏感性（包括近中性 pH 值 SCC）中的作用也不容忽视。除阳极过程外，应变速率还会影响阴极反应动力学，从而影响 SCC 机理。图 4.11 为 X70 管线钢在 NS4 溶液中某个恒定电位下应变速率对阴极电流密度的影响（Liu 等，2009）。结果表明，阴极电流密度随应变速率增大而增加。当应变速率约为 $5×10^{-6}s^{-1}$ 时，阴极电流密度达到最大值，然后逐渐降低。根据第 3 章中的 LAP 模型，随着应变速率的增加，钢表面上位错点的数量增加，导致 LAP 负向移位。这个结果对阴极反应有利，阴极电流密度增大。当应变速率足够高，达到 $5×10^{-6}s^{-1}$ 时，阴极电流密度达到最大值。位错点的迁移速率非常快，以致活性物质没有机会吸附在这些活性位点进行还原反应。因此，阴极电流密度降低。由于在除氧的近中性 pH 值溶液中发生的阴极反应与析氢有关，因此应变速率对阴极反应动力学的影响会改变钢的氢致 SCC 敏感性。此外，当电位负移越大时，应变速率对阴极电流密度的影响就越小，例如，在-1050mV(SCE)电位时阴极反应在热力学上是可行的，阴极电位的影响远远大于应变引起的 LAP 效应。

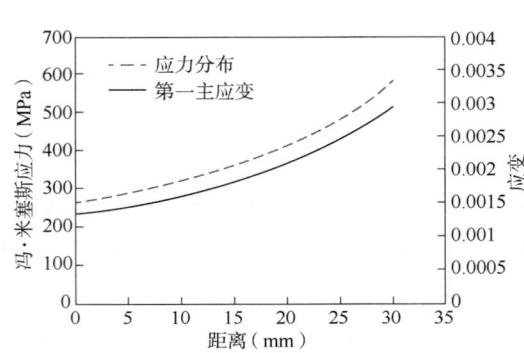

图 4.10 X100 钢在 200N 载荷下冯·米塞斯应力和应变分布（据 Xu 和 Cheng，2012b）

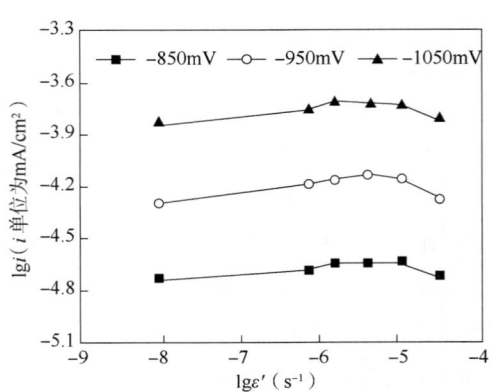

图 4.11 与 X70 管线钢在近中性 pH 值溶液中阴极电流密度与应变速率的关系（据 Liu 等，2009）

4.2.7 钢铁冶炼

钢的化学成分和显微组织取决于冶金工艺。但是，管线钢的显微组织和化学成分对应力腐蚀开裂的影响不大。在使用了 50 多年的常规低钢级管线钢（包括 X25 至 X65）上均发现了应力腐蚀开裂。此外，绝大多数输气管道是采用焊接工艺进行生产制造，含有数量不等的铁素体、珠光体和贝氏体，其晶粒尺寸变化很大。然而，没有强有力的证据证明上述任何一项都促进或抑制了 SCC（Baker，2005）。

由于氢在近中性 pH 值应力腐蚀开裂过程中起着积极的作用，因此钢的冶金特性影响氢吸附和渗透，进而影响应力腐蚀开裂行为。在近中性 pH 值的碳酸氢盐溶液中，由于钢中的微观结构不同，其抗氢吸附能力随着钢强度（屈服应力）的降低而降低（Capelle 等，2010）。例如，铁素体微观组织的抗氢捕集效率明显低于铁素体—贝氏体微观组织，如典型铁素体微观组织的 X52 和 X65 等低钢级管线钢要低于典型的铁素体—贝氏体微观组织的 X70 和 X80 管线钢。而且，氢在松弛度最高的钢试样中扩散最大，如正火态，氢优先通过铁素体晶粒扩散（Asher 和 Singh，2008）。此外，与析出物较少的再结晶铁素体基体中的未完全转变的珠光体的水冷组织相比，铁素体晶粒与珠光体组织交替的钢对 SCC 的敏感性更高。含有典型马氏体组织的淬火钢在稀的碳酸氢盐溶液中最容易发生应力腐蚀开裂(Torres-Islas 等,2008)。

近年来,管线钢的强度和韧性可以通过微合金化处理、控制轧制和冷却工艺,或两者兼而有之来提高。钢中产生了细小的晶粒和硬质微合金相,包括针状铁素体和铁素体贝氏体。钢的成分和微观结构与氢渗透性之间的关系,以及对应力腐蚀开裂的敏感性已有大量的研究。定量测定了 X80 钢的氢渗透速率、氢扩散率(溶解和可逆捕获氢的表观晶格扩散率),以及表观氢溶解度(晶格和可逆氢陷阱中的氢)分别为 5.2×10^{-10} mol H/(m·s)、2.0×10^{-11} m²/s 和 26 mol H/m³(Xue 和 Cheng,2011)。此外,经计算得到钢中每单位体积的氢陷阱数量为 3.3×10^{27} m^{-3},表明钢中含有大量的冶金不规则缺陷,如位错、晶界、夹杂物和析出物,作为氢陷阱且影响氢的扩散系数。特别是不可逆的氢陷阱,如非金属夹杂物,将有效地捕获氢并引发局部应力腐蚀开裂。第 9 章将详细分析高强度钢冶金与氢渗透和钢的 HIC 的相关性。

4.3 从腐蚀坑萌生的应力腐蚀开裂

通常,SCC 萌生在金属外表面已经发生点蚀或均匀腐蚀的位置处(Parkins 等,1994)。在典型的近中性 pH 值条件下,管线钢上发生点蚀主要是由于在晶界(Chu 等,2004;Liu 等,2010)、夹杂物(Elboujdaini 等,2000;Jin 和 Cheng,2011),或相界面(Kushida 等,2001)等冶金不连续处的电偶效应。

管线钢在阴极电位波动条件下,即使没有外部应力也会形成腐蚀坑。图 4.12 为 X70 钢电极在 NS4 溶液中-950~-800mV(SCE)电位范围内不同时间方波极化(SWP)条件下测量的 LEIS 图(Liu 等,2012)。可以看出,电极扫描区域上的局部阻抗分布取决于 SWP 时间。在方波极化 48h 后[图 4.12(a)],阻抗分布是均匀的,有些位置如 A 点、B 点和 C 点,阻抗比相邻区域低。在方波极化 144h[图 4.12(c)]后,LEIS 图显示 A 点、B 点、C 点和 D 点的阻抗进一步降低。这些位置代表了方波极化钢表面的活性位置,模拟了现场阴极保护的波动。在-950~-850mV(SCE)之间方波极化 144h 后,钢电极的表面形成了明显的腐蚀坑,如图 4.13 所示。此外,大多数腐蚀坑发生在试样打磨的划痕上。作为对比,钢电极在-950mV 和-850mV(SCE)两个电位下的恒电位极化后的表面形貌如图 4.14 所示,由于钢处于完全阴极保护下,因此未观察到腐蚀或点蚀。

显然,当阴极电位波动时,在管道上会形成腐蚀坑,并成为潜在的裂纹孕育点。通过建立电化学状态转换模型(ESCM),从机理上解释了近中性 pH 值溶液中阴极极化管道点蚀的发生过程及机理(Liu 等,2011)。钢表面存在的各种微缺陷会产生局部阴极附加电位(LAPs),从而增强局部阴极反应(Liu 等,2009)。LAP 对局部电流密度的影响定义为:

$$i_D = \frac{\Delta E}{\beta_c} + i_N \tag{4.1}$$

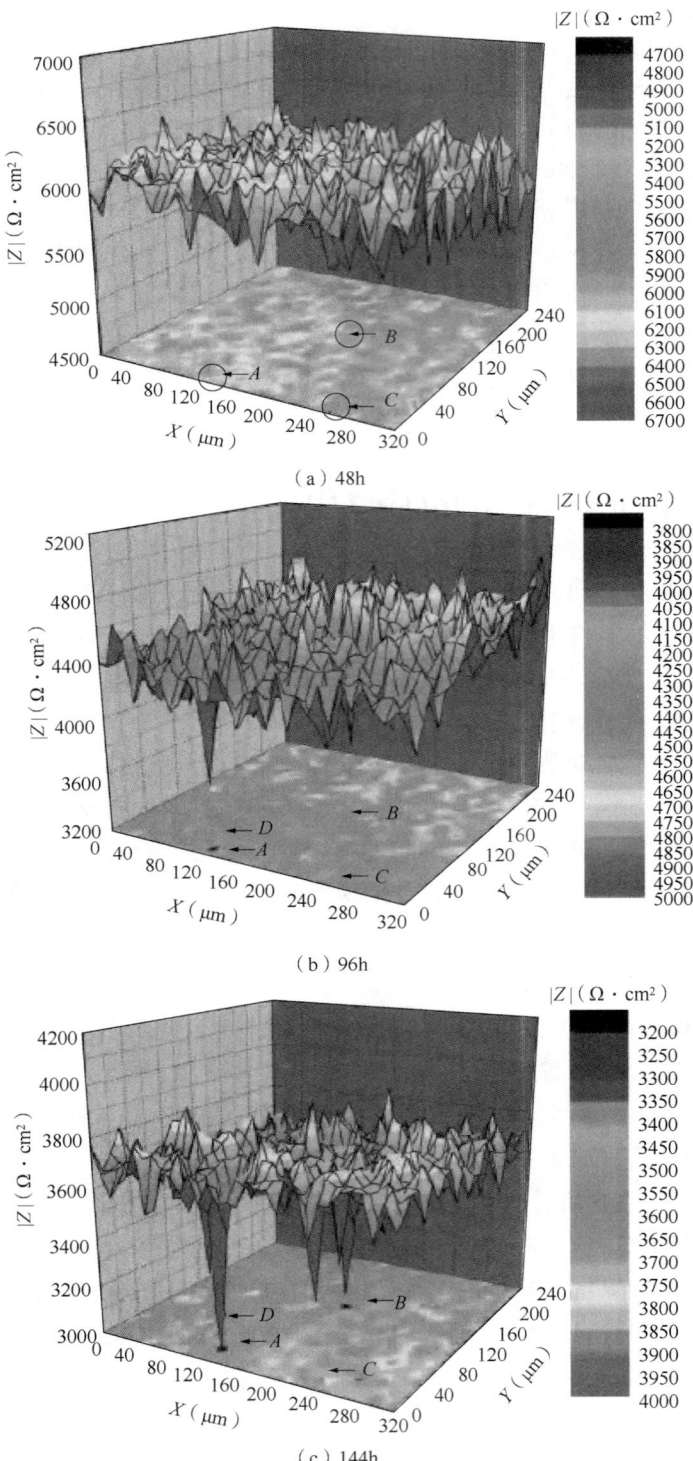

图 4.12　X70 管线钢电极在 −950~−800mV(SCE) 电位范围内 SWP 下的 LEIS 图(据 Liu 等，2012)

式中：i_D 是缺陷处的电流密度；ΔE 是缺陷处的 LAP；β_c 是阴极塔菲尔斜率；i_N 是无缺陷区域（例如完整区域）处的电流密度。如果通过传质步骤控制阴极反应，则阴极反应物如 H^+、HCO_3^- 和 H_2CO_3 在缺陷处比在无缺陷处消耗得更快。图 4.15(a) 是恒定阴极电位下钢表面双电荷层的示意图，其中缺陷和非缺陷区域均与均匀的双电荷层相关。所有阴极反应与反应物的传质过程相平衡，钢处于完全阴极保护下不发生腐蚀。

当产生电位波动时，双电荷层结构受到干扰，其中反应物在微小缺陷处比在无缺陷处消耗得更快，如图 4.15(b) 所示。因此，缺陷处

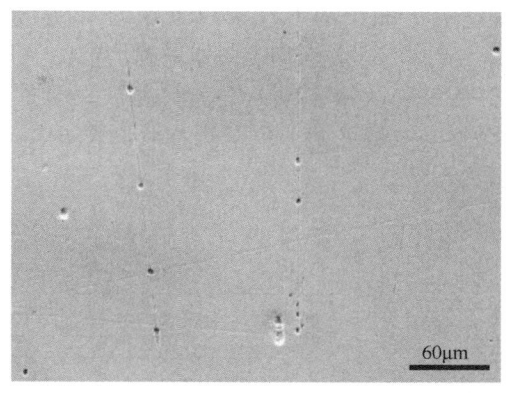

图 4.13 X70 管线钢电极在 NS4 溶液中在 $-950\sim-800mV(SCE)$ 电位范围内 SWP 持续 144h 后的点蚀形核位置（据 Liu 等, 2012）

会经历一个短暂的阳极电位场，局部阳极溶解导致腐蚀坑形核，而无缺陷处仍然受到阴极电位的保护。如果电位波动足够大，以致阴极反应物在整个电极表面迅速消耗［图 4.15(c)］，则整个电极上的双电荷层将被阳极化。因此，整个电极会遭遇阳极溶解，而在缺陷处的溶解速率很高。当电位波动长期反复存在时，点蚀生长将成为自催化过程。

(a) $-950mV(SCE)$

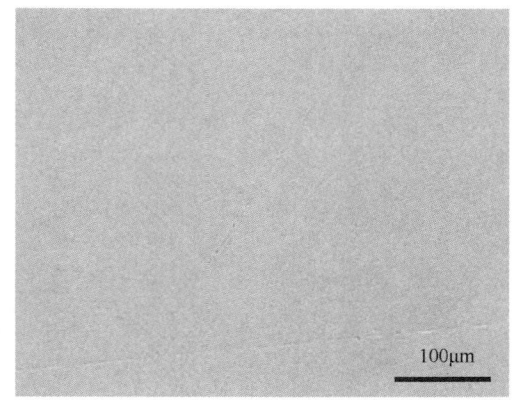

(b) $-850mV(SCE)$

图 4.14 X70 钢电极在 NS4 溶液中恒电位极化 144h 后的表面形貌（据 Liu 等, 2012）

在无氧的近中性 pH 值溶液中，阴极电位下的反应物含有 H_2CO_3、HCO_3^- 和 H_2O，它们在不同的阴极电位下会被还原（Zhang 和 Cheng, 2009a）：

$$2H_2CO_3 + 2e \longrightarrow H_2 + 2HCO_3^- \tag{4.2}$$

$$2HCO_3^- + 2e \longrightarrow H_2 + 2CO_3^{2-} \tag{4.3}$$

$$2H_2O + 2e \longrightarrow H_2 + 2OH^- \tag{4.4}$$

假设溶液的 pH 值为 7，离子浓度为接近中性 pH 值溶液（即 NS4 溶液）的浓度，反应(4.2)至

反应(4.4)的平衡电极电位分别为 $\varphi_{H_2CO_3/H_2} = -0.620V(SCE)$，$\varphi_{HCO_3^-/H_2} = -0.849V(SCE)$ 和 $\varphi_{H_2O/H_2} = -0.658V(SCE)$。如果施加的电位足够负，阴极电位场覆盖整个金属表面，包括缺陷和无缺陷区域，保护钢免受腐蚀。但是，如果发生电位波动，阴极电位将向正向偏移，则会扰乱电极平衡。由于存在临时阳极电位场，阳极溶解在缺陷处局部发生，导致"腐蚀坑"的形成。

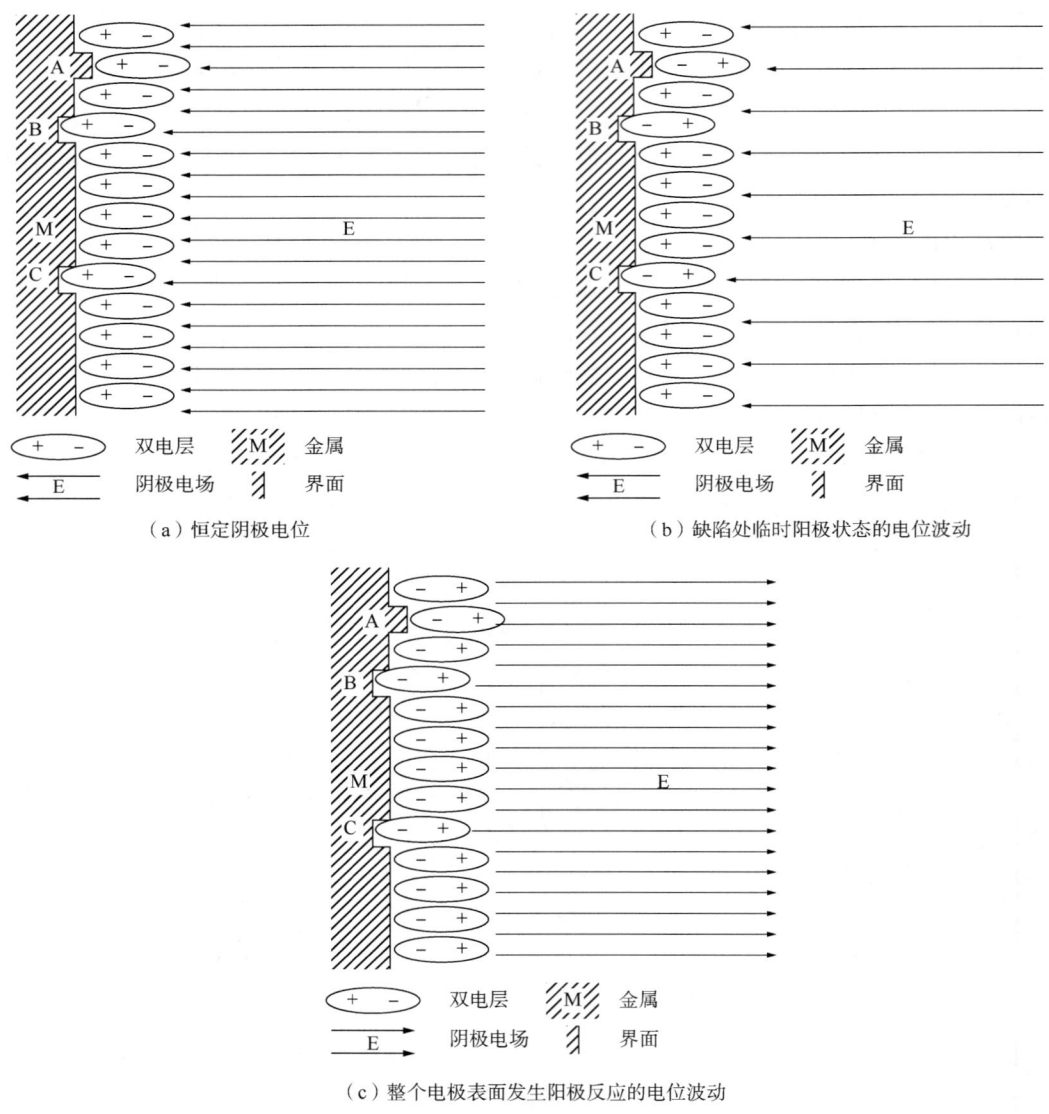

图 4.15 双电层示意图（据 Liu，2011）
A，B，C—微缺陷

钢在无氧环境、近中性 pH 值条件下的阳极反应是(Heuer 和 Stubbins，1999)：

$$Fe + 2OH^- \longrightarrow Fe(OH)_2 + 2e \tag{4.5}$$

$$Fe + CO_3^{2-} \longrightarrow FeCO_3 + 2e \tag{4.6}$$

通过以下公式计算反应(4.5)和反应(4.6)的平衡电极电位：

$$\varphi_{Fe(OH)_2/Fe} = \varphi_{Fe(OH)_2/Fe}^{\theta} + \frac{2.303RT}{F}(14-\text{pH 值}) \tag{4.7}$$

$$\varphi_{FeCO_3/Fe} = \varphi_{FeCO_3/Fe}^{\theta} - \frac{2.303RT}{2F}\lg C_{CO_3^{2-}} \tag{4.8}$$

式中：$\varphi_{Fe(OH)_2/Fe}^{\theta}$ 和 $\varphi_{FeCO_3/Fe}^{\theta}$ 是标准平衡电极电位；F 是法拉第常数；R 是理想气体常数；T 是温度。在 pH 值为 7 的条件下，假设在溶液中 CO_3^{2-} 的浓度是均匀的，计算得出 $\varphi_{Fe(OH)_2/Fe}$ 的电位值为 -0.664V（标准氢电极，SHE），$\varphi_{FeCO_3/Fe}$ 的电位值为 -0.805V（标准氢电极，SHE）。

图 4.16 为 X70 管线钢在不同电位扫描速率下 NS4 溶液中的动电位极化曲线。可以看出，随着电位扫描速率的变化，腐蚀电位也相应地发生变化。腐蚀电位将电位范围分为三个区域。在区域 I 中，无论是慢速还是快速扫描，都只能观察到阳极反应。在区域 II 中，随着电位扫描速率的增加，腐蚀电位负移，并且当扫描速率大于 50mV/s 时腐蚀电位保持恒定。在阴极极化下，也有可能发生短暂的阳极反应。在区域 III 中，阴极反应占主导地位。因此，预测在不稳定的阴极极化条件下钢会发生局部阳极溶解（点蚀）。当电位在区域 I、区域 II 和区域 III 之间波动时可能发生点蚀，而当电位停留在区域 III 内时不会发生点蚀。

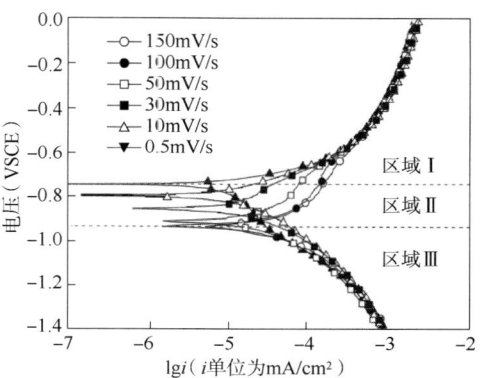

图 4.16 X70 管线钢在近中性 pH 值土壤溶液中不同电位扫描速率下的动电位极化曲线（据 Liu 等，2011）

这一发现在科学和工程上都具有重要的意义。由于腐蚀坑是引发管道上应力腐蚀开裂的主要部位，在坑底会产生应力集中，从而会增强局部阳极溶解和/或在底部积聚氢气。应力集中通常发生在局部腐蚀导致管道夹杂物处或附近形成腐蚀坑。文献（Asher 和 Singh，2009）报道，X65 钢在屈服强度附近的应力条件下会产生穿晶应力腐蚀裂纹，而在仅为 30% 屈服强度的应力条件下，夹杂部位会发生裂纹状开裂。

此外，在钢表面存在的氧化皮会加剧腐蚀坑的形成。将轧制后的钢浸入近中性 pH 值溶液中，氧化皮和钢表面都经历了三个阶段的变化：氧化皮开始破坏，底层钢的溶解与轧制氧化皮的还原溶解的耦合作用，以及钢在氧化皮孔洞底部的活性腐蚀（Qin 等，2004）。氧化皮的多孔结构导致在钢表面形成了多个局部阳极和阴极部位，促进了孔洞底部的局部腐蚀形成腐蚀坑，最终这些应力集中的腐蚀坑是应力腐蚀开裂的优先发生部位。此外，腐蚀坑在表面和深度方向上生长(Eslami 等,2010),循环加载和腐蚀坑部位局部溶解相耦合,促进了在最大应力集中区域的腐蚀坑向裂纹的过渡转变。

研究者普遍认为,管道完整性通过涂层和阴极保护共同维持。阴极保护电流可以渗透涂层或通过涂层孔隙直接到达钢基体,使管线钢产生阴极极化。阴极保护电流可能由于多种原因而产生波动,例如涂层渗透率和土壤电阻率。此外,附近高压输电线路释放的杂散电流也会影响阴极保护性能(Fu 和 Cheng,2010)。上述所有因素都会引起钢的电位发生波动,导致管线钢发生点腐蚀。此外,管道内的压力或压力波动会产生显著的环向应力或循环应力,从而增加了腐蚀坑的形成和生长的可能性(Liu 等,2011)。因此,对于外加阴极保护的管道,腐蚀坑的发生是不可避免的,甚至可能会进一步导致应力腐蚀开裂的发生。实际上,循环应力水平高、管道老旧、阴极保护不足(但并非完全欠保护)的位置更容易发生应力腐蚀开裂(Eslami 等,2010)。值得说明的是,在实验室中腐蚀坑实际上需要很长时间才能演变为应力腐蚀开裂。而观察现场管道中的应力腐蚀开裂可能需要几年的时间(National Energy Board,1996)。

此外,在近中性 pH 值环境中,管线钢在位错滑移带等表面间断点处发生局部微塑性变形,可能引发应力腐蚀裂纹(Lu 等,2010)。当在临界点处累积的微塑性变形达到阈值时,裂纹可以形核或重新形核,前者发生在暴露于腐蚀性介质的自由表面,后者发生在裂纹尖端。此外,氢和阳极溶解都可以增加钢的表面塑性,有助于裂纹萌生和扩展。然而,该模型没有给出关于氢和阳极溶解引起的塑性增加的定量信息,更重要的是,在裂纹扩展过程中氢气和阳极溶解的协同作用没有解释和阐述清楚。实际上,氢和阳极溶解增强塑性似乎是之前氢和应力促进裂纹尖端局部溶解的另一种版本(Cheng,2007c)。

4.4 应力腐蚀开裂扩展机理

4.4.1 氢在钢铁腐蚀中的促进作用

在材料发生应力腐蚀开裂过程中,裂纹尖端始终接近于新鲜裸露的金属基体,处于非平衡电化学反应阶段,而裂纹壁覆盖有腐蚀产物层,在腐蚀产物层下的电化学反应处于准平衡状态。因此,在近中性 pH 值条件下裂纹尖端和裂纹侧面的电化学状态不同,导致管线钢的 SCC 受到氢脆和阳极溶解两个过程的共同影响(Liu 等,2012),有大量的证据支持这一机制(Parkins,2000;Bueno 等,2004;Asher 和 Singh,2009;Lu 等,2010)。尤其是,管线钢对 SCC 的高敏感性总是与土壤提取液中测得的高氢渗透电流有关(Cheng,2007a)。

近中性 pH 值环境能够对管线钢的析氢反应产生表面催化效应(Cheng 和 Niu,2007)。图 4.17 和图 4.18 分别为 X70 管线钢在 0.01mol/L 的 $NaHCO_3$ 溶液中电位扫描速率为 50mV/s 的循环伏安曲线和阴极塔菲尔斜率与上回扫电位的函数关系图。可以看出,随着上回扫电位的升高,阴极塔菲尔斜率变得更正,也就是说,阴极塔菲尔斜率的绝对值随着上回电位的增加而减小。对于阴极析氢反应的塔菲尔斜率 b_c 和阴极反应的传递系数 α 的关系如下：

$$|b_c| = \frac{2.303RT}{\alpha nF} \tag{4.9}$$

式中：n 是电极反应过程中交换电子数。b_c 的绝对值减小会导致 α 增大，α 表示在阴极极化作用下用于克服析氢反应总能垒的能量比例。因此，当上回扫电位正移时，用于析氢反应的阴极极化的比例增大，从而促进了析氢动力学。因此，适当的氧化在钢表面生成的氧化物或氧化皮能够促进氢的析出。

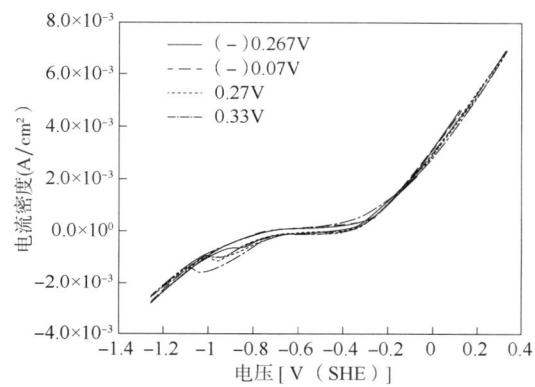 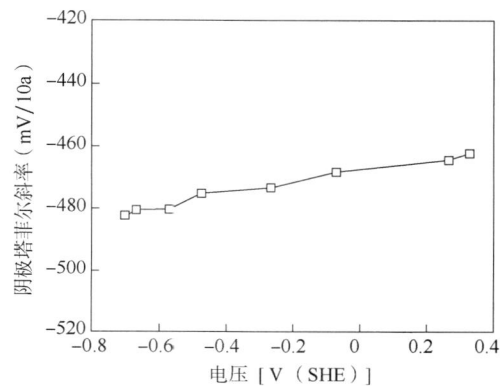

图 4.17 X70 钢在 0.01mol/L $NaHCO_3$ 溶液中 50mV/s 扫描速率下的循环伏安测试曲线

图 4.18 图 4.17 中循环伏安测试过程阴极塔菲尔斜率与上回扫电位的函数关系

钢的氧化状态对氢的析出有显著影响（Flis 和 Zakroczymski，1992；King 等，2000），在腐蚀电位略微正的电位下形成的氧化皮或腐蚀产物会催化析氢反应（King 等，2000；Qin 等，2004；Meng 等，2008）。这些沉积层通常具有多孔结构，可在金属表面形成大量局部阳极和阴极反应位点。沉积物下局部溶解的发生将产生低 pH 值的酸化电解质。因此，在负向扫描过程中，会促进阴极析氢反应的发生，在 $-0.5\sim-0.4$V（SHE）电位范围内阴极塔菲尔斜率的绝对值降低，这个电位在近中性 pH 值环境下接近钢的自腐蚀电位。事实上，已经发现在除氧的近中性 pH 值 NS4 溶液中低强钢和高强钢（包含 X52、X70 和 X100）在腐蚀电位或相对弱的阴极极化下表现出对氢化的敏感性。特别是对于 X52 管线钢，存在一个导致管线钢局部抗断裂性能显著下降的临界氢浓度水平，约为 4.3×10^{-6} mol/cm^3（Capelle 等，2008），该值被建议作为管道可靠性评估的重要参数。此外，对于评估氢气存在下缺口、凹痕和腐蚀坑处的局部强度，局部断裂与氢气浓度的关系图是有效的，可用于评估特定测试条件下管道对氢脆的敏感性。

氢促进腐蚀效应归因于在近中性 pH 值环境中钢的化学势和交换电流密度的改变（Li 和 Cheng，2007）。未充氢和充氢钢的阳极溶解可以表示为：

$$未充氢钢：Fe \longrightarrow Fe^{2+} + 2e \tag{4.10}$$

$$充氢钢：Fe_{(H)} \longrightarrow Fe^{2+} + 2e \tag{4.11}$$

反应(4.10)的平衡电位 E^{eq} 和反应(4.11)的平衡电位 $E^{eq}_{(H)}$ 可以表示为：

$$E^{eq} = \frac{\mu_{Fe^{2+}} - \mu_{Fe}}{2F} \quad (4.12)$$

$$E^{eq}_{(H)} = \frac{\mu_{Fe^{2+}} - \mu_{Fe(H)}}{2F} \quad (4.13)$$

式中：$\mu_{Fe(H)}$、μ_{Fe} 和 $\mu_{Fe^{2+}}$ 分别是充氢钢和未充氢钢及 Fe^{2+} 的化学势。远离平衡电位的阳极电位 E_a 下未充氢钢的阳极电流密度 i_a 为：

$$i_a = i^0 \exp\left[\frac{2\beta F(E_a - E^{eq})}{RT}\right] \quad (4.14)$$

式中：i^0 是交换电流密度，β 是电荷转移系数。同样，充氢钢的阳极电流密度 $i_{a(H)}$ 可表示为：

$$i_{a(H)} = i^0_H \exp\left[\frac{2\beta_H F(E_a - E^{eq}_{(H)})}{RT}\right] \quad (4.15)$$

式中：β_H 是充氢钢的电荷转移系数。阳极塔菲尔斜率 b_a，可以通过拟合不同充氢电流密度下钢的阳极极化曲线，结果如图 4.19 所示。可以看出，b_a 的值近乎与充氢电流密度不相关。因此，可以假设 β 等同于 β_H。式(4.13)至式(4.15)可以写为：

$$i_{a(H)} = i_a \left[\frac{i^0_H}{i^0} \exp\left(\frac{\beta \Delta \mu}{RT}\right)\right] = k_H i_a \quad (4.16)$$

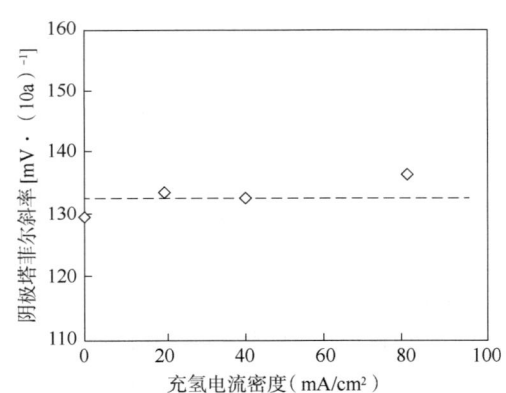

图 4.19　X70 管线钢在近中性 pH 值 NS4 溶液中的阳极塔菲尔斜率与充氢电流密度的关系
（据 Li 和 Cheng，2007）

式中：$\Delta \mu$ 是充氢和未充氢条件下钢的电化学势差（例如：$\Delta \mu = \mu_{Fe(H)} - \mu_{Fe}$）；$k_H$ 代表氢对钢的阳极溶解速率的影响。因此，氢促进阳极溶解归因于氢引起的钢化学势和交换电流密度的变化，两者都有助于充氢时促进钢的腐蚀。

4.4.2　管线钢近中性 pH 值 SCC 电位

近中性 pH 值环境中管道 SCC 取决于电位。图 4.20 为 X70 钢电极在 NS4 溶液中的慢速和快速电位扫描下测得的动电位极化曲线，以及 SCC 敏感性与电位的函数关系。当施加的电位比零电流电位[约-730mV(SCE)]更正时，此时的电位更接近于在近中性 pH 值环境中准平衡条件下的钢的腐蚀电位，在慢速和快速扫描下测量的极化曲线都在阳极极化范围内，表明在这些条件下的裂纹扩展是通过阳极反应控制，应力腐蚀开裂的机制是以阳极溶解（AD）为基础的。当施加的电位比在快速扫描速率下测量的零电流电位（比-920mV 更负）更负时,此时的电位在阴极极化区域,阴极反应给钢充氢,因此应力腐蚀开裂机制属于氢脆机制。当极化电位在两个零电流电位之间时,电位扫描速率较小时(如0.5mV/s)钢处于阴极极化,当电位扫描速率较大时(如100mV/s)发生阳极极化。也就是说,钢处于两个零电流电位之间的一个非平衡的状态,在阴极极化电位作用下会发生溶解,从而促进开裂过程。这个过程结合氢的作用可以加剧应力腐蚀开裂。因此,钢的应力腐蚀开裂是在电位-730mV和-920mV之间阳极溶解和析氢反应协同作用下发生的。

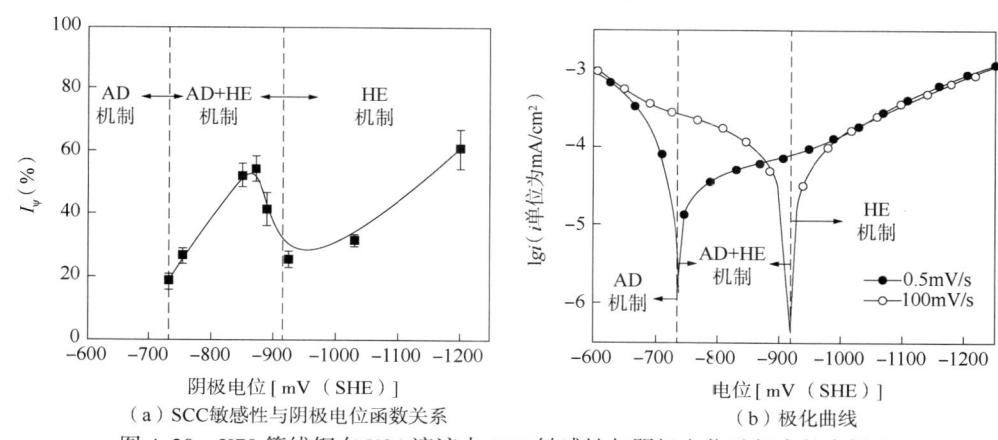

(a) SCC敏感性与阴极电位函数关系　　(b) 极化曲线

图4.20　X70管线钢在NS4溶液中SCC敏感性与阴极电位及相应的在慢速
(0.5mV/s)和快速(100mV/s)电位扫描速率下极化曲线的函数关系

显然,在近中性pH值环境中钢的应力腐蚀开裂取决于钢的电位,而钢的电位又受施加CP、涂层状况、土壤特性和其他因素的影响。事实上,CP用来预防管道腐蚀的发生,CP可以穿透涂层到达钢表面。但是,CP效应(在CP下钢的阴极电位)取决于涂层渗透性(Howell和Cheng,2007;Chen等,2009)。而且,CP可以完全或部分地穿过涂层缺陷到达管道表面(Dong等,2008)。因此,管道可能处于很宽的阴极电位范围,即使管道处于CP保护的状态,阳极溶解也会导致管道发生应力腐蚀开裂。

此外,在阳极溶解和析氢区域内,随着外加电位的负移,在慢扫描速率下测得的阴极电流密度增加,而在快速扫描速率下测得的阳极电流密度减小,观察到最大的应力腐蚀开裂敏感性。在相对较弱的阴极极化区域[如-730~-860mV(SCE)],如图4.20(a)所示,随着管线钢断面收缩率(I_ψ)在溶液中和空气中的比率增加,应力腐蚀开裂敏感性随着电位的负移而增加。由于氢气的释放随着阴极电流密度的增加而增强,因此认为氢脆效应主导了应力腐蚀开裂的生长,并且阳极溶解会加速开裂过程。当电位比-860mV(SCE)更负时,应力腐蚀开裂的敏感性降低,这主要是由于在足够的阴极电位下溶解显著减少。显然,阳极溶解因素是不可忽略的,其影响阴极电位下的应力腐蚀开裂的敏感性。而且,当阴极极化电位比-950mV(SCE)更正时,氢主要影响阳极过程。当阴极电位比-950mV(SCE)更负时,将直接发生HIC。

此外,外加电位的变化将改变管道钢暴露的环境条件,从而导致管线钢SCC开裂机制在沿晶和穿晶模式之间发生变化(Asher等,2007;Torres-Islas等,2008)。

4.4.3　管线钢在近中性pH值溶液中总是发生活性溶解吗

众所周知,管线钢在近中性pH值溶液中处于活性溶解状态,并且传统的膜破裂—再钝化理论不适用于管线钢近中性 SCC(Parkins，2000)。在 NS4 溶液中，管线钢的动电位极化曲线确实证明了钢在 NS4 溶液中不能发生钝化(Fu 等，2009)。电位、pH 值、浓度和温度的相对微小变化可以确定是有利于溶解和钝化，还是 SCC 遵循基于氢的机理(King 等，2000)。较高 pH 值、较高浓度、较负的电位，以及较高的温度有利于钢表面的溶解和钝化，而相反的条件则有利于氢的机制。实际上，这些结论是根据在本体溶液中进行的电化学腐蚀测量得出的。

通常，当形成腐蚀反应的电化学环境时，剥离涂层下滞留的电解质溶液层非常薄，特别是在涂层剥离的初期阶段。薄电解液中钢腐蚀与本体溶液中的腐蚀明显不同。例如，薄电解质层中的小欧姆降和不均匀的电流分布将显著影响钢的电化学反应腐蚀机理(Nishikata 等，1995)。图 4.21 给出了 X70 钢在 NS4 溶液薄层中浸泡 1h 和 24h 后，采用扫描开尔文探针测量的极化曲线。由于电流密度非常低，因此在不同电解质层厚度下测量的钝化和活化行为之间的差异不是很明显，但仍然是有差别的。当处于 60μm 溶液层时，钢电极可以发生钝化且稳定钝化电位范围为 0~0.5V(SHE)。而在 90μm 和 140μm 溶液层中测得的管线极化曲线中未观察到此特征。溶液层厚度为 90μm、浸泡 24h 后管线钢的钝化性能不能继续保持。在 140μm 的溶液层下，管线钢浸泡 1h 和 24h 均未发生钝化，表现为活性溶解状态，类似于在 NS4 溶液中测量的极化行为。

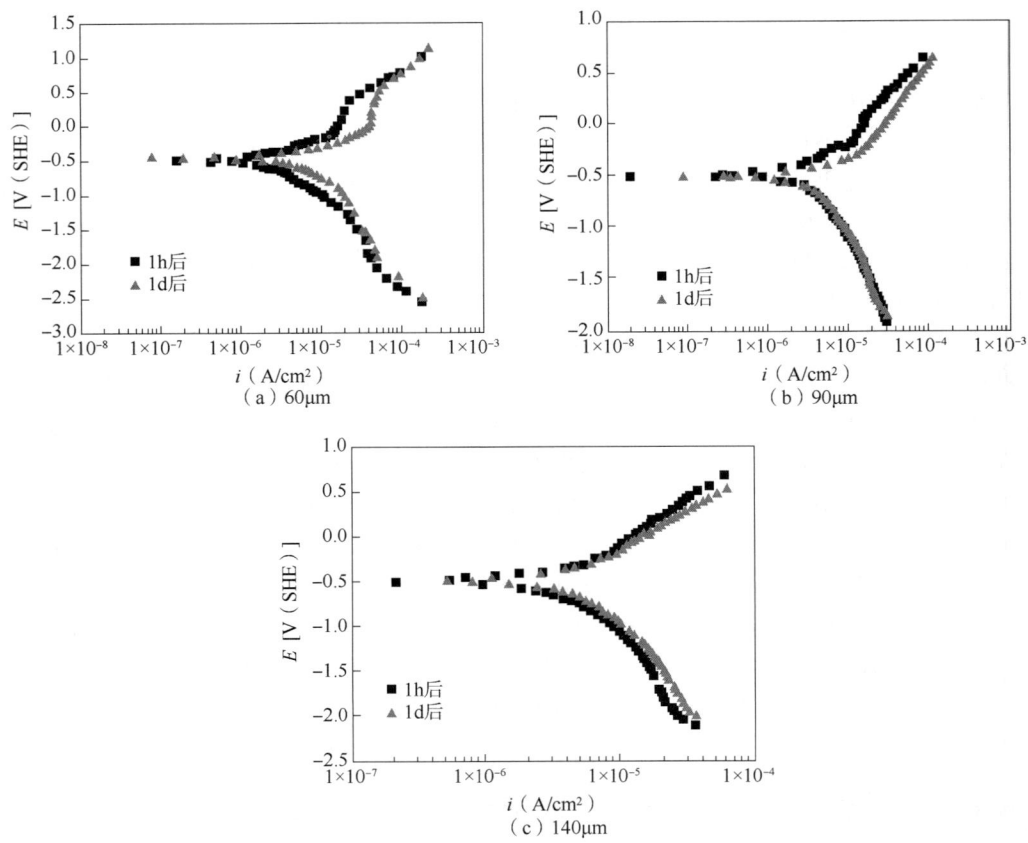

图 4.21　X70 管线钢在薄层 NS4 溶液中浸泡 1h 和 24h 后的极化曲线

显然，在近中性pH值薄溶液层下，比如厚度为60~90μm，管线钢表面能够发生钝化，这是一个重要的发现。管线钢在近中性pH值溶液中会发生钝化这一重要事实与管线钢在近中性pH值溶液中电化学腐蚀行为的常规认识是相悖的。这归因于在水相中的Fe^{2+}浓度在薄溶液层中可达到饱和状态。尽管稀释的NS4溶液中的CO_3^{2-}含量不高，但是一旦Fe^{2+}浓度达到饱和或过饱和，就会达到溶解度水平，导致$FeCO_3$以沉淀形式从溶液中沉积出来。

随着溶液层厚度的增加，Fe^{2+}浓度很难达到饱和，从图4.21可以明显地看出当溶液层达到140μm时，管线钢不再发生钝化。而且，当在碳酸氢盐溶液中有Cl^-出现时，即使在很少量(0.005mol/L)的情况下，管线钢也不会发生钝化(Liu和Mao，1995)。管线钢钝化的消失是Cl^-作用的结果。

因此，当管线钢表面形成近中性的pH值电解液薄层时，可以在管线钢表面形成稳定的钝化膜。在涂层剥离过程中，尤其是在早期阶段，滞留的电解液通常很薄且剥离涂层的空间非常有限，钢处于钝化状态而不是活化状态。显然，在近中性pH值环境下管线钢处于活化状态这个传统认识是备受质疑的。而且，一旦在较薄电解质层下钢萌生裂纹，由于表面膜可能抑制氢渗透到管线钢中，因而氢的作用实际上就不重要了(Song等，1990)。因此，应重新审视关于氢在管线钢SCC中的作用的传统观点，以确保其可靠性。

综上所述，在近中性pH值环境中管线钢发生SCC的过程为，在涂层剥离的早期阶段，涂层下的电解质足够稀薄，钢处于钝化状态。在此阶段，开裂过程遵循膜破裂—再钝化机制。随着时间的延长和溶液层逐渐变厚，钢的钝化特性不能再维持，转变成活性溶解状态。由于管线钢表面对析氢的自催化作用，氢参与开裂过程，并伴随着裂纹壁发生阳极溶解。显然，近中性pH值环境中管线钢SCC机制随着溶液层厚度的增加也在不断发生变化。

上述研究发现与现场服役管线近中性pH值SCC管道表面裂纹簇的统计分析是一致的(Bouaeshi等，2007)，其中假定在近中性pH值环境下两种不同类型的裂纹特征表明裂纹扩展过程不同的机理。第1类裂纹扩展深度到0.5mm，然后倾向于在深度方向停止生长，而是持续变宽，甚至有可能继续变长。由于裂纹尖端腐蚀驱动力的降低，导致裂纹停止生长，并且可以观察到裂纹中有大量的腐蚀产物。第2类裂纹在裂纹两侧壁面存在少量腐蚀，但裂纹生长速度较快，特别是在深度方向。裂纹始终保持在尖锐的状态，相对于在长度方向上的增长，在深度方向上增长更快。因此，可以合理地假设，在近中性pH值条件下形成的第1类裂纹与腐蚀钝化机制有关，该机制中薄膜破裂—再钝化理论仍然适用。而第2类裂纹则是由于应力的重要性逐渐增加，进而支持氢在开裂过程中的作用。

4.5 近中性pH值SCC裂纹扩展预测模型

目前已经开发了许多裂纹扩展预测模型，用于定量地预测在近中性pH值环境中管道应力腐蚀裂纹的生长速率。除了溶解反应外，氢还参与裂纹扩展过程。通常情况下，在除氧、近中性pH值溶液中未施加外应力的管线钢的电化学反应包括铁的阳极氧化和水的阴极还原。产生并吸附在钢表面上的氢原子以化学或电化学形式结合成氢分子，或者渗透到钢内变为被吸收的氢原子。因此，只有一部分由阴极反应产生的氢原子会渗透到钢中。

在近中性pH值溶液中，在没有氢渗透"毒化"的情况下，电化学反应主导氢原子的结合过程(Daft 等，1979)。因此，整个电极反应可以描述为：

$$\text{Fe}(x\text{H}) + 2\text{H}_2\text{O} \longrightarrow \text{Fe}^{2+} + 2\text{OH}^- + \frac{2(1-x)}{2-x}\text{H}_2 + \frac{2x}{2-x}\text{H}_{abs} \tag{4.17}$$

式中：x 是渗透钢的氢原子数；Fe(xH)表示含有 x 个氢原子的钢试样。对于应力状态下含裂纹的钢试样，氢可以穿透钢并向裂纹尖端扩散，裂纹尖端存在较高的三轴应力集中(Hirth,1980)。因此，将有更多的氢扩散到应力状态下钢试样中，优先积聚在具有高应力集中的位置，例如裂纹尖端。在除氧、近中性 pH 值溶液中，应力状态下存在裂纹钢表面的电化学反应可以描述为：

$$\text{Fe}(\sigma, y\text{H}) + 2\text{H}_2\text{O} \longrightarrow \text{Fe}^{2+} + 2\text{OH}^- + \frac{2(1-y)}{2-y}\text{H}_2 + \frac{2y}{2-y}\text{H}_{abs} \tag{4.18}$$

式中：y 是应力状态下渗透进入钢中氢原子数，$y>x$；Fe(yH)表示含有 y 个氢原子的钢试样。

反应(4.17)和反应(4.18)之间的电化学电位差是由钢中的应力状态和氢的量引起的自由能变化引起的。如果反应(4.17)和反应(4.18)中的自由能变化和电化学势分别表示为 G_1 和 G_2，以及 E_1 和 E_2，则：

$$\Delta G_1 = G_{\text{Fe}^{2+}} + 2G_{\text{OH}^-} + \frac{2(1-x)}{2-x}G_{\text{H}_2} + \frac{2x}{2-x}G_{\text{H}_{abs}} - G_{\text{Fe}}(x\text{H}) - 2G_{\text{H}_2\text{O}} = -nFE_1 \tag{4.19}$$

$$\Delta G_2 = G_{\text{Fe}^{2+}} + 2G_{\text{OH}^-} + \frac{2(1-y)}{2-y}G_{\text{H}_2} + \frac{2y}{2-y}G_{\text{H}_{abs}} - G_{\text{Fe}}(\sigma, y\text{H}) - 2G_{\text{H}_2\text{O}}$$

$$= \Delta G_1 - \frac{2(y-x)}{(2-y)(2-x)}(G_{\text{H}_2} - 2G_{\text{H}_{abs}}) - \Delta G_{\text{Fe}}(\sigma, \text{H}) = -nFE_2 \tag{4.20}$$

式中：G 代表各个物质形成的自由能。$G_{\text{Fe}}(\sigma, \text{H}) = G_{\text{Fe}}(\sigma, y\text{H}) - G_{\text{Fe}}(x\text{H})$ 是由于钢中存在应力和不同浓度的氢。

反应(4.17)中的阳极溶解电流密度 i_1 为：

$$i_1 = i_0 \exp\left(-\frac{\Delta G_1}{RT}\beta\right) = i_0 \exp\left(\frac{nFE_1}{RT}\beta\right) \tag{4.21}$$

反应(4.18)中裂纹尖端的溶解电流密度 i_2 为：

$$i_2 = i_0(\sigma, y\text{H}) \exp\left(\frac{\Delta G_2}{RT}\beta\right)$$

$$= i_0(\sigma, y\text{H}) \exp\left[-\frac{\Delta G_1 - \frac{2(y-x)}{(2-y)(2-x)}(G_{\text{H}_2} - 2G_{\text{H}_{abs}}) - G_{\text{Fe}}(\sigma, \text{H})}{RT}\beta\right] \tag{4.22}$$

如果假设交换电流密度保持恒定，则：

$$i_2 = i_1 \exp\left[\frac{\frac{2(y-x)}{(2-y)(2-x)}(G_{H_2}-2G_{H_{abs}})+G_{Fe}(\sigma,H)}{RT}\beta\right] \quad (4.23)$$

当管线钢没有应力($\sigma=0$)时,预计管线钢不会发生应力腐蚀开裂,管线钢在近中性 pH 值溶液中发生自由腐蚀。渗透到钢中氢量 x 大约等于 y。由于反应(4.17)和反应(4.18)的自由能变化没有差别,所以 $i_2=i_1$。

存在应力的情况下,管线钢中会产生裂纹。氢和应力对阳极溶解的协同作用可表示如下:

$$i_2 = i_1 \exp\left[\frac{\frac{2(y-x)}{(2-y)(2-x)}(G_{H_2}-2G_{H_{abs}})}{RT}\beta\right] \exp\left(\frac{\Delta U - T\Delta S}{RT}\beta\right)$$
$$\exp\left[\frac{W_m(\sigma_1^2+\sigma_2^2+\sigma_3^2)}{2E\rho RT}\beta\right]\exp\left(\frac{\sigma_h \overline{V}_H}{RT}\beta\right) = k_H k_\sigma k_{H\sigma} i_1 \quad (4.24)$$

式中:ΔU 是内部能量变化;ΔS 是熵变;W_m 是摩尔重量;σ_1、σ_2 和 σ_3 是主应力;ρ 是密度;E 是杨氏模量;σ_h 是体积应力;$\overline{V}_H$ 是钢中氢的平均体积;k_H 是无应力状态下氢对阳极溶解速率的影响因子(即在除氧、近中性 pH 值溶液中铁的自由腐蚀速率);k_σ 是不含氢情况下应力对阳极溶解的影响因子(即基于纯阳极溶解的断裂机理);$k_{H\sigma}$ 是氢和应力对裂纹尖端阳极溶解的协同影响因子。

根据滑移氧化模型(Ford,1996),阳极溶解机制的裂纹扩展速率(CGR)可表示为:

$$CGR = \frac{iW}{nF\rho} \quad (4.25)$$

因此,氢和应力同时存在的 CGR 可以表示如下:

$$CGR(\sigma,H) = k_H k_\sigma k_{H\sigma} i_1 \frac{W}{nF\rho} = k_H k_\sigma k_{H\sigma} CGR(\sigma, H=0) \quad (4.26)$$

式中:$CGR(\sigma,H=0)$ 是无氢的影响下的裂纹扩展速率。因此,对除氧、近中性 pH 值溶液中管线钢裂纹扩展速率的定量预测取决于三个影响因素的测定(Cheng,2007c)。

Cheng 及合作研究者使用各种微区电化学技术,包括 LEIS 和 SVET,测量管线钢在各种不同充氢电流密度和外加应力下裂纹尖端处局部溶解的电流密度,来模拟管道可能的服役环境。对于无裂纹管线钢,在充电电流密度为 20mA/cm² 时确定的氢效应因子 k_H 约为 1.1(Li 和 Cheng,2007)。此外,在 525MPa 的应力下应力影响因子 k_σ 为 1.3[Tang 和 Cheng,2009]。通过电化学阻抗测量和拟合电荷转移电阻计算应力状态下钢在不同充电电流密度下氢和应力的协同效应因子 $k_{H\sigma}$:

$$k_{H\sigma} = \frac{R_{ct,\sigma}^0}{R_{ct,\sigma}^H} \quad (4.27)$$

式中：$R_{ct,\sigma}^0$ 和 $R_{ct,\sigma}^H$ 分别是未充氢和充氢钢的电荷转移电阻。在充电电流密度为 $20mA/cm^2$ 时，协同效应因子为 5.4。在近中性 pH 值条件下，氢和应力对光滑钢试样阳极溶解的总影响如下：

$$总影响因子 = k_H k_\sigma k_{H\sigma} = 1.1 \times 1.3 \times 5.4 \approx 7.7 \tag{4.28}$$

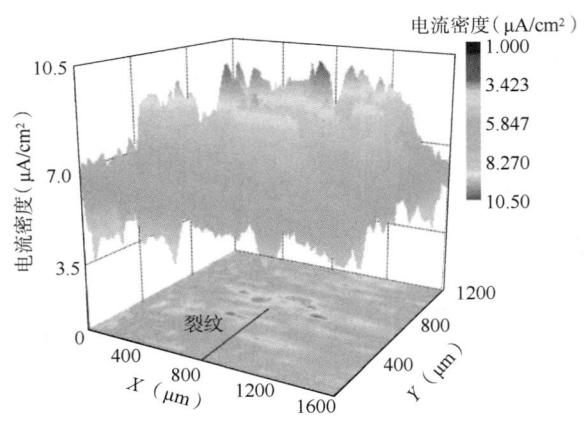

图 4.22 X70 管线钢在 3000N 的拉伸力作用下 NS4 溶液中预裂纹部位 SVET 测量结果

当钢试样含有裂纹时，裂纹或裂纹状缺陷引起的应力集中会显著提高钢的局部溶解速率。如图 4.22 所示，裂纹尖端的电流密度高于其他区域。可以确定裂纹尖端部位钢的局部溶解速率的应力影响因子约为裂纹附近的 3.3 倍。因此，假设在 525MPa 的外加应力条件下，裂纹尖端部位的局部应力影响因子约为 4.3（1.3×3.3，其中因子 1.3 是先前在光滑钢试样上确定的应力增强溶解因子）。

此外，在 $20mA/cm^2$ 的充电电流密度条件下，无应力状态下管线钢裂纹尖端的氢效应因子约为 1.3（Zhang 和 Cheng，2009b）。类似地，图 4.23 展示了在加载应力和各种充氢电流密度下裂纹钢试样的 SVET 电流密度图。基于式 (4.27) 和裂纹尖端电荷转移电阻外推至 $20mA/cm^2$ 的充电电流密度的协同效应因子约为 4.0（Tang 和 Cheng，2011）。在近中性 pH 值条件下，氢和应力对预裂纹管线钢的阳极溶解总影响因子可以确定为：

$$总影响因子 = k_H k_\sigma k_{H\sigma} = 1.3 \times 4.3 \times 4.0 \approx 22.4 \tag{4.29}$$

使用电化学划痕电极技术测试结果表明（King 等，2000），如果裂纹扩展遵循单纯的阳极溶解机制，则在近中性 pH 值条件下裂纹扩展速率约为 $5 \times 10^{-8} mm/s$。然而，通过超声波进行的现场测量表明，管线钢在近中性 pH 值的环境中的平均裂纹生长速率为 $10^{-6} mm/s$（Baker，2005）。研究已经证实实验室和现场实际裂纹扩展速率的 20 倍差异被认为与氢的参与有关，其中氢和应力的协同作用增强了应力腐蚀开裂裂纹的扩展。

根据 Cheng 的模型（2007c），在 525MPa 的外加应力和 $20mA/cm^2$ 的充氢电流密度下，通过电化学划痕电极测试技术测试的光滑管线钢试样在近中性 pH 值 SCC 裂纹生长的总影响因子仅为 7.7，远低于基于溶解的应力腐蚀开裂裂纹扩展速率的 20 倍之多。因此，在没有裂纹或类似裂纹缺陷的情况下，在近中性 pH 值环境中应力和充氢条件无法对管线钢产生足够的阳极溶解。然而，当存在裂纹时，总影响因子高达 22.4，是有/无氢存在环境中无裂纹缺陷情况下裂纹生长速率的 20 倍。显然，微裂纹和/或裂纹状缺陷的存在对裂纹尖端产生局部溶解速率是至关重要的，从而导致裂纹扩展速率与现场测量的裂纹扩展速率非常相近。进一步推断应力腐蚀裂纹优先在金属"薄弱"点周围扩展，例如夹杂物、大角度晶界、腐蚀坑和机械凹痕。因此，建立的模型同时考虑了冶金、环境和力学因素对应力腐蚀裂纹扩展的重要性。

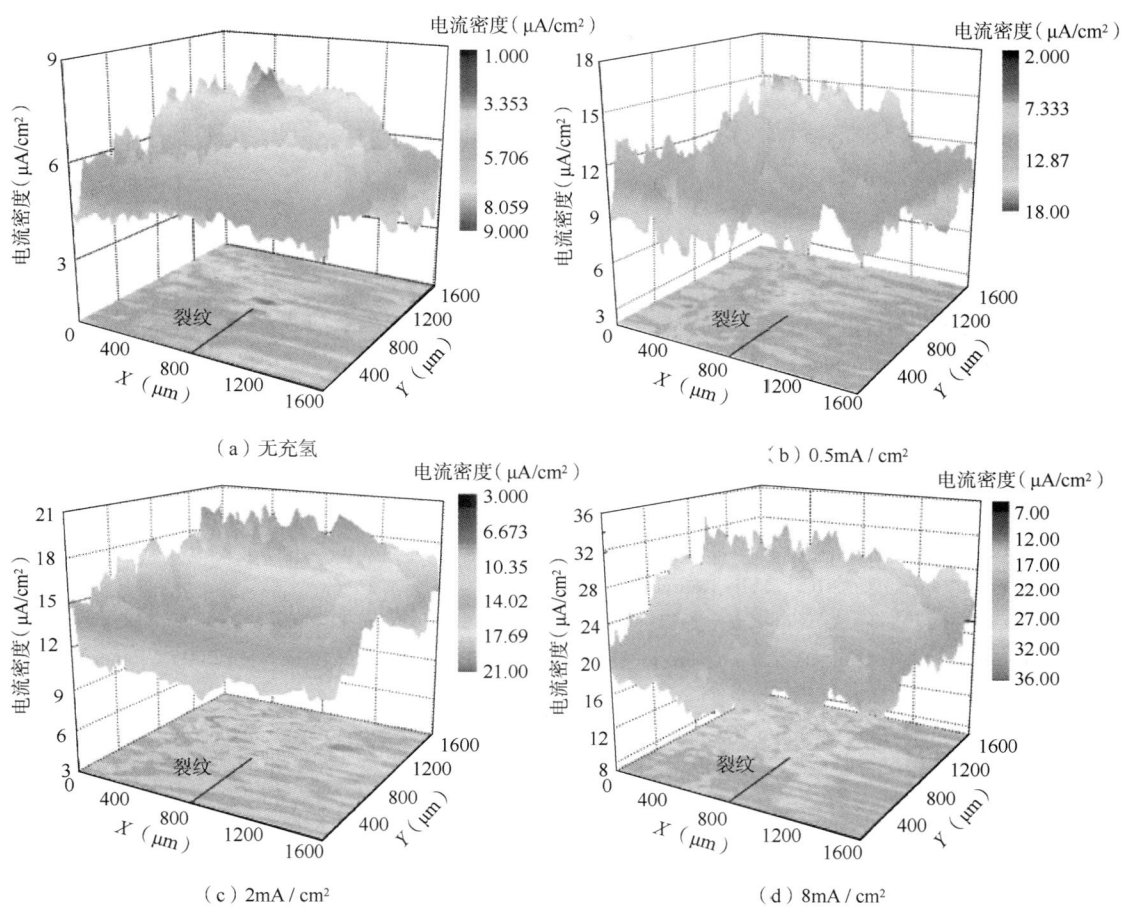

图 4.23 不同充氢电流密度下进行 2h 充氢后含预制裂纹 X70
管线钢试样在 3000N 恒定拉应力作用下 SVET 面扫图

此外，裂纹扩展过程中管道内压波动引起的循环应力的作用是不可忽略的。裂纹生长特征与循环加载条件如循环频率密切相关（Kim 等，2004）。仅在循环加载条件下可以观察到裂纹生长，而在使用最高应力强度因子的单一加载试样上未检测到裂纹增长（Chen 和 Sutherby，2004）。因此，裂纹扩展被归类为疲劳腐蚀而不是应力腐蚀开裂。实际上，断裂力学概念已被用于量化管道中的裂纹增长。例如，计算每个裂纹的加载速率是为了将裂纹扩展速率与加载速率相关联，然后根据管线钢试样拉伸实验得到的应力—应变关系，再通过半椭圆裂纹的非线性有限元分析计算 J 积分（Kim 等，2004）。获得裂纹扩展速率和加载速率之间的线性关系，证明了预测现场各种加载条件下裂纹扩展速率的可能性。此外，提出了基于压力波动得到的裂纹扩展模型（Chen，2006），其中裂纹扩展速率 da/dN 定义为 $f(\Delta K^2 K_{max} f^{0.1})$，$a$ 是裂纹长度，N 是应力循环数，ΔK 是应力强度因子，K_{max} 是最大应力强度因子，f 是频率。该模型进一步修正为：

$$\frac{\mathrm{d}a}{\mathrm{d}N}(总裂纹扩展速率) = \frac{\mathrm{d}a}{\mathrm{d}N}(疲劳腐蚀) + \frac{1}{f}\frac{\mathrm{d}a}{\mathrm{d}t}(应力腐蚀开裂) \quad (4.30)$$

总裂纹扩展速率是疲劳腐蚀和应力腐蚀开裂共同作用的结果,这种预测可能不适用于以浅裂纹为特征的初始阶段裂纹扩展。对于稳态的裂纹扩展,深裂纹且具有较大的应力强度因子,该预测模型结果与基于现场数据得到的裂纹扩展速率有较好的吻合度。

参 考 文 献

Asher, S, Singh, PM(2008) Hydrogen production and permeation in near-neutral pH environments, Corrosion 2008, Paper 08411, NACE, Houston, TX.

Asher, SL, Singh, PM(2009) Role of stress in transgranular stress corrosion cracking of transmission pipelines in near-neutral pH environments, Corrosion 65, 79-87.

Asher, SL, Leis, B, Colwell, J, Singh, PM(2007) Investigating a mechanism for transgranular stress corrosion cracking on buried pipelines in near-neutral pH environments, Corrosion 63, 932-939.

Baker, M(2005) Final Report on Stress Corrosion Cracking Study, Integrity ManagementProgram Delivery Order DTRS56-02-D-70036, Office of Pipeline Safety, U.S. Department of Transportation, Washington, DC.

Beavers, JA(1993) On the mechanism of stress corrosion cracking of natural gas pipelines, Proc. 8th Line Pipe Symposium, Paper 17, PRCI, Falls Church, VA.

Been, J, King, F, Yang, L, Song, F, Sridhar, N(2005) The role of coatings in the generation of high- and near-neutral pH environments that promote environmentally assisted cracking, Corrosion 2005, Paper 05167, NACE, Houston, TX.

Bouaeshi, W, Ironside, S, Eadie, R(2007) Research and cracking implications from an assessment of two variants of near-neutral pH crack colonies in liquid pipelines, Corrosion 63, 648-660.

Bueno, AHS, Castro, BB, Ponciano, JAC(2004) Laboratory evaluation of soil stress corrosion cracking and hydrogen embrittlement of API grade steels, Proc. 5th International Pipeline Conference, Paper IPC04-0284, Calgary, Alberta, Canada.

Canadian Energy Pipeline Association(1996a) Submission to the National Energy Board, Proceeding MH-2-95, Vol.1, CEPA, Calgary, Alberta, Canada, Issue 2, p.9.

Canadian Energy Pipeline Association(1996b) Submission to the National Energy Board, Proceeding MH-2-95, Vol.2, CEPA, Calgary, Alberta, Canada, App. D, Tab.6, p.8.

Capelle, J, Gilgert, J, Dmytrakh, I, Pluvinage, G(2008) Sensitivity of pipelines with steel API X52 to hydrogen embrittlement, Int. J. Hydrogen Energy 33, 7630-7641.

Capelle, J, Dmytrakh, I, Pluvinage, G(2010) Comparative assessment of electrochemical hydrogen absorption by pipeline steels with different strength, Corros. Sci. 52, 1554-1559.

Chen, W(2006) SCC or corrosion fatigue: some thoughts on integrity management and crack control, Workshop on Pipeline SCC, TransCanada Pipelines, Calgary, Alberta, Canada.

Chen, W, Sutherby, R(2004) Environmental effect on crack growth rate of pipeline steel in near-neutral pH soil environments, Proc. 5th International Pipeline Conference, Paper IPC04-0449, Calgary, Alberta, Canada.

Chen, W, King, F, Vokes, E(2002) Characteristics of near neutral pH stress corrosion cracks in an X65 pipeline, Corrosion 58, 267-275.

Chen, X, Li, XG, Du, CW, Cheng, YF(2009) Effect of cathodic protection on corrosion of pipeline steel under disbonded coating, Corros. Sci. 51, 2242-2245.

Cheng, YF(2007a) Fundamentals of hydrogen evolution reaction and its implications on near-neutral pH stress corrosion cracking of pipelines, Electrochim. Acta 52, 2661-2667.

Cheng, YF (2007b) Analysis of electrochemical hydrogen permeation through X-65 pipeline steel and its implications on pipeline stress corrosion cracking, Int. J. Hydrogen Energy 32, 1269-1276.

Cheng, YF(2007c), Thermodynamically modeling the interactions of hydrogen, stress and anodic dissolution at crack-tip during near neutral pH SCC in pipelines, J. Mater. Sci. 42, 2701-2705.

Cheng, YF, Niu, L(2007) Mechanism for hydrogen evolution reaction on pipeline steel in near-neutral pH solution, Electrochem. Commun. 9, 558-562.

Chu, R, Chen, W, Wang, SH, King, F, Jack, TR, FesslerRR(2004) Microstructure dependence of stress corrosion cracking initiation in X-65 pipeline steel exposed to a near-neutral pH soil environment, Corrosion 60, 275-283.

Daft, EG, Bohnenkamp, K, Engell, HJ(1979) Investigations of the hydrogen evolution kinetics and hydrogen absorption by iron electrodes during cathodic polarization, Corros. Sci. 19, 591-612.

Delanty, BS, Marr, JE(1992) Stress corrosion cracking severity rating model, Proc. International Conference on Pipeline Reliability, CANMET, Ottawa, Ontario, Canada.

Delanty, BS, O'Beirne, J(1991) Low-pH stress corrosion cracking, Proc. 6th Symposium on Line Pipe Research, Paper L30175, PRCI, Falls Church, VA.

Delanty, BS, O'Beirne, J(1992) Major field study compares pipeline SCC with coatings, Oil Gas J. 90, 24.

Dong, CF, Fu, AQ, Li, XG, Cheng, YF(2008) Localized EIS characterization of corrosion of steel at coating defect under cathodic protection, Electrochim. Acta 54, 628-633.

Elboujdaini, M, Wang, YZ, Revie, RW, Parkins, RN, Shehata, MT(2000) Stress corrosion crack initiation processes: pitting and microcrack coalescence, Corrosion 2000, Paper 00379, NACE, Houston, TX.

Eslami, A, Fang, B, Kania, R, Worthingham, B, Been, J, Eadie, R, Chen, W(2010) Stress corrosion cracking initiation under the disbonded coating of pipeline steel in near-neutral pH environment, Corros. Sci. 52, 3750-3756.

Fessler, RR, Groeneveld, T, Elsea, A(1973) Stress-corrosion and hydrogen-stress cracking in buried pipelines, International Conference on Stress Corrosion Cracking and Hydrogen Embrittlement of Iron Base Alloys, Firminy, France.

Flis, J, Zakroczymski, T(1992) Enhanced hydrogen entry in iron at low anodic and low cathodic polarizations in neutral and alkaline solutions, Corrosion 48, 530-539.

Ford, FP(1996) Quantitative prediction of environmentally assisted cracking, Corrosion 52, 375-395.

Fu, AQ, Cheng, YF(2010) Effects of alternating current on corrosion of a coated pipeline steel in a chloride-containing carbonate/bicarbonate solution, Corros. Sci. 52, 612-619.

Fu, AQ, Cheng, YF(2011) Characterization of the permeability of a high performance composite coating to cathodic protection and its implications on pipeline integrity, Prog. Org. Coat. 72, 423-428.

Fu, AQ, Tang, X, Cheng, YF(2009) Characterization of corrosion of X70 pipeline steel in thin electrolyte layer under disbonded coating by scanning Kelvin probe, Corros. Sci. 51, 186-190.

Heuer, JK, Stubbins, JF(1999) An XPS characterization of $FeCO_3$ films from CO_2 corrosion, Corros. Sci. 41, 1231-1243.

Hirth, JP(1980) Effects of hydrogen on the properties of iron and steel, Metall. Trans. A 11, 861-890.

Howell, GR, Cheng, YF(2007) Characterization of high performance composite coating for the northern pipeline application, Prog. Org. Coat. 60, 148-152.

International Science and Technology Center (1992) Project 1344-D, ISTC, Moscow, Russia. Iyer, RN, Takeuchi, I, Zamanzadeh, M, Pickering, HW(1990)Hydrogen sulfide effect on hydrogen entry into iron: a mechanistic study, Corrosion 46, 460-468.

Jack, TR, Erno, B, Krist, K, Fessler, R(2000)Generation of near-neutral Ph and high-pH SCC environments on buried pipelines, Corrosion 2000, Paper 362, NACE, Houston, TX.

Jin, TY, Cheng, YF(2011) In-situ characterization by localized electrochemical impedance spectroscopy of the electrochemical activity of microscopic inclusions in an X100 steel, Corros. Sci. 53, 850-853.

Kim, BA, Zheng, W, Williams, G, Laronde, M, Oguchi, N, Hosokawa, Y(2004) Experimental study on SCC susceptibility of X60 steel using full pipe sections in near-neutral pH environment, Proc. 5th International Pipeline Conference, Paper IPC2004-0280, Calgary, Alberta, Canada.

King, F, Jack, T, Chen, W, Wilmott, M, Fessler, RR, Krist, K (2000) Mechanistic studies of initiation and early stage crack growth for near-neutral pH SCC on pipelines, Corrosion 2000, Paper 361, NACE, Houston, TX.

King, F, Cheng, YF, Gray, L, Drader, B, Sutherby, R(2002) Proc. 4th International Pipeline Conference, Paper 27100, Calgary, Alberta, Canada.

Kushida, T, Nose, K, Asahi, H, Kimura, M, Yamane, Y, Endo, S, Kawano, H(2001)Effects of metallurgical factors and test conditions on near-neutral pH SCC of pipeline steels, Corrosion 2001, Paper 01213, NACE, Houston, TX.

Li, MC, Cheng, YF(2007) Mechanistic investigation of hydrogen-enhanced anodic dissolution of X-70 pipe steel and its implication on near-neutral pH SCC of pipelines, Electrochim. Acta 52, 8111-8117.

Liu, X, Mao, X(1995)Electrochemical polarization and stress corrosion cracking behavior of a pipeline steel in diluted bicarbonate solution with chloride ions, Scr. Mater. 33, 145-150.

Liu, ZY, Li, XG, Du, CW, Cheng, YF(2009)Local additional potential model for effect of strain rate on SCC of pipeline steel in an acidic soil solution, Corros. Sci. 51, 2863-2871.

Liu, ZY, Li, XG, Cheng, YF(2010)In-situ characterization of the electrochemistry of grain and grain boundary of an X70 steel in a near-neutral pH solution, Electrochem. Commun. 12, 936-938.

Liu, ZY, Li, XG, Cheng, YF(2011) Electrochemical state conversion model for occurrence of pitting corrosion on a cathodically polarized carbon steel in a near-neutral pH solution, Electrochim. Acta 56, 4167-4175.

Liu, ZY, Li, XG, Cheng, YF(2012)Mechanistic aspect of near-neutral pH stress corrosion cracking of pipelines under cathodic polarization, Corros. Sci. 55, 54-60.

Lu, BT, Luo, JL, Norton, PR(2010) Environmentally assisted cracking mechanism of pipeline steel in near-neutral pH groundwater, Corros. Sci. 52, 1787-1795.

Meng, GZ, Zhang, C, Cheng, YF(2008)Effects of corrosion product deposit on the subsequent cathodic and anodic reactions of X-70 steel in near-neutral pH solution, Corros. Sci. 50, 3116-6122.

National Energy Board(1996)Stress Corrosion Cracking on Canadian Oiland Gas Pipelines, Report of the Inquiry, MH-2-95, NEB, Calgary, Alberta, Canada.

Nishikata, A, Ichihara, Y, Tsuru, T(1995)An application of electrochemical impedance spectroscopy to atmospheric corrosion study, Corros. Sci. 37, 897-911.

Ott, KF(1998)Stress Corrosion on Gas Pipelines: Hypothesis, Arguments and Facts, Summarized Data, Information and Advertising Center, GasProm, Moscow, p.73.

Parkins, RN(2000)A review of stress corrosion cracking of high pressure gas pipelines, Corrosion 2000, Paper 363, NACE, Houston, TX.

Parkins, RN, Blanchard, WK, Delanty, BS(1994)Transgranular stress corrosion cracking of high pressure pipelines incontact with solutions of near-neutral pH, Corrosion 50, 394-408.

Qin, Z, Demko, B, Noel, J, Shoesmith, D, King, F, Worthingham, R, Keith, K(2004)Localized dissolution of mill scale-covered pipeline steel surfaces, Corrosion 60, 906-914.

Song, RH, Pyun, SI, Oriani, RA(1990)Hydrogen permeation through the passivefilm on iron by time-lag method, J. Electrochem. Soc. 137, 1703-1706.

Tang, X, Cheng, YF(2009)Micro-electrochemical characterization of the effect of applied stress on local anodic dissolution behavior of pipeline steel under near-neutral pH condition, Electrochim. Acta 54, 1499-1505.

Tang, X, Cheng, YF(2011)Quantitative characterization by micro-electrochemical measurements of the synergism of hydrogen, stress and dissolution on near-neutral pH stress corrosion cracking of pipelines, Corros. Sci. 53, 2927-2933.

Torres-Islas, A, Gonzalez-Rodriguez, JG, Uruchurtu, J, Serna, S(2008)Stress corrosion cracking study of microalloyed pipeline steels in dilute $NaHCO_3$ solutions, Corros. Sci. 50, 2831-2839.

Van Boven, G, Wilmott, M (1995) Pulsed Cathodic Protection 1995: An Investigation of Current Distribution Under Disbonded Pipeline Coatings, Report 01118, NRTC Calgary, Alberta, Canada.

Van Boven, G, Chen, W, Rogge, R(2007)The role of residual stress in neutral pH stress corrosion cracking of pipeline steels: I. Pitting and cracking occurrence, Acta Mater. 55, 29-42.

Wenk, RL(1974)Field investigation of stress corrosion cracking, Proc. 5th Symposium on Line Pipe Research, Paper L30174, PRCI, Falls Church, VA.

Xu, LY, Cheng, YF(2012a)Reliability and failure pressure prediction of various grades of pipeline steel in the presence of corrosion defects and pre-strain, Int. J. Press. Vessels Piping 89, 75-84.

Xu, LY, Cheng, YF(2012b) An experimental investigation of corrosion of X100 pipeline steel under uniaxial elastic stress in a near neutral pH solution, Corros. Sci. 59, 103-109.

Xu, LY, Cheng, YF(2012c)Assessment of the complexity of stress/strain conditions of X100 steel pipeline and the effect on the steel corrosion and failure pressure prediction, Proc. 9th International Pipeline Conference, Paper IPC2012-90087, Calgary, Alberta, Canada.

Xue, HB, Cheng, YF(2011)Characterization of inclusions of X80 pipeline steel and its correlation with hydrogen-induced cracking, Corros. Sci. 53, 1201-1208.

Zhang, GA, Cheng, YF(2009a)On the fundamentals of electrochemical corrosion of X65 steel in CO_2-containing formation water in the presence of acetic acid in petroleum production, Corros. Sci. 51, 87-94.

Zhang, GA, Cheng, YF(2009b)Micro-electrochemical characterization of corrosion of welded X70 pipeline steel in near-neutral pH solution, Corros. Sci. 51, 1714-1724.

5 高 pH 值条件下的管道应力腐蚀开裂

高 pH 值 SCC 是典型的管道应力腐蚀开裂形式，最早见于天然气输送管道。实际上，20 世纪 60 年代中期发生在路易斯安那州的管道 SCC 事故，导致了天然气泄漏、爆炸和火灾并造成数人死亡，就是高 pH 值 SCC 引起的(National Energy Board，1996)。从那时起，研究者开始了管道高 pH 值 SCC 的研究工作并一直持续到现在。20 世纪 60 年代末，一种浓缩的碳酸盐—碳酸氢盐溶液被认为是诱发高 pH 值 SCC 最可能的环境，并在有限的案例中证实了管道表面存在这种溶液(Fessler，1969)。目前，高 pH 值 SCC 已经在美国、澳大利亚、伊朗、伊拉克、意大利、巴基斯坦、沙特阿拉伯等多个国家的管道上发生，成为影响管道安全运行的世界性问题。

5.1 主要特征

管道完整性是通过涂层和 CP 及全面的管道安全维护计划来维持的。高浓度碳酸盐—碳酸氢盐溶液可能是由 CP 驱动的阴极反应(如水还原)产生的羟基离子与土壤中有机物腐烂产生的二氧化碳相互作用的结果，被公认为是造成高 pH 值 SCC 最可能的环境。阴极反应使滞留在剥离涂层下的电解液的 pH 值增加，二氧化碳在 pH 值升高的电解液中容易溶解，产生浓的碳酸盐—碳酸氢盐电解液。这种电解质的 pH 值取决于碳酸盐和碳酸氢盐的相对浓度，一般在 9~11 之间。显然，引起管道 SCC 的高 pH 值电解液与附近土壤的化学性质无关。

在浓碳酸盐—碳酸氢盐环境中，高 pH 值 SCC 通常发生在较窄的阴极电位范围[-600~-750mV($Cu/CuSO_4$)]。通常情况下，涂层是可渗透的，导致 CP 和氧气向管线钢表面移动。高 pH 值 SCC 具有高的温度敏感性，温度大于 40℃是高 pH 值 SCC 敏感性的必需条件之一。因此，这种类型的 SCC 更有可能出现在压气站的下游，工作温度可能达到 65℃(National Energy Board，1996)。因此，随着与压缩机或泵的距离增加和管道温度的降低，SCC 失效的数量也会随之减少。此外，土壤水分在相对温度较高的管道表面蒸发可能会导致在缺失或可渗透涂层暴露的管线钢表面产生高 pH 值 SCC 电解质(Jack 等，2000)。只有当二氧化碳含量与蒸发溶液达到平衡缓冲了 pH 值，例如 pH 值在 8.5 左右，钢表面的电位仍然在开裂范围内才会发生开裂。

断裂模式倾向于沿晶断裂，常伴有小枝状分叉。裂缝通常窄且密，裂缝壁几乎没有二次腐蚀迹象。此外，晶粒之间存在大量的二次裂纹导致这种 SCC 失效呈现多分支特性。高 pH 值应力腐蚀开裂裂纹主要为轴向，横向裂纹极为少见(National Energy Board，1996)。

此外，管道 SCC 在-500~-1100mV(SCE)的宽电位范围内都有可能发生，但其机制和断裂模式不同。晶间应力腐蚀开裂发生在比穿晶应力腐蚀开裂更正的阳极电位下，其起始电位为-890mV(SCE)。在较负的阴极电位下，发生晶内氢脆，二次裂纹较少(Mustapha 等，2012)。

5.2 影响因素

5.2.1 涂层

涂层的性能对管道 SCC 的类型至关重要。一般来说，大多数高 pH 值 SCC 失效与沥青涂层(如煤焦油或沥青)有关。由于 CP 对生成高 pH 值电解液以促进高 pH 值 SCC 的发生至关重要，因此要形成高 pH 值电解液环境，涂层必须对 CP 具有渗透性。高 pH 值 SCC 的电位范围介于钢在土壤中的腐蚀电位和-850mV(Cu/CuSO$_4$)的阴极保护电位之间。当 CP 与管线钢充分接触形成完全保护时，高 pH 值 SCC 电化学条件不能被满足。一旦 CP 被不溶性盐(如碳酸钙)沉积层部分屏蔽时，管道电位就可能处于开裂电位范围内。

此外，涂层的抗剥离性和涂装前表面预处理类型是影响管道耐高 pH 值 SCC 的另外两个因素(Beavers，1992；Beavers 等，1993a，1993b)。涂层的抗剥离能力几乎影响着所有形式的管道外腐蚀，包括 SCC。具有良好附着力的涂层通常能抵抗由干湿循环和冻融循环引起的土壤应力作用，还能阻隔水的传输和阴极剥离。

剥离的渗透性涂层下高 pH 值环境的形成取决于施加 CP 驱动的水还原过程中 OH$^-$ 的相对生成速率，以及 OH$^-$ 通过涂层从管线钢表面迁移速率。除了增加滞留在剥离涂层下水溶液的 pH 值外，还需要蒸发或 CO$_2$ 快速渗透涂层等过程，共同作用才能产生高 pH 值 SCC 环境(Been 等，2005)。

溶液 pH 值对开裂电位有显著影响，pH 值随着 CO$_2$、CO$_3^{2-}$ 和 HCO$_3^-$ 浓度的不同而变化。在溶液 pH 值处于 6.7~11.0 之间，在环境温度下晶间开裂的电位范围为 100mV 左右。随着 pH 值的增加，电位范围的中间值从-0.25V 负移到-0.7V(SCE)左右。随着溶液 pH 值的增加，裂纹扩展速率减小。在低 pH 值溶液中，可以观察到不同的开裂电位下的不同准解理形貌(Parkins 和 Zhou，1997)。

对 SCC 敏感的管线钢表面状态，喷砂表面通常比工厂带有氧化皮的表面更能抵抗高 pH 值 SCC 的萌生。喷砂可以在管道表面产生残余压应力，抑制裂纹的发生，并清除管道表面的氧化皮(Beavers 等，1993a)。一般情况下，大多数单层 FBE 涂层应用在经过表面喷砂处理的管道上，表面光洁度为白色(National Association of Corrosion Engineers，1999a)或近白色(National Association of Corrosion Engineers，1999b)。多年前，传统的沥青涂层直接在含有氧化皮的管道表面上直接施工。近年来，沥青涂层已被用于工厂经喷砂处理后的管道表面防腐。事实上，与管道原始表面氧化皮相比，通常在工厂进行低质量的喷砂后施工的沥青涂层降低了管道抗 SCC 能力，这主要由于喷砂过程中嵌入的氧化皮颗粒是应力集中源。

5.2.2 阴极保护

管道高 pH 值 SCC 的发生与 CP 对管线钢的渗透有直接关系。通过 CP 驱动水的阴极还原和羟基离子的生成，以及 CO$_2$ 在溶液中的溶解产生浓碳酸盐—碳酸氢盐电解质将促进高 pH 值 SCC。因此，如果管线钢没有维持在 CP 电位，就不会产生高 pH 值环境。

此外，CP 有助于将管线钢电位移到开裂电位范围，开裂电位范围一般位于管线钢的腐蚀电位和 CP 电位之间[如-850mV(Cu/CuSO₄)](Parkins, 1974)。CP 电位的季节性波动增加了管道进入开裂电位范围的可能性。因此，准确测定这一敏感电位范围对于避免高 pH 值 SCC 至关重要。

CP 的应用会影响管线钢的钝化性能和钝化膜的稳定性，进而影响管线钢在高 pH 值溶液中的 SCC 敏感性。图 5.1 给出了厚度为 30μm 的低浓度、中浓度和高浓度的碳酸盐—碳酸氢盐溶液中，在 CP 电位为-850mV(Cu/CuSO₄)的情况下 X70 管线钢的极化曲线。从图中可以看出，在所有溶液中阴极保护的施加都会导致腐蚀电位的负移和阳极电流密度显著增加。显然，阴极保护的施加将增强管线钢在碳酸盐—碳酸氢盐溶液中的腐蚀活性，降低溶液中管线钢的钝化性。

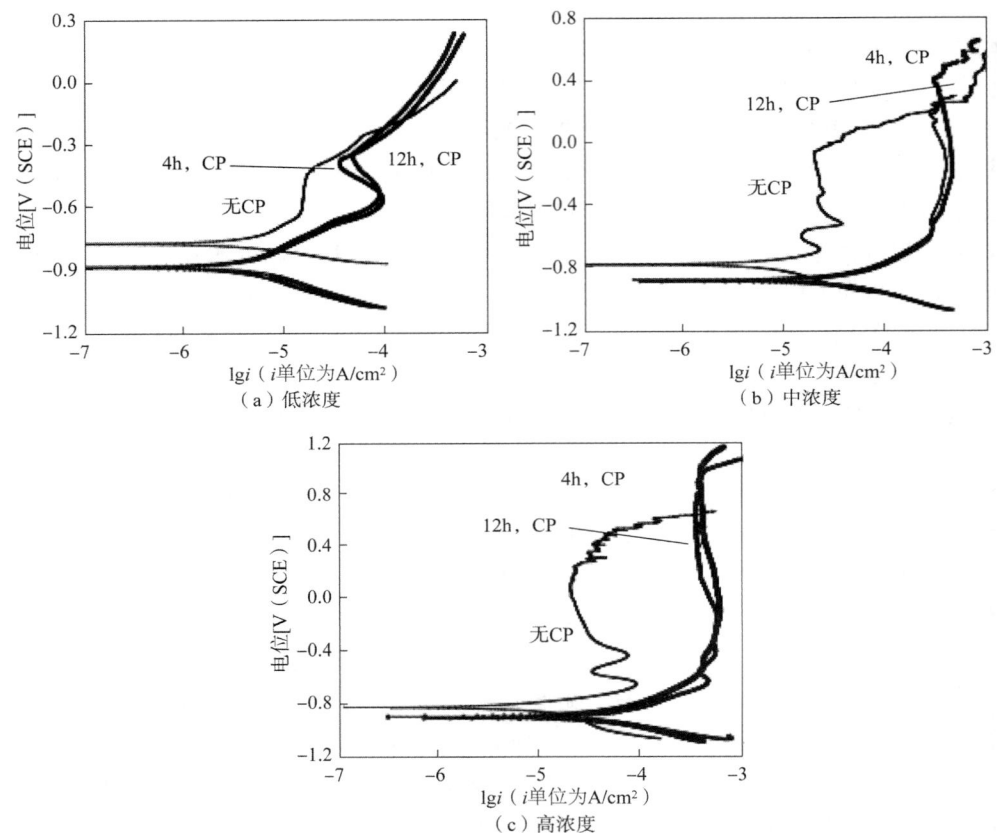

图 5.1　X70 管线钢在低、中和高浓度碳酸盐—碳酸氢盐溶液层(30μm 厚度)中不同预极化时间后的极化曲线(据 Fu 和 Cheng, 2010)

管道在完全阴极保护作用下，除氧还原外，在阴极保护电位下析氢是一个不可忽略的阴极过程。产生的氢原子可以穿透钢，并在夹杂物、微孔、缺陷和/或裂纹尖端等局部不规则处积聚。当氢进入时，钢在浓碳酸氢盐溶液中的腐蚀电位发生负移(图 5.2)，并且钝化电流密度增加(图 5.3)，表明氢增强了钢的腐蚀活性和降低了其钝化性能。

为了进一步阐明氢对钢的腐蚀作用，溶液中充氢钢和未充氢钢的腐蚀电位分别表示如下：

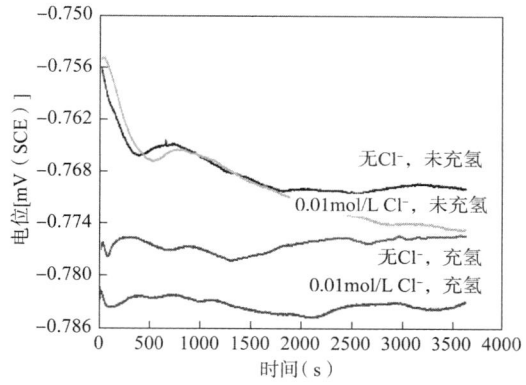
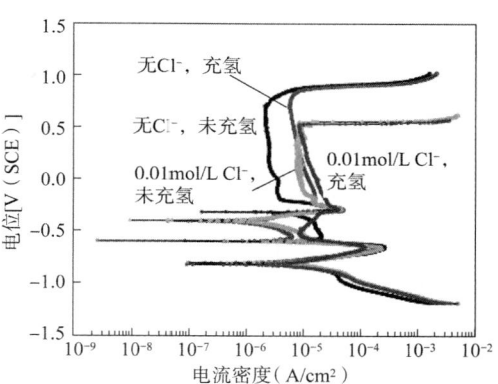

图 5.2 未充氢和预充氢 X80 管线钢的
腐蚀电位—时间变化图
（据 Xue 和 Cheng，2010）

图 5.3 未充氢和预充氢 X80 管线钢在含/
不含 0.01mol/L NaCl 的浓碳酸氢盐溶液中的
极化曲线（据 Xue 和 Cheng，2010）

$$E_{corr}^{未充氢} = E_{Fe^{2+}/Fe}^{0} + \frac{2.303RT}{2F} \lg \frac{[Fe^{2+}][H^+]^{1/2}}{[H_{ads}^0]^{1/2}} - E_{ref} \tag{5.1}$$

$$E_{corr}^{充氢} = E_{Fe^{2+}/Fe}^{0} + \frac{2.303RT}{2F} \lg \frac{[Fe^{2+}][H^+]^{1/2}}{[H_{ads}]^{1/2}} - E_{ref} \tag{5.2}$$

式中：$[H^+]$ 是溶液中氢离子的浓度；$[H_{ads}^0]$ 是未充氢管线钢中吸附氢原子的近表面浓度；$[H_{ads}]$ 是充氢管线钢中吸附氢原子的近表面浓度。腐蚀电位之差为：

$$\Delta E = E_{corr}^{充氢} - E_{corr}^{未充氢} = \frac{2.303RT}{2F} \lg \frac{[H_{ads}^0]^{1/2}}{[H_{ads}]^{1/2}} \tag{5.3}$$

由于 $[H_{ads}^0] < [H_{ads}]$，充氢管线钢的腐蚀电位大于未充氢管线钢的腐蚀电位。

同样，当施加 CP 时，由于 OH^- 的生成，溶液的 pH 值会增大。溶液的 pH 值取决于阴极保护电位。

$$pH 值 = -\frac{E_c + 0.241}{0.0592} \tag{5.4}$$

随着 CP 电位的负移，溶液的 pH 值增大，氢离子的浓度降低。在无 CP 和有 CP 的情况下，钢的腐蚀电位分别表示为：

$$E_{corr} = E_{Fe^{2+}/Fe}^{0} + \frac{2.303RT}{2F} \lg \frac{[Fe^{2+}][H^+]^{1/2}}{[H_{ads}^0]^{1/2}} - E_{ref} \tag{5.5}$$

$$E_{corr}^{CP} = E_{Fe^{2+}/Fe}^{0} + \frac{2.303RT}{2F} \lg \frac{[Fe^{2+}][H_{CP}^+]^{1/2}}{[H_{ads}^0]^{1/2}} - E_{ref} \tag{5.6}$$

式中：$[H^+]$ 和 $[H_{CP}^+]$ 分别是无 CP 和有 CP 时溶液中氢离子的浓度。由于 $[H^+] > [H_{CP}^+]$，管线钢在有 CP 时的腐蚀电位比无 CP 时的腐蚀电位更负。

此外，当充氢管线钢受到阳极极化时，其阳极电流密度大于未充氢管线钢的阳极电流密度。吸附的氢原子氧化有助于增加阳极电流密度。此外，所产生的 H^+ 降低了剥离涂层下溶液的 pH 值，这也会增加管线钢的阳极电流密度。其他研究者也发现了类似的结果（Yu 等，2001；Ningshen 等，2006）。

5.2.3 土壤特性

与近中性 pH 值 SCC 的土壤相同，管道高 pH 值 SCC 存在于各种各样的土壤环境中。从高 pH 值 SCC 区域土壤中提取的土壤和水调查（Wenk，1974）表明，水提取物组成和土壤物理性质与 SCC 的发生没有特定关系。然而，分析结果表明电解质的主要成分为碳酸盐和碳酸氢盐。高浓度碳酸盐和碳酸氢盐电解质的存在被认为是导致高 pH 值 SCC 的典型溶液成分（National Energy Board，1996）。

管道 SCC 发生在剥离涂层下的电解液中，溶液化学和电化学取决于 CP 与涂层性能的协同作用。因此，可以合理地假设土壤成分不会直接影响管道 SCC，包括高 pH 值 SCC。实际上，通过对大量英国、美国两国土壤数据的分析，并没有发现土壤成分对管道高 pH 值 SCC 有任何一致的影响（Mercer，1979）。然而，土壤含水量、土壤导致涂层损伤的能力，以及 CP 水平的局部变化是影响 SCC 发生的主要土壤相关因素。特别是，当氯离子通过扩散或迁移进入滞留在剥离涂层下的电解质时，土壤中的氯离子含量会影响管道腐蚀和 SCC。

如图 5.2 所示，在溶液中加入氯化物会使管线钢的腐蚀电位发生负移。此外，氯离子能增加钝化电流密度，使点蚀电位发生负移，从而减小钢在碳酸盐—碳酸氢盐溶液中的钝化范围（图 5.3）。显然，一旦氯离子渗透到电解液中，土壤中高含量的氯离子就会增加管线钢的腐蚀活性，特别是点蚀敏感性。由于 SCC 通常从点蚀开始，含氯溶液中裂纹萌生的敏感性增加。

此外，在除氧的溶液中加入微量氧可以将钢的初始厌氧腐蚀转变为好氧腐蚀（Sherar 等，2010）。当氧扩散到厌氧条件下形成的碳酸铁膜层的缺陷中，在钢表面形成的膜的性质将发生变化，导致 Fe^{2+} 氧化局部形成 Fe^{3+}。Fe^{3+} 水解产生 H^+，导致局部酸化。伴随的过程可能是钢在局部酸化部位溶解与 Fe_3O_4 还原耦合。一旦钢表面的孔洞处于开放状态，就可形成多个稳定分散的微小阳极和阴极区。在高浓度碳酸盐溶液中，所形成的腐蚀电位处在 $-680 \sim -710\text{mV}$（SCE）范围内，这个电位范围是高 pH 值 SCC 的敏感区域。因此，氧驱动的从厌氧到好氧腐蚀转变及随后的局部阳极和阴极的分离可能在高 pH 值应力腐蚀裂纹的萌生或早期生长中发挥着重要作用。

土壤季节变化是造成管道高 pH 值 SCC 的主要因素之一（Wenk，1974；Parkins，1994）。由于土壤季节性干湿循环的影响，涂层漏点处电位随之变化。相应的数学模型用来预测溶液化学（pH 值；Na^+、CO_3^{2-} 和 HCO_3^- 的浓度）、电位和涂层剥离区域腐蚀速率的时间和空间变化（Song，2010）。根据模型预测，在雨季管道涂层漏点处的 CP 提高了局部 pH 值及涂层剥离区域的 Na^+、CO_3^{2-} 和 HCO_3^- 浓度，使其远远大于土壤—地下水中的浓度。这会形成 SCC 敏感性的环境：在剥离的涂层下形成高 pH 值、高浓度 CO_3^{2-} 和 HCO_3^- 溶液。对于 CP，CO_3^{2-} 和 HCO_3^- 倾向于从剥离涂层中置换出扩散性更强的自由离子（如 Cl^-），然后滞留并与可溶的碱金属离子（如 Na^+）结合，形成高 pH 值和更浓的碳酸盐—碳酸氢盐溶液。相反，在旱季没有 CP 的情况下不可能形成高 pH 值的溶液，即使可以通过水分蒸发形成浓缩的溶液，但是这种浓缩的溶液在完全蒸发变干之前能维持多久是值得怀疑的。溶液层的临界厚度对管道腐蚀和 SCC 是至关重要的（Fu 和 Cheng，2010），因此，随着溶液逐渐蒸发变干，任何 SCC 敏感环境都将不复存在。

5.2.4 微生物

管道高 pH 值 SCC 通常发生在好氧的土壤环境中。因此，在发生高 pH 值 SCC 的土壤中可以检测到依赖氧气进行新陈代谢的微生物。好氧微生物类型与高 pH 值 SCC 之间是否存在一定的关系，目前尚无定论。

SRB 微生物可能参与并促进管道点蚀和裂纹萌生（Abedi 等，2007）。阴极反应过程中氧的消耗和土壤中存在丰富的有机碳源为 SRB 的生长和活动提供了适宜的条件。在 SRB 存在下，反应产物通常是含硫化合物，如 FeS。如果在裂纹尖端发现硫化物，这可能是 SRB 参与开裂过程的直接证据。通常，受 SRB 影响的裂纹尖端已被磨圆（钝化），呈袋状（Abedi 等，2007）。

5.2.5 温度

温度对管道高 pH 值 SCC 具有显著影响。例如，随着与压缩机或泵之间距离的增加和管道温度的降低，SCC 引起失效数量显著下降（National Energy Board，1996）。裂纹扩展速率随温度的升高呈指数增长。因此，管道运营商试图通过安装冷却塔来控制运行温度，以控制高 pH 值 SCC。温度对浓碳酸—碳酸氢盐溶液的开裂电位范围也有影响（Parkins 和 Zhou，1997）。随着温度的升高，开裂电位范围通常移动到一个更负的电位范围。

5.2.6 压力

根据实验室结果，高 pH 值 SCC 的临界应力约为管线钢屈服强度的 60%~100%（Baker，2005）。然而，需要指出的是，实验室确定阈值应力与实际工作应力之间的相关性是存在差异的，实验室测试确定了 SCC（K_{ISCC}）的最小阈值应力强度为 $25MPa \cdot m^{1/2}$。

与近中性 pH 值 SCC 一样，引起高 pH 值 SCC 的实际工作压力主要包括导致环向应力的内部工作压力；来自外部的应力，如地质移动和表面载荷；各种残余应力，如焊接应力和弯曲应力。弯管产生的残余应力，即使低于阈值应力，也会通过改变管线钢的腐蚀反应影响 SCC 过程。研究发现（Li 和 Cheng，2008）变形引起的残余应力如果不够高，对管线钢的腐蚀也有抑制作用，特别是在高 pH 值碳酸盐—碳酸氢盐溶液环境中点蚀和裂纹萌生。这种抑制作用是由于提高了碳酸盐腐蚀产物的生成和沉积及在应力区产生的表面阻滞效应。例如，图 5.4 中 $x=0mm$ 处的局部应变和 $x=3.6mm$ 处的局部应变分别约为 17.1% 和 22.8%。图 5.5 中这些点的局部 EIS 测量表明，"U" 形弯曲试样中性轴附近的点存在最小的半圆尺寸，即 $x=1.8mm$，而在拉应力区域（$x=0mm$）测得的半圆大于压应力区域（$x=3.6mm$）。拉应力和压应力对腐蚀抑制作用相同，拉应力比压应力更能增强管线钢的溶解，从而产生更多的碳酸盐腐蚀产物，导致更高的表面阻滞效应和阻抗。

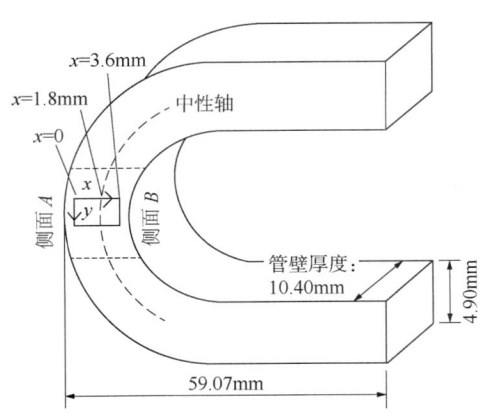

图 5.4　X70 管线钢"U"形弯曲试样 LEIS
扫描区域示意图
（据 Li 和 Cheng，2008）

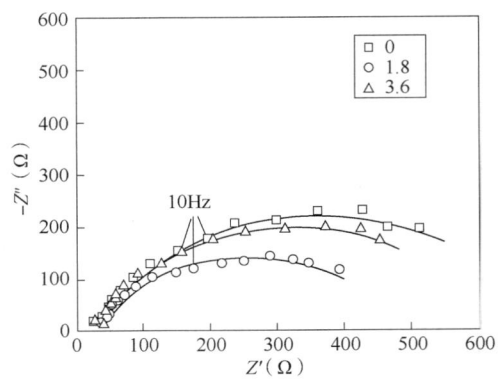

图 5.5　在碳酸盐—碳酸氢盐溶液中 X70 管线钢"U"形
弯曲试样标记的不同应力区域的三个点处测量的 LEIS 图
（其中 $x=0$ mm、1.8mm 和 3.6mm，$y=1.35$ mm）
（据 Li 和 Cheng，2008）

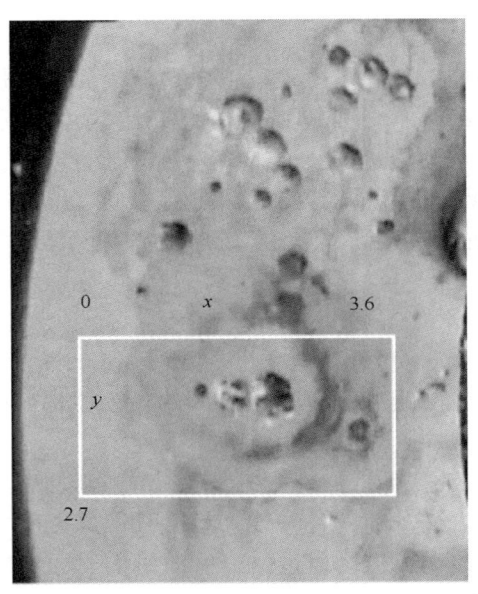

图 5.6　在碳酸盐—碳酸氢盐溶液中 X70
管线钢"U"形弯曲试样腐蚀后的表面形貌
（据 Li 和 Cheng，2008）

此外，在"U"形弯曲试样中轴附近出现腐蚀坑是很正常的，此时管线钢变形及其产生的应力是可以忽略的，如图 5.6 所示。变形引起的应力不足以破坏在应力区形成的腐蚀产物膜，因此，应力区比非应力区（即中轴线区域）更抗腐蚀，活跃的无应力区将是优先发生点蚀的区域。这是一个重要发现，它表明了施加在管线钢上的小应力实际上由于腐蚀产物的沉积及其导致的表面堵塞效应有利于保持管线钢的稳定性。相反，由于没有明显的腐蚀产物沉积，非应力区会发生明显的溶解和点蚀。

研究者也认识到（Baker，2005），当管道的应力水平不够高时，现有裂纹不会扩展，因为小的外加应力会抑制开裂。裂纹进一步扩展取决于两种更苛刻的应力条件：管道内高压天然气压力波动引起的周期性循环应力和高应力集中。这些应力条件破坏碳酸盐—氧化物薄膜进而引发腐蚀坑和裂纹。管道运行现场收集到的证据进一步证明应力在 SCC 过程中的作用。

5.2.7　冶金

与对近中性 pH 值 SCC 影响相同，钢的组成和结构与高 pH 值 SCC 没有特定关系。事实上，在 X25 至 X65 钢级管道上也发现了高 pH 值 SCC。对 6 种不同热处理的 X52 管线钢，以及 3 种热处理的 X65、X70 和 X80 管线钢的高 pH 值 SCC 行为进行了研究（Danielson 等，2001），结果表明，管线钢的微观组织和化学成分对其 SCC 行为影响不大。此外，X52 管线钢的微观组织和化学成分对其 K_{ISCC} 值或稳定裂纹扩展速率没有实质性影响（Danielson 等，2000）。然而，管线钢的其他特性，如循环加载引起的蠕变，可能对 SCC 敏感性有很大影响（Beavers 和 Harper，2004）。由于高 pH 值应力腐蚀裂纹沿铁素体—铁素体和铁素体—珠光体晶界方向发展，因此，了解晶粒晶界的组成和活性对理解裂纹扩展机制至关重要。

此外，对比 X52、X65、X70 等几种不同钢级管线钢的 SCC 行为，其稳态裂纹扩展速率没有差异。X65 和 X70 管线钢的 K_{ISCC} 值明显低于 X52 管线钢。这可能是由于前者的钢材更加纯净（如硫和磷含量较后者低）（Danielson 等，2000），预计晶界处 S 和 P 偏析水平较低。类似的 SCC 行为表明，一些微合金成分可能在晶界处偏析。

近年来，人们研究了在高 pH 值碳酸盐—碳酸氢盐溶液中高强度管线钢（如 X100 钢）的微观结构对 SCC 敏感性的影响（Mustapha 等，2012）。热处理后的组织对沿晶 SCC 的敏感性具有显著影响。例如，热处理后的微观组织为等轴晶粒，而原始晶粒发生严重变形和伸长。后者阻止了沿晶裂纹的生长，从而抑制了裂纹的扩展。此外，与 SCC 相比，管线钢的氢脆敏感性受微观组织的影响较小。

5.3 应力腐蚀裂纹萌生机理

5.3.1 管线钢在剥离涂层下薄液层碳酸盐—碳酸氢盐电解液中的电化学腐蚀机理

管道高 pH 值 SCC 发生的环境为剥离涂层下滞留的富氧、高浓度碳酸盐—碳酸氢盐溶液（pH 值约为 9.5）。特别是，溶液化学性质和电解液层厚度随时间的变化，对钢的电化学腐蚀行为影响很大。此外，涂层下的电解质溶液通常很薄，特别是在涂层剥离的早期阶段。实验室将管线钢电极浸入大体积溶液中进行的测量不能代表工程实际情况。

图 5.7 为 X70 管线钢在不同浓度、不同溶液层厚度的碳酸盐—碳酸氢盐溶液中的极化曲线。可以看出，溶液层厚度对管线钢的极化行为有显著影响。在低浓度溶液中[图 5.7（a）]，管线钢具有高的活化—钝化转变电流密度，可以被钝化。随着溶液层厚度的减小，活化—钝化转变电流密度减小。当溶液层厚度减小到 30μm 时，管线钢表面的活化—钝化转变现象消失，形成稳定的钝化。虽然钝化电流密度 i_p 和点蚀电位 E_{pit} 与溶液层厚度之间没有明确的关系，但值得注意的是，在 30μm 的溶液层中测得最低的 i_p 和最负的 E_{pit} 值。在中等浓度的碳酸盐—碳酸氢盐溶液中[图 5.7（b）]，钝化电流密度与溶液层厚度基本无关。当溶液层厚度从体积溶液厚度减小到 30μm 时，E_{pit} 值发生负移。随着溶液浓度的进一步增加，钢在所有溶液层厚度下均表现出稳定的钝化状态，如图 5.7（c）所示。

图 5.7 的极化曲线测试结果表明，在低浓度碳酸盐—碳酸氢盐溶液中溶液层厚度的减小会增强管线钢的钝化。然而，E_{pit} 呈负向移动，表明钝化管线钢的点蚀敏感性增加。这一研究发现很重要，因为在涂层剥离的早期阶段，管线钢易受腐蚀，尤其是点蚀，此时溶液

层较薄，溶液浓度比较小。在这一阶段，管线钢对点蚀的敏感性相当高。

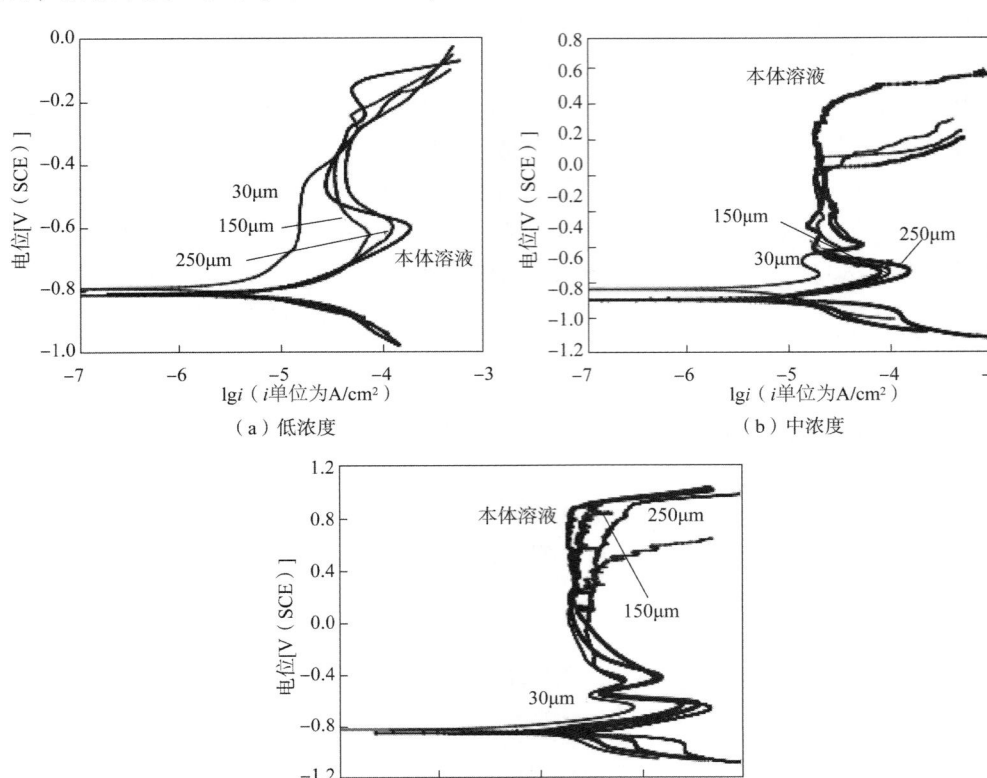

图 5.7　X70 管线钢在不同溶液层厚度的低、中和高浓度碳酸盐—碳酸氢盐溶液中的
极化曲线（据 Fu 和 Cheng，2010）

一般情况下，管线钢（本次测量的 X70 管线钢）在浓碳酸盐—碳酸氢盐溶液中的电化学极化包括如下几个区域。

（1）活化溶解和活化—钝化过渡区。在含氧的碳酸盐—碳酸氢盐溶液中管线钢腐蚀过程中的阳极反应和阴极反应，分别为钢的氧化反应和氧的还原反应：

$$Fe \longrightarrow Fe^{2+} + 2e \tag{5.7}$$

$$O_2 + 2H_2O + 4e \longrightarrow 4OH^- \tag{5.8}$$

在阳极极化过程中，溶解电流密度随电位的增大而增大，钢处于活化溶解状态。随着进一步的极化，在钢表面形成一层难溶的 $FeCO_3$ 沉积层，或者是通过电化学过程将铁氧化成 Fe^{2+} 形成 $FeCO_3$，或者是通过化学过程由于碳酸铁过饱和将 $Fe(OH)_2$ 转化成 $FeCO_3$（Davies 和 Burstein，1980；Linter 和 Burstein，1999）：

$$Fe^{2+} + CO_3^{2-} \longrightarrow FeCO_3 \tag{5.9}$$

$$Fe + HCO_3^- + e \longrightarrow FeCO_3 + H \tag{5.10}$$

$$\text{Fe(OH)}_2 + \text{HCO}_3^- \longrightarrow \text{FeCO}_3 + \text{H}_2\text{O} + \text{OH}^- \tag{5.11}$$

图 5.7 中活化—钝化过渡区的电流峰值是由于电化学作用在电极表面形成的 FeCO_3 沉积垢,抑制了钢的进一步溶解。

一般情况下,当溶液层变薄时,活化—钝化转换电流密度减小。这主要是由于溶液体积小,易于形成沉积垢。此外,管线钢在涂层下薄溶液层中的电化学极化行为与碳酸盐—碳酸氢盐浓度密切相关(Armstrong 和 Coates,1974;Davies 和 Burstein,1980)。如图 5.7 所示,在中、高浓度溶液中,存在两个明显的活化—钝化转变电流峰。第一个峰是由于形成了难溶的 FeCO_3 和/或 Fe(OH)_2 沉淀,第二个峰是由于亚铁类离子进一步氧化成 Fe_2O_3 和/或 Fe_3O_4(Heuer 和 Stubbins,1999):

$$4\text{FeCO}_3 + \text{O}_2 + 4\text{H}_2\text{O} \longrightarrow 2\text{Fe}_2\text{O}_3 + 4\text{HCO}_3^- + 4\text{H}^+ \tag{5.12}$$

$$6\text{FeCO}_3 + \text{O}_2 + 6\text{H}_2\text{O} \longrightarrow 2\text{Fe}_3\text{O}_4 + 6\text{HCO}_3^- + 6\text{H}^+ \tag{5.13}$$

$$4\text{Fe(OH)}_2 + \text{O}_2 \longrightarrow 2\text{Fe}_2\text{O}_3 + 4\text{H}_2\text{O} \tag{5.14}$$

在低浓度溶液中,第二电流峰值不明显,这是由于在低的 CO_3^{2-} 和 HCO_3^- 浓度下,当被氧化成三价铁离子时,形成的 FeCO_3 垢不足以产生一个明显的电流峰。因此,这两个电流峰重叠,形成一个较宽的活化—钝化过渡峰,如图 5.7(a)所示。

(2) 随着电位的进一步增大,钢处于稳定的钝化状态。测得的电流密度明显减小,且与电位无关。在低浓度碳酸盐溶液中,钝化电流密度随着溶液层厚度的减小而减小,这与 Fe(Ⅱ)氧化为 Fe(Ⅲ)有关。显然,溶解氧很容易通过溶液薄层扩散到钢表面,溶解氧在钢表面的传质过程增强了钢氧化,从而提高了钢的钝化性。

在中、高浓度碳酸盐—碳酸氢盐溶液中,溶液层厚度对钝化电流密度的影响不明显。这主要是由于溶液在高浓度下具有很强的钝化能力。因此,氧在钢钝化过程中的作用变得不重要,而且氧在浓溶液中的溶解度远小于在稀溶液中的溶解度(Raja 和 Jones,2006;Revie 和 Uhlig,2008)。

(3) 过钝化区或点蚀区。当电位的轻微正移导致电流密度迅速增大时,管线钢就处于过钝化或点蚀区域。它通常是由于溶液中所含的氯离子通过置换钝化膜中的氧并产生阳离子空位而侵蚀钝化膜,导致钝化膜破裂并产生腐蚀坑(Macdonald,1992)。因此,E_{pit} 通常被定义为阳极电流密度开始迅速增加的电位,它取决于溶液中的氯离子浓度。由于 E_{pit} 随着溶液层厚度的减小而负移,所以在薄溶液层中形成的膜比在厚溶液层中形成的膜更容易发生点蚀。

此外,碳酸盐—碳酸氢盐浓度的增加降低了溶液层厚度对 E_{pit} 的影响。一般来说,如 HCO_3^- 和 CO_3^{2-} 等外来阴离子对管线钢点蚀的影响取决于它们与 Cl^- 竞争钝化膜上空位的能力,使电位正移,以便 Cl^- 取代氧。因此,钝化钢的点蚀敏感性随溶液浓度的增加而降低。

需要指出的是,当氢进入管线钢时,其点蚀电位没有发生改变(Xue 和 Cheng,2010)。图 5.8 给出了未充氢和充氢的 X80 管线钢在含氯化物的碳酸盐—碳酸氢盐溶液中循环极化曲线。两条曲线都表现出较大的迟滞回线,说明在实验过程中发生了点蚀。随着充氢条件下钝化电流密度的增加,E_{pit} 不受影响。因此,氢进入钢中不参与点蚀的形成。

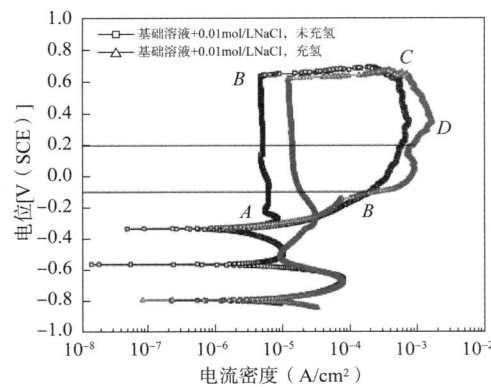

图 5.8 未充氢和充氢的 X80 管线钢在 0.01mol/L NaCl 的碳酸盐溶液中的循环极化曲线
(据 Xue 和 Cheng,2010)

5.3.2 剥离涂层下高 pH 值碳酸盐—碳酸氢盐溶液中应力腐蚀裂纹萌生的概念模型

研究建立了一个解释剥离涂层下高 pH 值环境中管道 SCC 萌生的概念模型(Fu 和 Cheng,2010)。根据该模型,有几个步骤对裂纹萌生是至关重要的,具体如下:

(1) 在剥离涂层下形成高 pH 值碳酸盐—碳酸氢盐溶液。当 CP 处于正常工作状态时,CP 电流渗透涂层到达管线钢表面,通过水的还原产生 OH^-,从而导致涂层下滞留的电解质 pH 值升高。同时,土壤中各种有机物腐烂产生的 CO_2 渗透到滞留电解质中溶解。在 pH 值为 9~11 时,由于 H_2CO_3 和 HCO_3^- 在碱性环境中被水解,形成了高浓度的碳酸盐—碳酸氢盐溶液(King 等,2000)。此外,土壤中少量 Cl^- 进入滞留在剥离涂层下的溶液中(Song,2008)。特别是,碳酸氢盐的电离是阳极和阴极反应主要的腐蚀性介质,对阴极和阳极反应起着至关重要的作用。碳酸氢盐也被认为有助于碳酸铁的形成和络合(Linter 和 Burstein,1999)。

(2) 在涂层剥离的早期阶段薄层电解液中形成腐蚀坑。当涂层最初从管线钢表面剥离时,剥离涂层下的缝隙很窄,由于二氧化碳的渗透,滞留在剥离涂层下的溶液中碳酸盐—碳酸氢盐浓度升高。无论溶液浓度高低,薄溶液层的 E_{pit} 值都比厚溶液层的 E_{pit} 值低得多。点蚀的萌生是受 Cl^- 的影响而不是受氢的影响。在 Cl^- 存在的情况下,腐蚀坑会在涂层剥离的早期开始出现,此时滞留在剥离涂层下的溶液通常较薄,溶液浓度相对较低。Cl^- 在点蚀中的作用是多方面的,包括破坏钢的稳定钝化和增加阳极敏感性(Jelinek 和 Neufeld,1980;Eliyan 等,2012)。随着溶液层厚度和溶液浓度的增加,E_{pit} 值正移,钢的抗点蚀能力增强。

此外,在涂层钢上预施加 CP 会增加阳极电流密度。显然,长期施加在管道上的 CP 会降低钝化膜的形成,使其活性增加。因此,很容易受到 Cl^- 攻击,导致点蚀的产生。

(3) 点蚀向裂纹的转变。腐蚀坑是 SCC 萌生阶段的应力集中点,管道上的应力会促进从点蚀向裂纹的转变(Van Boven 等,2007)。从图 5.9 中可以看出,拉应力的作用增加了管线钢的阳极电流密度,导致管线钢更容易发生点蚀,点蚀电位的负移可以说明这一点。因此,在应力条件下,点蚀极有可能转变为裂纹。因此,可以合理地假设施加在管道上的应力导致了点蚀向裂纹的转变。

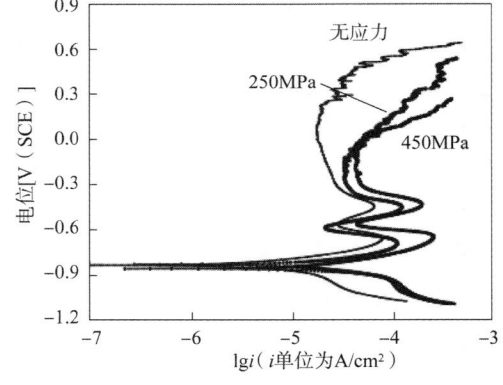

图 5.9 不同应力下 X70 管线钢在 30μm 厚的浓碳酸盐—碳酸氢盐溶液中的极化曲线
(据 Fu 和 Cheng,2010)

在管线钢高 pH 值溶液中裂纹萌生的敏感电位范围对应于活化—钝化转变区域(Oskuie 等,2012)。在动电位极化测量中,慢速扫描和快速扫描之间的电流密度至少存在一个数量级的差异(Holroyd,1977),基于此,可以评估膜破裂模型在任何给定电位下发生 SCC 的趋势。慢速扫描和快速扫描之间的这种差异的意义在于,它表明中等钝化速率是理想的溶解机制的解释(Pilkey 等,1995)。高的钝化速率使裂纹尖端受到持续的保护导致钝化,而低的钝化速率则导致裂纹尖端的过度溶解。利用这些判据,可以发现在活化—钝化转变电位附近存在着最可能的开裂电位范围。此外,SCC 的下限电位出现在钝化开始的电位处,这允许选择性溶解(Weng 和 Li,2005)。换句话说,敏感电位是钢从稳定钝化到非选择性溶解电位的中间值。例如,在 75℃配制的高浓度碳酸盐—碳酸氢盐溶液中,X70 管线钢的敏感电位在 -770 ~ -810mV(SCE)范围之间。当温度降低时,电位将发生正移。

此外,氢虽然没有参与点蚀萌生(不会影响点蚀电位),但会加速点蚀坑生长和向裂纹转变(Xue 和 Cheng,2010),在图 5.10 所示充氢对点蚀生长速率的影响中可以证明这一认识。图中记录了在含氯化物的碳酸盐—碳酸氢盐溶液中的电位阶跃循环中充氢和未充氢 X80 管线钢的电流密度分布。当电位扫描到 0.2V(SCE)(钝化区电位)时,电流密度开始增大,然后逐渐减小直至稳定。由于管线钢在 0.2V(SCE)下处于钝化状态,阳极电流密度保持在较低的稳态值。当电位由 0.2V(SCE) 变为 0.8V(SCE)时,电位大于 E_{pit}[约为 0.6V(SCE)],电流密度迅速增大。当电位进一步回扫到 0.2V(SCE)并保持 10min 后,电流密度继续增大并在一个相对稳定的值附近波动。当电位负移至 -0.1V(SCE)并保持 10min 后,电流密度下降并保持在一个较低的值。当电位再次增加到 0.2V(SCE)时,电流密度迅速增加,比之前相同电位下记录的值更高。此外,与未充氢管线钢电流密度相比,充氢管线钢上测得的电流密度要大得多。

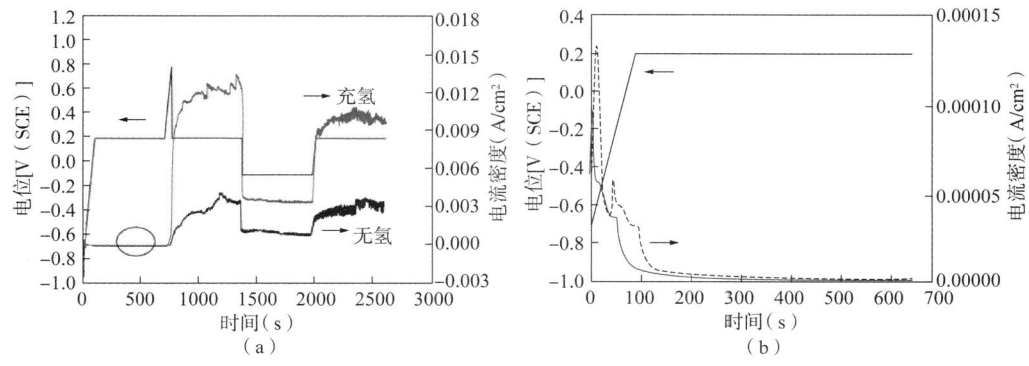

图 5.10 浓碳酸—碳酸氢盐溶液中电位阶跃循环记录的电位—时间和电流—时间曲线
(b)为(a)中所示的钝化电流密度的放大图

显然,氢能加速点蚀的生长。当外加电位大于 E_{pit}[外加电位达到 0.8V(SCE)]时,点蚀电流密度的增加证明了这一点。即使电位恢复到钝化电位 0.2V(SCE),电流密度也会继续增加,因为产生的点蚀坑在这个电位下无法被重新钝化。在点蚀坑不断生长过程中,管线钢充氢后测得的电流密度增量约为未充氢的 4 倍。与管线钢阳极溶解电流增大相比,由于氢氧化反应引起的电流增大可以忽略不计(Qin 等,2001;Li 和 Cheng,2007)。因此,所测得的电流密度主要归因于阳极溶解而不是氢的氧化的假设是合理的。当外加电位回到 $-0.1V(SCE)$ 时，电流密度的下降是由于点蚀坑的部分再钝化导致的。然而，新形成的钝化膜表明，预充氢管线钢比未充氢管线钢具有更高的活性。

此外，钢的表面条件对高 pH 值碳酸盐溶液中 SCC 裂纹萌生模型有很大影响（Wang 和 Atrens，2003）。例如，在机械抛光的 X65 管线钢表面上，有一层变形层（厚度为 $5\mu m$），当铁素体晶粒平行于试样表面伸长时，该层中存在穿晶裂纹，当变形层穿透钢基体时，裂纹变为沿晶裂纹，原始的穿晶裂纹止于与裂纹扩展方向垂直的铁素体晶界处。相反，当钢试样经电化学抛光后，氧化膜许多位置出现裂纹，但只有氧化膜裂纹沿晶界扩展时，沿晶应力腐蚀裂纹才会扩展到钢基体中。远离晶界的氧化物开裂被阻止，观察到的 SCC 萌生机制与铁素体晶界的优先侵蚀无关。因此，钢的表面的变形层对裂纹萌生有着显著影响。

5.4 应力腐蚀裂纹扩展机理

5.4.1 裂纹尖端增强阳极溶解

众所周知，高 pH 值应力腐蚀开裂是由于晶界阳极溶解和裂纹尖端钝化膜的反复破裂造成的（Armstrong 和 Coates，1976；Wang 和 Atrens，2003；Sanchez 等，2007）。因此，钝化膜的性能对应力腐蚀裂纹的扩展至关重要。从裂纹动力学的角度来看，裂纹扩展要求钢处于一定的电位范围内，既不允许形成永久稳定的钝化膜，也不能在裂纹尖端发生持续的活性溶解。裂纹的扩展速率实际上取决于膜生长速率和膜破裂速率之间的竞争。

当施加拉应力时，裂纹尖端应力增大，而裂纹壁面没有明显的应力集中。实际上，在有和无外加应力的情况下，电流密度存在明显差异，如图 5.10 所示。由于外加应力和局部应力集中导致钝化膜发生周期性破裂，裂纹尖端具有较高的溶解速率，而裂纹壁仍处于钝化状态。因此，管线钢在裂纹尖端的溶解将进一步增强。由于裂纹尖端的溶液电化学和应力状态与裂纹尖端前的未开裂区域有较大差异，因此裂纹尖端形成的钝化膜与周围区域形成的钝化膜不同，从而影响裂纹的扩展。

为了比较浓碳酸盐—碳酸氢盐溶液中裂纹尖端和远离裂纹尖端形成的钝化膜（图 5.11 中的 A 点）的腐蚀性能和稳定性（Zhang 和 Cheng，2010），如图 5.11 所示，对含预裂纹的 X70 管线钢进行了系统的电化学表征。图 5.12 是在浓碳酸盐—碳酸氢盐溶液中 1500N 应力作用下管线钢试样裂缝尖端和 A 点测量的莫特—肖特基曲线，在 $C^{-2}—E_{app}$（C 是钝化膜空间电荷层的电容，E_{app} 是外加电位）曲线上观察到近似线性关系，斜率为正，表明在管线钢表面形成的钝化膜是 n 型半导体。此外，在裂纹尖端测得的斜率明显小于 A 点的斜率。施子密度与莫特—肖特基斜率成反比，裂纹尖端和 A 点形成的钝化膜中施子密度分别为 $5.19\times 10^{21} cm^{-3}$ 和 $2.68\times 10^{21} cm^{-3}$，表明钝化膜的高掺杂结构。裂缝尖端和 A 点的空间电荷层厚度分别为 $4.16 Å$ 和 $5.34 Å$。从导出的参数可以看出，在裂纹尖端形成的钝化膜相对于 A 点形成的钝化膜更不稳定，表现为施子密度更高，空间电荷层更薄。

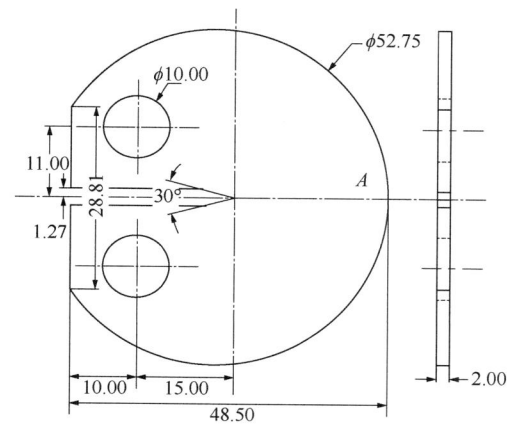

图 5.11 含预裂纹 X70 管线钢
拉伸试样示意图(单位: mm)
(据 Zhang 和 Cheng, 2010)

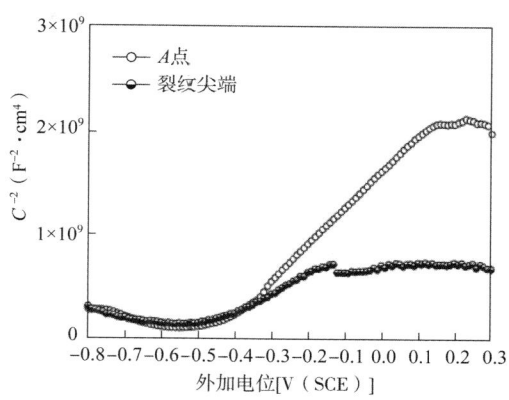

图 5.12 试样裂纹尖端和 A 点处(图 5.11)在
浓碳酸盐—碳酸氢盐溶液中 1500N 应力
条件下的莫特—肖特基曲线
(据 Zhang 和 Cheng, 2010)

图 5.13 为不同载荷下试样裂纹尖端和 A 点的 LEIS 结果,尽管测量的阻抗图具有相同的特征(即在整个频率范围内有一个扁半圆),但代表电荷转移电阻的半圆大小随着施加载荷的增加而减小,这在裂纹尖端比在 A 点更明显。特别是在施加载荷时,在裂纹尖端测得的半圆尺寸比在 A 点测得的小。此外,在预裂试样上测量了不同载荷下的 LEIS 图,如图 5.14 所示。在单一载荷作用下,裂纹尖端存在明显的阻抗谷。特别是在裂纹尖端,阻抗平均值随着载荷的增加而减小。结果表明,裂纹尖端的腐蚀活性高于试样中其他区域(如 A 点)。

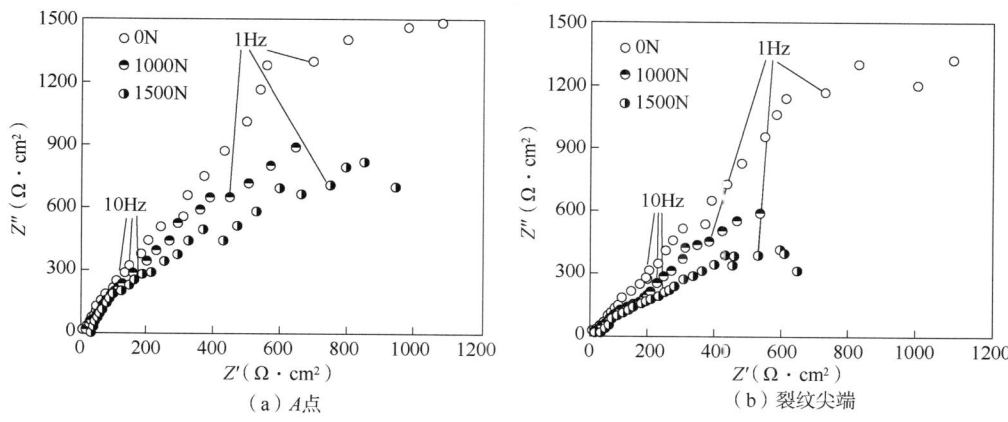

图 5.13 不同载荷条件下含预制裂纹 X70 管线钢试样 A 点和裂纹尖端在
浓碳酸盐—碳酸氢盐溶液中的 LEIS 图(据 Zhang 和 Cheng, 2010)

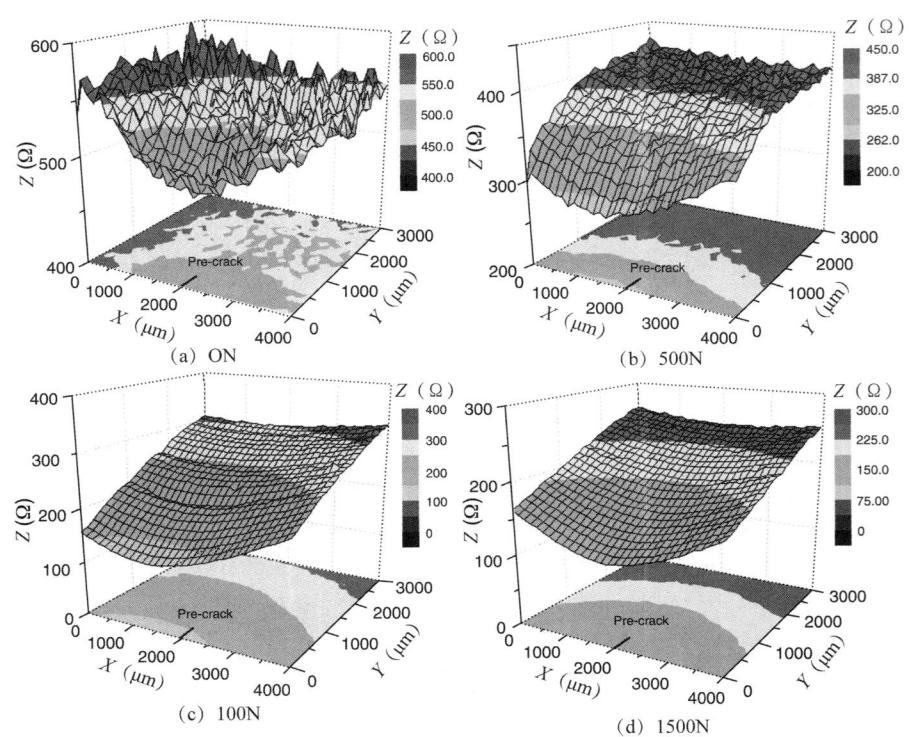

图 5.14　不同载荷条件下含预制裂纹 X70 管线钢在浓碳酸盐—碳酸氢盐溶液中的 LEIS 图
（据 From Zhang 和 Cheng，2010）

此外，为了研究管线钢在裂纹尖端和远离裂纹区域（如 A 点）的点蚀行为，测试了 1500N 载荷下管线钢的点蚀生长速率。图 5.15(a) 给出了外加电位随时间的变化曲线，图 5.15(b) 给出了对应的电流密度。首先将电位扫至 -0.25V(SCE)，位于钝化区间内，并保持 10min 以获得稳定的电流密度。然后将电位切换到 0.2V(SCE)，该电位比 E_{pit} 更正。由于腐蚀坑的形成，电流密度随电位的移动而显著增加。当电位恢复到 -0.25V(SCE) 并保持 10min 时，电流密度不会恢复到初始值，而是恢复到一个非常高的水平，这是由于此前萌生的腐蚀坑进一步生长所致。由于测量电流密度（i_{total}）由钝化电流密度（i_p）和点蚀电流密度（i_{pit}）组成，因此点蚀生长速率可以表示为：

$$i_{pit} = i_{total} - i_p \tag{5.15}$$

从图 5.15 可以看出，裂纹尖端和 A 点的点蚀扩展速率分别为 0.49mA/cm² 和 0.36mA/cm²。当电位进一步转变为 -0.3V(SCE) 并保持 5min 时，裂纹尖端和 A 点处的电流密度均未恢复到点蚀萌生前的值，表明点蚀无法重新钝化。在裂纹尖端测得的电流密度远高于裂纹前方（如 A 点）的电流密度。

显然，应力的增加会增加裂纹尖端和裂纹前方区域的阳极电流密度。此外，裂纹尖端的局部阻抗比周围区域低，阳极溶解速率较高。因此，裂纹尖端的应力集中会进一步促进管线钢的局部溶解。从应力对管线钢溶解机理的影响来看，裂纹尖端的应力集中为管线钢引入了额外的应变能，增加了内能和晶格畸变，导致局部阳极溶解速率增加（Hirth，1980）。

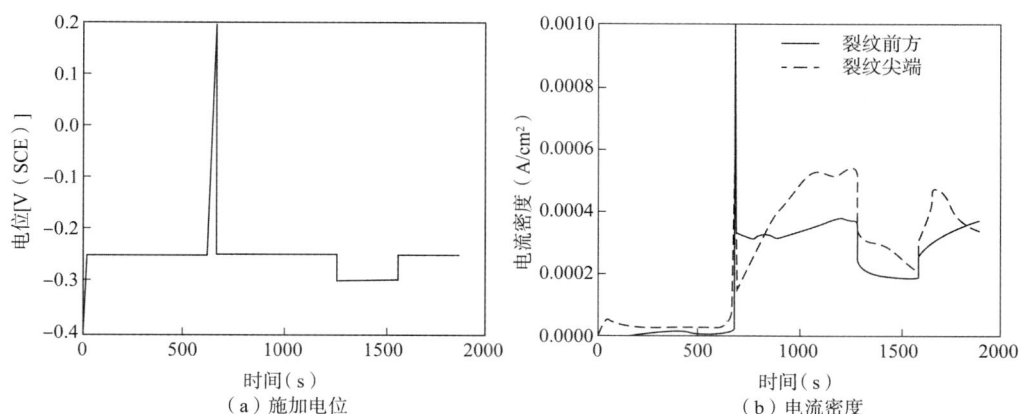

图 5.15　1500N 载荷下图 5.11 所示试样裂纹尖端和 A 点处点蚀生长速率（据 Zhang 和 Cheng，2010）

电偶耦合效应也有助于促进裂纹尖端的阳极溶解，也就是说，裂纹尖端作为阳极，相邻区域作为阴极（Zhang 和 Cheng，2010）。裂纹尖端的腐蚀电位比裂纹前方区域 A 点处的腐蚀电位更负。电偶耦合效应导致裂纹尖端和邻近区域极化为电偶电位。例如，裂纹尖端处的阳极电流密度 i_1 和裂纹尖端邻近区域的阴极电流密度 i_2 可以表示为式（5.16）和式（5.17）：

$$i_1 = i_{corr1}\left[\exp\left(\frac{E_g - E_{corr1}}{\beta_{a1}}\right) - \exp\left(-\frac{E_g - E_{corr1}}{\beta_{c1}}\right)\right] \tag{5.16}$$

$$i_2 = i_{corr2}\left[\exp\left(-\frac{E_g - E_{corr2}}{\beta_{c2}}\right) - \exp\left(\frac{E_g - E_{corr2}}{\beta_{a2}}\right)\right] \tag{5.17}$$

式中：E_{corr1}、E_{corr2}、i_{corr1}、i_{corr2} 分别是裂纹尖端和邻近区域的腐蚀电位和电流密度；β_{a1}、β_{c1}、β_{a2}、β_{c2} 分别是裂纹尖端和邻近区域阳极和阴极反应的塔菲尔斜率。

裂纹尖端与相邻区域之间的电偶电流 I_g 可通过式（5.18）计算：

$$I_g = i_1 A_1 = i_2 A_2 \tag{5.18}$$

式中：A_1 和 A_2 分别是裂纹尖端和裂纹前方区域的面积。对于远离裂纹的区域，存在阴极极化，因此，$E_g - E_{corr2} < 0$。当 E_g 与 E_{corr1} 和 E_{corr2} 完全不同时，$e^{-(E_g - E_{corr1})/\beta_{c1}}$ 和 $e^{-(E_g - E_{corr2})/\beta_{a2}}$ 可以忽略不计。

结合式（5.16）至式（5.18），I_g 可通过式（5.19）确定：

$$\ln I_g = \frac{\beta_{c2}}{\beta_{a1} + \beta_{c2}}\ln(A_2 i_{corr2}) + \frac{\beta_{a1}}{\beta_{a1} + \beta_{c2}}\ln(A_1 i_{corr1}) + \frac{E_{corr2} - E_{corr1}}{\beta_{a1} + \beta_{c2}} \tag{5.19}$$

因此，裂纹尖端的阳极电流与电偶电流近似相等。裂纹尖端的阳极电流密度 i_{a1} 可以表示为式（5.20）：

$$i_{a1} = \frac{I_g}{A_1} \tag{5.20}$$

将式(5.20)代入式(5.19),可以得到式(5.21):

$$\ln i_{a1} = \frac{\beta_{a1}}{\beta_{a1}+\beta_{c2}}\ln i_{corr1} + \frac{\beta_{c2}}{\beta_{a1}+\beta_{c2}}\ln i_{corr2} + \frac{E_{corr2}-E_{corr1}}{\beta_{a1}+\beta_{c2}} + \frac{\beta_{c2}}{\beta_{a1}+\beta_{c2}}\ln\frac{A_2}{A_1} \qquad (5.21)$$

由于裂纹尖端的面积比远离裂纹相邻区域的面积小得多,电偶耦合效应会显著增强裂纹尖端的溶解。

5.4.2 裂纹尖端点蚀增强效应

点蚀生长速率测试结果表明,裂纹尖端的点蚀行为与裂纹前方区域完全不同。SEM形貌观察表明,裂纹尖端比相邻区域更容易发生点蚀,如图5.16所示。一般来讲,管线钢抗点蚀能力取决于其表面钝化膜的性质和结构。在裂纹尖端局部产生的显著应力集中将使钢发生塑性变形,激活位错形成滑移带或位错堆积。因此,形成的钝化膜比裂纹前方区域的钝化膜更疏松和不稳定。在裂纹尖端局部测得的高钝化电流密度和低阻抗也证实了这一认识。

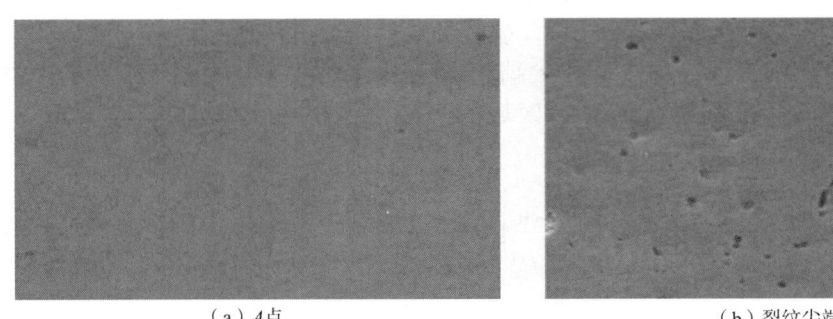

(a) A点　　　　　　　　　　　　　(b) 裂纹尖端

图5.16　1500N载荷下A点和裂纹尖端在浓碳酸—碳酸氢盐溶液中腐蚀实验48h后的SEM形貌图(据Zhang和Cheng,2010)

此外,莫特—肖特基结果分析还表明,从高施子密度看出在裂纹尖端形成的钝化膜比其他区域形成的钝化膜更不稳定。高施子密度(即n型半导体钝化膜中的氧空位)导致点蚀的敏感性增加。根据点缺陷模型(Macdonald,1992),溶液中的氧空位将被氯离子取代,从而在膜—溶液界面生成阳离子空位。阳离子空位向钢—膜界面扩散,形成阳离子凝聚,导致钢表面膜局部脱落,从而引发点蚀。

当管道受到季节性干湿循环作用时,CP可能在雨季期到达管线钢表面,在涂层剥离区域形成高pH值碳酸盐—碳酸氢盐溶液(Perdomo等,2001;Song,2008)。在干旱季节,水分蒸发会产生高浓度的碳酸盐—碳酸氢盐溶液,由于土壤电阻率增加,CP无法到达管线钢表面。因此,管线钢的电位将向正向移动,并可能处在SCC敏感电位范围。此外,无CP时形成的钝化膜的稳定性比有CP时形成的钝化膜的稳定性要高得多。因此,裂纹扩展在旱季比在雨季更容易发生。

5.4.3 与晶界结构的相关性

管道高pH值SCC具有沿晶开裂的特征。毫无疑问,晶界结构对于促进或抑制开裂过程至关重要。一般大角度晶界(HAGBs)比小角度晶界(LAGBs)和重合位置点阵(CSL)特殊晶界具有更高的能量，因此 HAGBs 为裂纹扩展提供了相对容易的途径（Watanabe，1984；Lu 和 Szpunar，1996）。然而，除了 LAGBs 和孪晶界对开裂不敏感之外，对于其他 CSL 特殊晶界在抗 IGSCC 方面的特性还没有达成普遍共识，每种材料都必须单独评估（Arafin 和 Szpunar，2009）。

研究表明，晶界特征在管线钢沿晶应力腐蚀开裂中起着关键作用（Arafin 和 Szpunar，2009）。基于裂纹扩展、分叉及偏转的晶界特征分析，小角度晶界和特殊晶界具有开裂抗性，而一般 HAGBs 晶界开裂敏感性较高。裂纹的分叉及偏转主要由交叉处的晶界结构控制，交叉处导致裂纹扩展路径偏离。如 5.4 节所述，钢的金相组织和表面膜特性对裂纹扩展也是关键影响因素。由此得出结论，SCC 诱发机制与 SCC 扩展过程中所涉及的重要影响因素相同（Wang 和 Atrens，2003）。

此外，晶体结构对管道高 pH 值沿晶应力腐蚀开裂具有显著影响，通过确定止裂区晶界的旋转轴和计算弹性模量的各向异性来评估相对韧性也证实了该观点（Arafin 和 Szpunar，2009）。特别是，分别与<110>和<111>旋转轴相关的｛110｝∥轧制面（RP）和｛111｝∥RP 织构晶界对 IGSCC 表现出较高的抗性，而｛100｝∥RP 织构晶界是最易受影响的。因此，可以通过在管道表面提供大量的小角度和 CSL 特殊晶界，或通过改变表面结构来避免 IGSCC 的萌生和后续扩展。

5.5 高 pH 值应力腐蚀裂纹扩展速率预测模型

发生在管道上的高 pH 值 SCC 通常采用传统的膜破裂或滑移溶解模型进行描述（Staehle，1977；Forol，1996），其中裂纹扩展速率 CGR 用式（5.22）表示：

$$CGR = \frac{M}{nF\rho} Q_F \frac{\dot{\varepsilon}_{ct}}{\varepsilon_F} \tag{5.22}$$

式中：M 是相对原子质量；Q_F 是两个连续膜破裂之间传递的电荷；$\dot{\varepsilon}_{ct}$ 是裂纹尖端的应变速率；ε_F 是钝化膜的断裂韧性。裂纹扩展受膜破裂的频率和新金属表面的再钝化动力学的控制。

钢表面膜破裂后的再钝化动力学可以用式（5.23）来表示（Song，2009）：

$$i_a = i_a^* \left(\frac{t}{t_0}\right)^{-z} \qquad t \geq t_0 \tag{5.23}$$

式中：i_a 是阳极电流密度；i_a^* 是膜脆裂后的阳极电流密度；z 是再钝化指数（通常在 0.5～1 之间）；t_0 是膜脆裂的开始时间。

基于膜破裂机制，已经发展了用于预测高 pH 值应力腐蚀裂纹生长速率的数值模型（Lu 等，2010）。根据该模型，裂纹扩展主要是由裂纹尖端膜的重复破裂控制的。由裂纹扩展引起的裂纹尖端应变速率实时变化，而循环载荷引起的裂纹尖端应变速率则由交替的裂纹尖端张开位移确定。钝化膜破裂导致裸露金属表面的阳极溶解速率可由管线钢在电位扫描速率为 1V/min 时测得的极化曲线估算。实际上，钢在溶液中从未处于真正的裸露状态，与溶液接触后会立即被一层氧化膜覆盖。显然,钢的溶解速率低于裂纹尖端裸钢的实际溶解速率。因此,一般采用该模型估算的裂纹扩展速率较低。

另一个用于预测高 pH 值应力腐蚀裂纹扩展速率的模型将机械应力、钢的性能、裂纹深度随时间增加作为裂纹尖端、质量传输,以及开裂过程中涉及的化学和电化学反应的动力学的移动边界条件(Song,2008,2009)。用动电位极化曲线和 Butler—Volmer 方程表示阳极电流密度。第一种方法预测了较大的裂纹扩展速率,预测的裂纹内化学成分和电位随时间和空间变化显著;第二种方法具有预测低裂纹扩展速率的灵活性,并且预测的裂纹内化学和电位不随时间和空间变化。稳态裂纹扩展机制是由于裂纹扩展过程中应力强度因子增加(裂纹扩展和裂纹尖端应变速率增加)和裂纹尖端条件(对于高裂纹扩展速率,裂纹尖端电位显著负移;对于低裂纹扩展速率,亚铁离子浓度增加)变化之间的平衡而预测的。前者有加速裂纹扩展的趋势,后者有延缓裂纹扩展的趋势。

参 考 文 献

Abedi, SS, Abdolmaleki, A, Adibi, N (2007) Failure analysis of SCC and SRB induced cracking of a transmission oil products pipeline, Eng. Fail. Anal. 14, 250-261.

Arafin, MA, Szpunar, JA (2009) A new understanding of intergranular stress corrosion cracking resistance of pipeline steel through grain boundary character and crystallograPHic texture studies, Corros. Sci. 51, 119-128.

Armstrong, RD, Coates, AC (1974) The passivation of iron in carbonate/bicarbonate solutions, Electroanal. Chem. Interfac. Electrochem. 50, 303-313.

Armstrong, RD, Coates, AC (1976) A correlation between electrochemical parameters and stress corrosion cracking, Corros. Sci. 16, 423-433.

Baker, M, Jr. (2005) Final Report on Stress Corrosion Cracking Study, Integrity Management Program Delivery Order DTRS56-02-D-70036, Office of Pipeline Safety, U.S. Department of Transportation, Washington, DC.

Beavers, JA (1992) Assessment of the Effects of Surface Preparation and Coating on the Susceptibility of Line Pipe to Stress Corrosion Cracking, Paper L51666, PRCI, Falls Church, VA.

Beavers, JA, Harper, WV (2004) Stress corrosion cracking prediction model, Corrosion 2004, Paper 04189, NACE, Houston, TX.

Beavers, JA, Thompson, NG, Coulson, KEW (1993a) Effects of surface preparation and coatings on SCC susceptibility of line pipe: PHase 1—laboratory studies, Corrosion 1993, Paper 93597, NACE, Houston, TX.

Beavers, JA, Thompson, NG, Coulson, KEW (1993b) Effects of surface preparation and coatings on SCC susceptibility of line pipe: PHase 2—field studies, Proc. 12th International Conference on Offshore Mechanics and Arctic Engineering, ASME, New York.

Been, J, King, F, Yang, L, Song, F, Sridhar, N (2005) The role of coatings in the generation of high- and near-neutral PH environments that promote environmentally assisted cracking, Corrosion 2005, Paper 05167, NACE, Houston, TX.

Danielson, MJ, Jones, RH, Krist, K (2000) Effect of microstructure and microchemistry on the SCC behavior of pipeline steels in a high PH environment, Corrosion 2000, Paper 00363, NACE, Houston, TX.

Danielson, MJ, Jones, RH, Dusek, P (2001) Effect of microstructure and microchemistry on the SCC behavior of archival and modern pipeline steels in a high PH environment, Corrosion 2001, Paper 01211, NACE, Houston, TX.

Davies, DH, Burstein, GT (1980) The effects of bicarbonate on the corrosion and passivation of iron, Corrosion

36, 416–422.

Eliyan, FF, Mahdi, ES, Alfantazi, A (2012) Electrochemical evaluation of the corrosion behaviour of API-X100 pipeline steel in aerated bicarbonate solutions, Corros. Sci. 58, 181–191.

Fessler, RR (1969) Stress corrosion cracking, Proc. 4th Symposium on Line Pipe Research, Paper L30075, PR-CI, Falls Church, VA, pp. F-1 to F-18.

Ford, FP (1996) Quantitative prediction of environmentally assisted cracking, Corrosion 52, 375–395.

Fu, AQ, Cheng, YF (2010) Electrochemical polarization behavior of X70 steel in thin carbonate/bicarbonate solution layers trapped under a disbonded coating and its implication on pipeline SCC, Corros. Sci. 52, 2511–2518.

Heuer, JK, Stubbins, JF (1999) An XPS characterization of $FeCO_3$ films from CO_2 corrosion, Corros. Sci. 41, 1231–1243.

Hirth, JP (1980) Effects of hydrogen on the properties of iron and steel, Metall. Trans. A 11, 861–890.

Holroyd, H (1977) Environmental Aspects of the Stress Corrosion Cracking of Ferritic Steels, PH. D. dissertation, University of Newcastle upon Tyne, UK.

Jack, TR, Erno, B, Krist, K, Fessler, R (2000) Generation of near-neutral PH and high-PH SCC environments on buried pipelines, Corrosion 2000, Paper 00362, NACE, Houston, TX.

Jelinek, J, Neufeld, P (1980) Temperature effect on pitting corrosion of mild steel in deaerated sodium bicarbonate-chloride solutions, Corros. Sci. 20, 489–496.

King, F, Jack, T, Chen, W, Wilmott, M, Fessler, RR, Krist, K (2000) Mechanistic studies of initiation and early stage crack growth for near-neutral pH SCC on pipelines, Corrosion 2000, Paper 361, NACE, Houston, TX.

Li, MC, Cheng, YF (2007) Mechanistic investigation of hydrogen-enhanced anodic dissolution of X70 pipe steel and its implication on near-neutral pH SCC of pipelines, Electrochim. Acta 52, 8111–8117.

Li, MC, Cheng, YF (2008) Corrosion of the stressed pipe steel in carbonate–bicarbonate solution studied by scanning localized electrochemical impedance spectroscopy, Electrochim. Acta 53, 2831–2836.

Linter, BR, Burstein, GT (1999) Reactions of pipeline steels in carbon dioxide solutions, Corros. Sci. 41, 117–139.

Lu, J, Szpunar, JA (1996) Microstructural model of intergranular fracture during tensile tests, J. Mater. Process. Technol. 60, 305–311.

Lu, BT, Song, F, Gao, M, Elboujdaini, M (2010) Crack growth model for pipelines exposed to concentrated carbonate-bicarbonate solution with high PH, Corros. Sci. 52, 4064–4072.

Macdonald, DD (1992) The point defect model for the passive state, J. Electrochem. Soc. 139, 3434–3449.

Mercer, WL (1979) Stress corrosion cracking: control through understanding, Proc. 6th Symposium on Line Pipe Research, Paper L30175, PRCI, Falls Church, VA.

Mustapha, A, Charles, EA, Hardie, D (2012) Evaluation of environmentally-assisted cracking susceptibility of a grade X100 pipeline steel, Corros. Sci. 54, 5–9.

National Association of Corrosion Engineers (1999a) White Metal Blast Cleaning, 1/SSPC-SP 5 (Reaffirmed 1999), NACE, Houston, TX.

National Association of Corrosion Engineers (1999b) Near-White Metal Blast Cleaning, 2/SSPC-SP 10 (Reaffirmed 1999), NACE, Houston, TX.

National Energy Board (1996) Stress Corrosion Cracking on Canadian Oil and Gas Pipelines, Report of the Inquiry, Report MH-2-95, NEB, Calgary, Alberta, Canada.

Ningshen, S, Mudali, UK, Amarendra, G, Gopalan, P, Dayal, RK, Khatak, HS (2006) Hydrogen effects on the passive film formation and pitting susceptibility of nitrogen containing type 316L stainless steels, Corros. Sci. 48, 1106-1121.

Oskuie, AA, Shahrabi, T, Shahriari, A, Saebnoori, E (2012) Electrochemical impedance spectroscopy analysis of X70 pipeline steel stress corrosion cracking in high pH carbonate solution, Corros. Sci. 61, 111-122.

Parkins, RN (1974) The controlling parameters in stress corrosion cracking, Proc. 5th Symposium on Line Pipe Research, Paper L30174, PRCI, Falls Church, VA.

Parkins, RN (1994) Overview of Intergranular Stress Corrosion Cracking Research Activities, Report PRC-232-9401, Line Pipe Research Supervisory Committee of the Pipeline Research Committee of the American Gas Association, AGA, Washington, DC.

Parkins, RN, Zhou, S (1997) The stress corrosion cracking of C-Mn steel in $CO^2-HCO_3^--CO_3^{2-}$ solutions: I. Stress corrosion data, Corros. Sci. 39, 159-173.

Perdomo, JJ, Chabica, ME, Song, I (2001) Chemical and electrochemical conditions on steel under disbonded coatings: the effect of previously corrosion surface and wet and dry cycles, Corros. Sci. 43, 515-532.

Pilkey, AK, Lambert, SB, Plumtree, A (1995) Stress corrosion cracking of X-60 line pipe steel in a carbonate-bicarbonate solution, Corrosion 51, 91-96.

Qin, Z, Norton, PR, Luo, JL (2001) Effects of hydrogen on formation of passive films on AISI 310 stainless steel, Br. Corros. J. 36, 33-42.

Raja, KS, Jones, DA (2006) Effects of dissolved oxygen on passive behavior of stainless alloys, Corros. Sci. 48, 1623-1638.

Revie, RW, Uhlig, HH (2008) Corrosion and Corrosion Control, 4th ed., Wiley-Interscience, Hoboken, NJ.

Sanchez, J, Fullea, J, Andrade, C, Alonso, C (2007) Stress corrosion cracking mechanism of prestressing steels in bicarbonate solutions, Corros. Sci. 49, 4069-4080.

Sherar, BWA, Keech, PG, Qin, Z, King, F, Shoesmith, DW (2010) Nominally anaerobic corrosion of carbon steel in near-neutral PH saline environments, Corrosion 66, 45001/1-45001/11.

Song, FM (2008) Overall mechanisms of high pH and near-neutral pH SCC, models for forecasting SCC susceptible locations, and simple algorithms for predicting high PH SCC crack growth rates, Corrosion 2008, Paper 8129, NACE, Houston, TX.

Song, FM (2009) Predicting the mechanisms and crack growth rates of pipelines undergoing stress corrosion cracking at high PH, Corros. Sci. 51, 2657-2674.

Song, FM (2010) Predicting the effect of soil seasonal change on stress corrosion cracking susceptibility of buried pipelines at high PH, Corrosion 66, 95004/1-95004/14.

Staehle, RW (1977) Prediction and experimental verification of the slip-dissolution model for stress corrosion cracking of low strength alloys, in Stress Corrosion Cracking and Hydrogen Embrittlement of Iron-Based Alloys, R. W. Stahler, J. Hochmann, R.D. McCright, and J.E. Slates, Editors, NACE, Houston, TX, pp. 180-205.

Van Boven, G, Chen, W, Rogge, R (2007) The role of residual stress in neutral PH SCC of pipeline steels: II. Crack dormancy, Acta Mater. 55, 29-42.

Wang, JQ, Atrens, A (2003) SCC initiation for X65 pipeline steel in the "high" PH carbonate/bicarbonate solution, Corros. Sci. 45, 2199-2217.

Watanabe, T (1984) An approach to grain boundary design for strong and ductile materials, Res. Mech. 11, 47-84.

Weng, Y, Li, X (2005) Electrochemical behaviors and SCC sensitive potential of pipeline steels in carbonate-bicarbonate solutions, Corrosion 2005, Paper 04201, NACE, Houston, TX.

Wenk, RL (1974) Field investigation of stress corrosion cracking, Proc. 5th Symposium on Line Pipe Research, Paper L30174, PRCI, Falls Church, VA.

Xue, HB, Cheng, YF (2010) Passivity and pitting corrosion of X80 pipeline steel in carbonatebicarbonate solution studied by electrochemical measurements, J. Mater. Eng. Perf. 19, 1311-1317.

Yu, JG, Luo, JL, Norton, PR (2001) Effects of hydrogen on the electronic properties and stability of the passive films on iron, Appl. Surf. Sci. 177, 129-138.

Zhang, GA, Cheng, YF (2010) Micro-electrochemical characterization of corrosion of precracked X70 pipeline steel in a concentrated carbonate/bicarbonate solution, Corros. Sci. 52, 960-968.

6 酸性土壤环境中管道的应力腐蚀开裂

除了近中性和高 pH 值环境外，当涂层破裂或"缺失"使管线钢直接暴露于酸性土壤中时，在酸性环境中也发现了管道应力腐蚀开裂(Liu 等，2008)。例如，在中国东南部几个省份分布着平均 pH 值为 3.5~6.0 的酸性土壤，称为"红色土壤"。该地区运行着数千千米的天然气管道。值得关注的是，施工或其他因素可能会损坏涂层，导致管道直接暴露于酸性土壤中，从而导致管道腐蚀或/和应力腐蚀开裂。此外，土壤中的酸性水分可通过渗透或从涂层中的相邻缺陷扩散进入剥离区域。因此，滞留在剥离涂层下的电解质变为酸性，pH 值相当低。因此，在酸性溶液环境中会发生管道腐蚀或/和应力腐蚀开裂。由于这是一种与以往在管道上观察到的应力腐蚀开裂不同的现象，因此了解管道在酸性土壤环境中发生应力腐蚀开裂的可能性具有重要意义。

尽管近几十年来，世界范围内对近中性和高 pH 值电解液中管线钢的应力腐蚀开裂进行了广泛研究，但管线钢在酸性土壤中应力腐蚀开裂行为尚未被完全了解。相关研究尚处于起步阶段，世界上只有少数几个国家开展了这方面的研究。

6.1 主要特征

导致管道应力腐蚀开裂的酸性土壤溶液中含有大量的 Cl^-、SO_4^{2-}、HCO_3^- 和 NO_3^-，溶液 pH 值为 4.0~4.5(Liu 等，2009a)。管线钢(如 X70 钢)在溶液中的腐蚀电位约为 -750mV(SCE)(Liu 等，2009b)。此外，土壤溶液中含有微量的氧气。

酸性土壤溶液中的管道应力腐蚀开裂取决于所施加的 CP 电位(Liu 等，2008)。与钢的腐蚀电位相比，在相对降低的负电位[如-650mV(SCE)]下，断裂表现出韧性特征，表面分布着大量的韧窝，如图 6.1(a)所示。当施加的电位等于或略负于腐蚀电位[如-850mV(SCE)]时，裂纹侧面存在许多二次裂纹。断裂形态表现出脆性特征[图 6.1(b)]，而且断裂面呈穿晶状。因此，管道在酸性土壤溶液中的应力腐蚀开裂基本上是穿晶开裂。随着施加电位进一步负移至-1200mV(SCE)，应力腐蚀开裂完全由氢动力机制主导，具有河床状裂纹特征，如图 6.1(c)所示。

6.2 酸性土壤溶液中管线钢的电化学腐蚀机理

酸性土壤溶液中管线钢的阴极和阳极反应主要表现为 H^+ 的还原和钢的氧化：

$$H^+ + e \longrightarrow H \tag{6.1}$$

$$Fe \longrightarrow Fe^{2+} + 2e \tag{6.2}$$

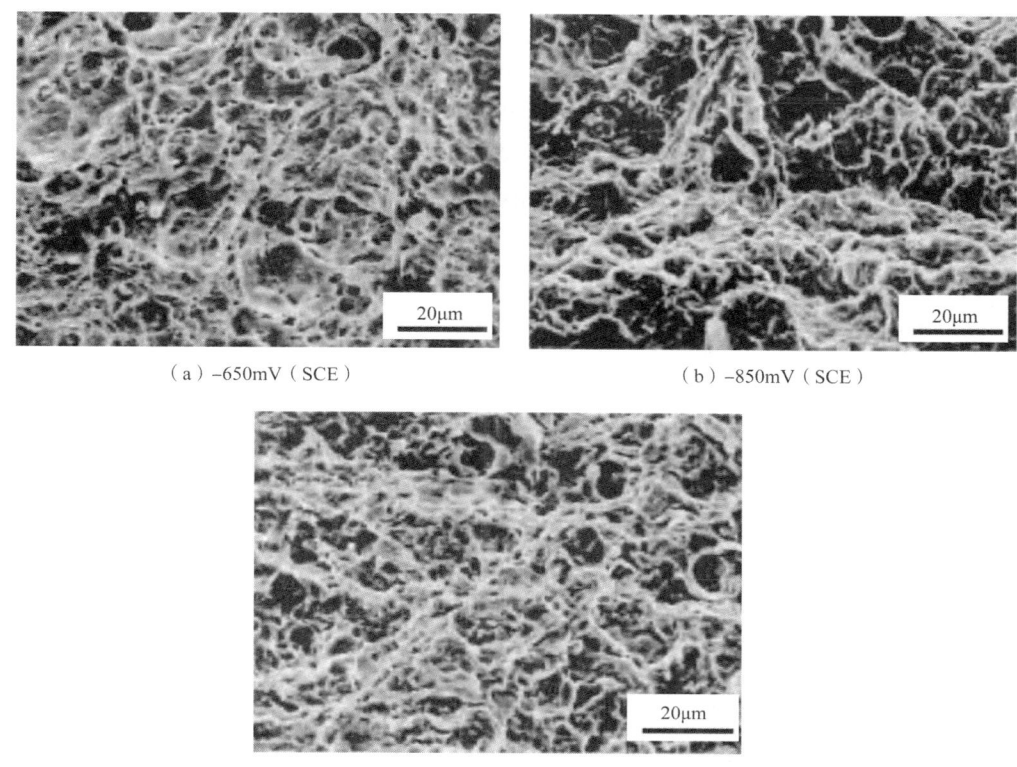

图 6.1 X70 管线钢在酸性土壤溶液中不同电位极化下断面 SEM 形貌(据 Liu 等，2008)

当溶液 pH 值在 4 左右时，溶液中 Fe^{2+} 浓度会迅速增加。由于溶液中 HCO_3^- 过饱和时会在钢表面形成并沉积一层 $FeCO_3$ 腐蚀产物(Qiao 等，1998；Li 和 Cheng，2008)：

$$Fe^{2+}+HCO_3^- \longrightarrow FeCO_3+H^+ \tag{6.3}$$

由于 $FeCO_3$ 沉积层疏松多孔，"保护性"不如真正稳定的钝化薄膜。例如，X70 管线钢在浓碳酸氢盐溶液中的钝化电流密度为 $10^{-4} \sim 10^{-3} mA/cm^2$(Li 和 Cheng，2007)，而在酸性土壤溶液中的钝化电流密度高达 $10^{-1} mA/cm^2$(Liu 等，2008)。

6.3 应力腐蚀裂纹的萌生和扩展机理

快速和慢速电位扫描速率下测量的极化曲线可用于从力学角度研究管线钢的应力腐蚀开裂过程。在快速扫描过程中，没有足够的时间在钢表面上形成膜，从而产生了一个使钢处于活性溶解状态的电位范围来模拟裂纹尖端电化学。在慢速扫描过程中，有利于膜的形成，测量的极化行为可用于模拟裂纹壁电化学(Parkins，1980)。在酸性土壤溶液中，X70 管线钢在快速和慢速电位扫描下测得的动电位极化曲线如图 6.2 所示。结果表明，在快速(50mV/s)和慢速(0.5mV/s)电位扫描时，管线钢分别经历了活性溶解和"钝化"。因此，阳

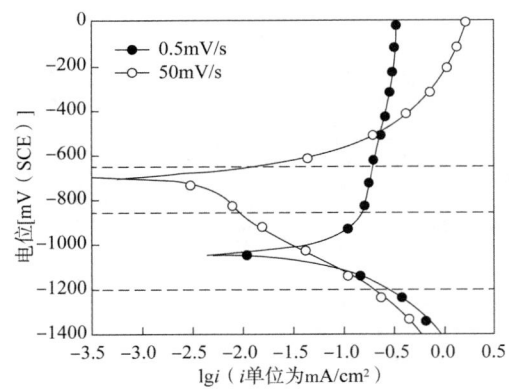

图6.2 快速(50mV/s)和慢速(0.5mV/s)电位扫描速率下 X70 管线钢在酸性土壤溶液中的极化曲线(据 Liu 等,2008)

极溶解反应对 X70 管线钢在酸性土壤溶液中的应力腐蚀开裂起着重要作用。此外,该体系的主要阴极反应是析氢。产生的氢原子将穿透钢并参与开裂过程。因此,酸性土壤溶液中应力腐蚀开裂的管线钢受阳极溶解和氢参与的双重控制。

为了进一步说明应力腐蚀开裂机理,在图6.2的极化曲线中标记了图6.1中施加在管线钢上的电位。结果表明,管线钢在不同电位下处于不同的极化状态。在 -650 mV(SCE)时,钢在慢速和快速扫描速率下均处于阳极溶解状态,表明裂纹尖端和裂纹壁均处于阳极反应状态。当施加的电位为 -850 mV(SCE)时,钢在慢速扫描时处于阳极极化,在快速扫描时处于阴极极化,表明在裂纹壁上的阳极反应和裂纹尖端的阴极反应的组合电化学过程主导了应力腐蚀开裂。在 -1200 mV(SCE)下,钢在快速和慢速扫描时均处于阴极极化状态。因此,阴极反应在裂纹尖端和裂纹壁处均占主导地位。因此,在相对较低的负电位[如 -650 mV(SCE)]下,管线钢的应力腐蚀开裂遵循阳极溶解机制。裂纹尖端处于活性溶解状态,而裂纹壁处于非活性溶解状态。裂纹壁和裂纹尖端之间的电化学电位差促进了裂纹尖端的扩展。断裂面主要表现为韧性特征。例如,当电位负移至 -850 mV(SCE)时,裂纹壁仍处于活性状态,而裂纹尖端由阴极反应控制,从而在尖端处产生氢原子。因此,氢活跃地参与了应力腐蚀过程,导致典型的穿晶开裂特征。当电位进一步负移至 -1200 mV(SCE)时,裂纹尖端和裂纹壁处会产生更多的氢原子,导致管线钢开裂。管线钢的应力腐蚀开裂完全遵循氢动力机制。

由于氢在管线钢中的析出和渗透是酸性土壤中应力腐蚀过程的一个重要因素,因此在这种条件下,氢与冶金缺陷的相互作用将在裂纹萌生中发挥重要作用。例如,已经发现(Liu 等,2009a),裂纹是否在夹杂物处萌生取决于其成分,这直接影响夹杂物与氢的相互作用。已经有研究确定(Zhang,2006),富含 Al_2O_3 的夹杂物坚硬易碎,且与钢基体不一致。夹杂物附近发生相当大的晶格变形。因此,在夹杂物和钢基材之间的边界处容易产生间隙。如图6.3所示,一旦进入钢中,氢将易于被困在这些空隙中,从而形成裂纹。

相反,富含硅的夹杂物容易变形,有效地消除了残余应力(Garet 等,1998)。此外,富含 SiO_2 的夹杂物是球形的,易处于稳定状态。在这些类型的夹杂物周围存在相对较小的局部晶格偏转。因此,如图6.3和图6.4所示,通常不存在与富硅的夹杂物相关的裂纹。

6 酸性土壤环境中管道的应力腐蚀开裂

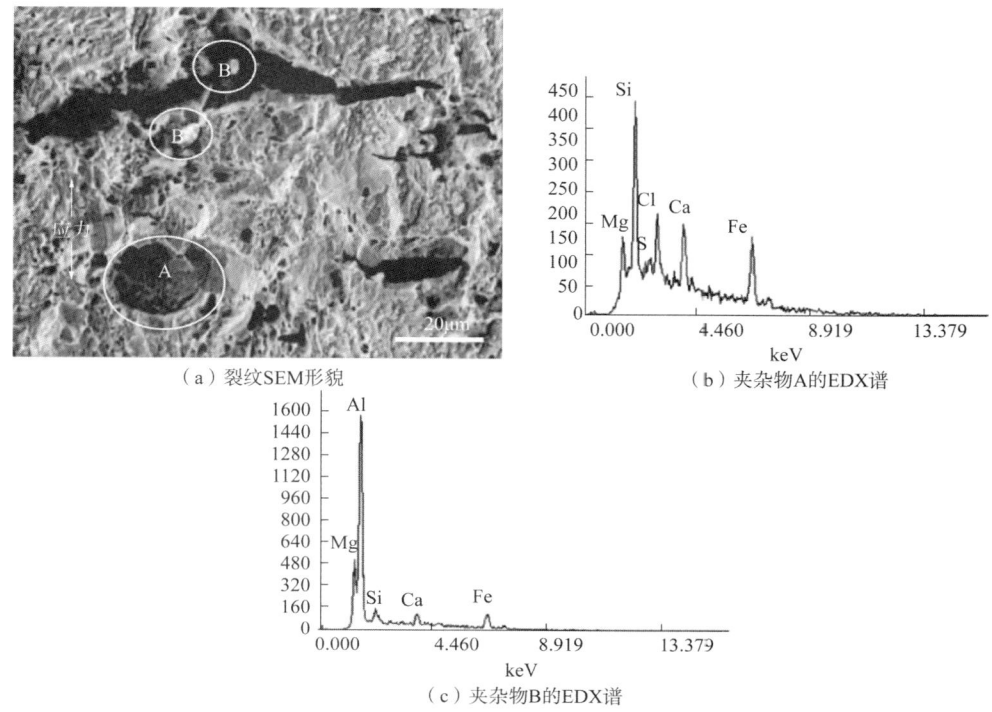

(a) 裂纹SEM形貌 (b) 夹杂物A的EDX谱 (c) 夹杂物B的EDX谱

图6.3 裂纹SEM形貌、夹杂物A及夹杂物B的EDX谱(据Liu,2009a)

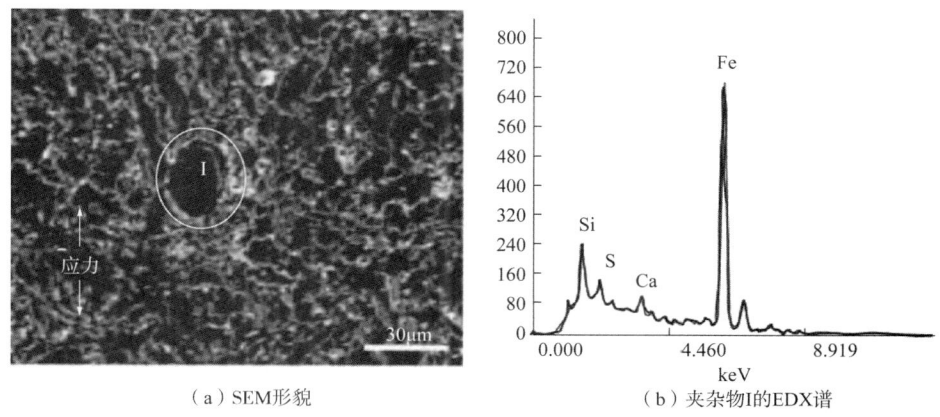

(a) SEM形貌 (b) 夹杂物I的EDX谱

图6.4 酸性土壤溶液中管线钢在-1200mV(SCE)阴极极化时富硅夹杂物I的SEM形貌及EDX谱(据Liu等,2009a)

6.4 酸性土壤中应变速率对管道应力腐蚀开裂的影响

应变速率被认为是控制应力腐蚀开裂过程的关键因素(Rhodes,2001;Rokuro 和 Yasuaki,2004)。例如,对于基于滑移断裂模型的高 pH 值 SCC,通常认为(Ford,1996),裂纹的扩展取决于裂纹尖端处应变速率和再钝化速率之间的竞争。图6.5给出了酸性土壤溶液中 X70 管线钢在-850mV(SCE)下阴极极化时的应力腐蚀开裂敏感性与应变速率之间的关系。在 $10^{-6} s^{-1}$ 的应变速

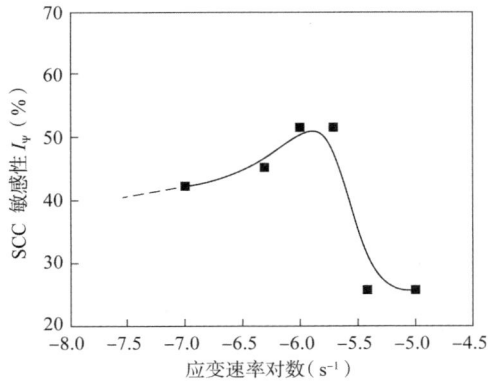

图 6.5 酸性土壤溶液中 X70 管线钢在
-850mV(SCE) 阴极极化下的
应力腐蚀开裂敏感性与应变速率的关系
（据 Liu 等，2009b）

率下应力腐蚀开裂敏感性最大。显然，应变速率对于酸性土壤溶液中管线钢的应力腐蚀开裂敏感性至关重要(Liu 等，2009b)。

此外，图 6.6 给出了酸性土壤溶液中 X70 管线钢在 $0.5\sigma_{0.2}$ 应力下不同应变速率对应的动电位极化曲线，其中 $\sigma_{0.2}$ 表示施加的应力水平，即导致总变形量的 0.2%，并且通常用作钢材屈服强度的近似值。可以看出，应变速率显著影响土壤溶液中管线钢的电化学极化行为。当应力施加到试样上时，所有应变速率下阴极的电流密度都会增加。当应变速率为 $10^{-6}\mathrm{s}^{-1}$ 时，最大阴极电流密度处于单个电位水平。随着应变速率增加到 $10^{-5}\mathrm{s}^{-1}$，阴极电流密度变小。此外，当应变速率为 $10^{-6}\mathrm{s}^{-1}$ 时，在阴极极化曲线中观察到极限扩散电流密度。

图 6.7 给出了不同电位下阴极极化曲线中阴极电流密度与应变速率的对数关系。结果表明，在单应力水平下，应变速率为 $10^{-6}\mathrm{s}^{-1}$ 时，阴极电流密度最大。但当阴极电位负移至 -1200mV(SCE) 时，阴极电流密度基本与应变速率无关。

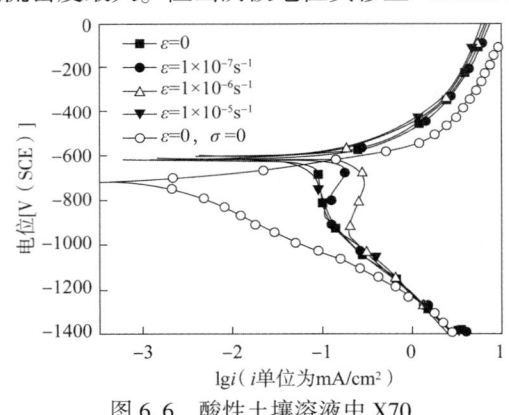

图 6.6 酸性土壤溶液中 X70
管线钢拉伸试样在 $0.5\sigma_{0.2}$ 应力
下的动电位极化曲线（据 Liu 等，2009b）

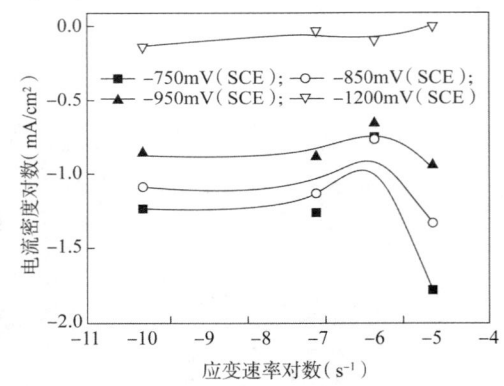

图 6.7 酸性土壤溶液中 X70 管线钢在 $0.5\sigma_{0.2}$ 应力
下的阴极电流密度与应变速率的关系
（据 Liu 等，2009b）

经分析，酸性土壤溶液中管线钢的阳极和阴极反应包含钢的氧化和 H^+ 的还原，如式(6.1)和式(6.2)所示。酸性土壤溶液含有 0.302g/L(3.595×10^{-3} mol/L) 的 $NaHCO_3$。在 pH 值为 4.0 时，基于 H_2CO_3、HCO_3^- 和 CO_3^{2-} 的反应平衡常数的简单计算表明，这些物质的平衡浓度分别为 3.572×10^{-3} mol/L、1.679×10^{-5} mol/L 和 0.94×10^{-11} mol/L。尽管 HCO_3^- 和 CO_3^{2-} 的含量可以忽略不计，但应考虑到 H_2CO_3 的还原：

$$H_2CO_3 + e \longrightarrow HCO_3^- + H \tag{6.4}$$

当电位为 -1200mV(SCE) 时，从热力学上分析可能存在水的还原：

$$H_2O + e \longrightarrow OH^- + H \tag{6.5}$$

由于应变速率在弹性应力范围内对阴极极化曲线影响非常显著,因此可以预测,在特定电位范围内,H^+、H_2CO_3和H_2O的阴极还原将受到应变速率的影响。

即使当管线钢处于宏观弹性应力范围时,局部应力集中也可能出现在表面微缺陷处从而活化位错,特别是位错出现在产生局部附加电位(LAP)的主要部位(Liu 等,2009b)。随着应变速率的增加,位错出现点的数量增加,导致 LAP 发生负移。进而促进阴极还原反应,并且阴极电流密度增加,如图6.7所示。当应变速率上升到$10^{-6}s^{-1}$时,会产生阴极极限扩散电流(图6.6),这可解释为:由于 LAP 的进一步增强,如H^+和H_2CO_3等反应物的增加并没有其消耗速度快,传质成为阴极反应过程中的控制步骤。但是,当应变速率足够高时(例如$10^{-5}s^{-1}$),位错出现点的迁移速率过高,导致反应物没有太多机会吸附在这些活性位点上以进行还原反应。因此,阴极电流密度在高应变速率下降低。此外,当施加的电位更负时,阴极电流密度与应变速率的相关性变得不明显。例如,当极化电位为$-1200mV(SCE)$时,式(6.1)、式(6.4)和式(6.5)提出的阴极反应在热力学上都是可能的。而由于管线钢存在足够的负电位,应变引起的 LAP 效应可忽略不计。

酸性土壤溶液中管线钢的应力腐蚀开裂基于氢的机制。随着应变速率的增加,阴极电流密度增加。由于阴极反应涉及氢的析出,因此随着应变速率的增加,会产生更多的氢原子并渗透到管线钢中,从而导致应力腐蚀开裂敏感性增加。然而,当应变速率足够高时,例如$10^{-5}s^{-1}$,阴极电流密度降低,因此,抑制了氢的析出。相应地,应力腐蚀开裂敏感性降低,如图6.5所示。

参 考 文 献

Ford, FP (1996) Quantitative prediction of environmentally assisted cracking, Corrosion 52, 375-395.

Garet, M, Brass, AM, Haut, C, Guttierez-Solana, F (1998) Hydrogen trapping on nonmetallic inclusions in Cr-Mo low alloy steels, Corros. Sci. 40, 1073-1086.

Li, MC, Cheng, YF (2007) Mechanistic investigation of hydrogen-enhanced anodic dissolution of X70 pipe steel and its implication on near-neutral pHSCC of pipelines, Electrochim. Acta 52, 8111-8117.

Li, MC, Cheng, YF (2008) Corrosion of the stressed pipe steel in carbonate-bicarbonate solution studied by scanning localized electrochemical impedance spectroscopy, Electrochim. Acta 53, 2831-2836.

Liu, ZY, Li, XG, Du, CW, Zhai, GL, Cheng, YF (2008) Stress corrosion cracking behavior of X70 pipe steel in an acidic soil environment, Corros. Sci. 50, 2251-2257.

Liu, ZY, Li, XG, Du, CW, Lu, L, Zhang, YR, Cheng, YF (2009a) Effect of inclusions on initiation of stress corrosion cracks in X70 pipeline steel in an acidic soil environment, Corros. Sci. 51, 895-900.

Liu, ZY, Li, XG, Du, CW, Cheng, YF (2009b) Local additional potential model for effect of strain rate onSCC of pipeline steel in an acidic soil solution, Corros. Sci. 51, 2863-2871.

Parkins, RN (1980) Predictive approaches to stress corrosion cracking failure, Corros. Sci. 20, 147-166.

Qiao, LJ, Luo, JL, Mao, X (1998) Hydrogen evolution and enrichment around stress corrosion crack tips of pipeline steels in aqueous acid-solution, Corrosion 54, 115-120.

Rhodes, PR (2001) Environment assisted cracking of corrosion resistant alloys in oil and gas production environments: a review, Corrosion 57, 923-965.

Rokuro, N, Yasuaki, M (2004) SCC evaluation of type 304 and 316 austenitic of type 304 and 316 austenitic stainless steels in acidic chloride solutions, Corros. Sci. 46, 769-785.

Zhang, LF (2006) Inclusion and bubble in steel: a review, J. Iron Steel Res. Int. 13, 1-8.

7 管道焊缝的应力腐蚀开裂

即便焊缝选用了合适的焊接金属,遵循了行业规范和标准,并且具有足够的熔深及合格的外观形貌,焊缝处也经常发生应力腐蚀开裂失效。经常发现,即使一种金属或合金材质在特定环境中具有抗应力腐蚀开裂的能力,但在对应的焊接部位却往往具有应力腐蚀开裂敏感性。也有许多情况下,焊缝的耐应力腐蚀开裂性能要优于母材(Davis,2006)。显然,焊缝处的应力腐蚀开裂是相当复杂的现象。

现场经验发现,管道的应力腐蚀开裂经常发生在焊缝及其邻近区域(National Energy Board,1996;Parkins,2000;Baker,2005)。通常认为焊接将增加管线钢的腐蚀活性和应力腐蚀开裂敏感性(Lu 等,2010;Zhang 和 Cheng,2010),这是由于冶金变化和焊接残余应力及在焊接区和热影响区(HAZ)发生的一系列相变。因此,要全面了解管道焊缝的应力腐蚀开裂,需要具备钢铁冶金学、腐蚀,以及与管道相关的机械应力等方面的知识。

7.1 焊接金相学基础

了解焊接金相学对于焊缝的腐蚀、开裂及失效分析很重要。焊接金相学包含范围广泛,在本节中,我们仅概述与 SCC 相关的领域。

7.1.1 焊接过程

焊接过程涉及金属的熔化和固化,其方式与金属的制造或热处理过程类似,但速度要快得多。焊接接头由焊接金属、热影响区和未受影响的母材组成。以下介绍几种常见的焊接方法(Rampaul,2003)。

(1) 气焊:通过用燃气和氧气反应产生的火焰加热金属而使金属接合的过程。乙炔焊是最常见的气体焊接工艺。焊剂熔化、固化并在焊缝金属上形成熔渣。根据要求,所使用的火焰本质上可以是中性的、还原性的或氧化性的。

(2) 电弧焊接:是由电极和金属之间建立的电弧产生热量的过程。电极连接到电源的一个端子,并将工件连接到另一端子。电芯为焊接接头提供填充金属。电弧的热量使电极头熔化,形成熔融金属熔池,并固化成焊缝金属。

(3) 电子束焊接(EBW):通过电子束产生的热量熔化使金属接合的过程。加热时,电子束枪的阴极发射电子,进而这些电子被带负电的偏压电极和阳极之间的电场所加速,从而在焊接接头产生足够的热量。

7.1.2 焊接凝固与微观组织

焊缝不可避免地呈现出成分和微观组织结构的不均匀性。大范围上,焊缝由加工母材区通过热影响区到凝固的焊缝金属区组成,包括五个微观结构不同的区域:熔合区、未熔合区、部分熔合区、热影响区和未受影响的母材(Savage,1969)。未熔区实际上是熔合区的一部分,部分熔合区是热影响区的一部分。通常,在任何给定的焊缝中都不可能理想地存在所有的五个区域。

最重要微观组织的变化发生在熔合区,在熔合区金属经历了完全熔化和再凝固。温度梯度、冷却速率和合金成分等参数决定了焊缝微观组织(Lancaster,1999)。

焊接凝固的理论来源于铸件、铸锭和单晶在低温度梯度和缓慢生长速度下的凝固理论。如今,快速凝固理论已被用来解释在极快的冷却速率下的焊缝凝固(Kou,2003)。由于熔化、热量和流体流动、固态转变、汽化、应力、凝固和变形等各种局部物理过程,熔合区的微观组织变化非常复杂。这些过程的相互作用会显著影响熔池的凝固,并显著影响最终的显微组织。迄今为止,通过焊接过程的建模技术已经深刻认识了焊接过程和焊接材料,并且能够解释焊接过程中发生的各种变化(Evans 和 Bailey,1997)。

理解焊接凝固的一个重要方向是焊接熔池动力学过程及其几何形状演化。焊缝的形状与晶粒结构和枝晶生长过程直接相关。在整个焊接熔池中,温度梯度和晶粒长大变化很大。沿着熔合线的增长速率最低,而在焊缝中心线的增长速率最快。因此,微观组织从焊缝的边缘到其中心呈现明显的不同。

固—液界面的形状控制着微结构特征的发展过程,而固体的生长则发生在焊接熔池内部。固—液界面的性质取决于界面周围存在的热环境和固有环境。界面以平面状、细胞状或树枝状生长。现在计算热力学模型已可用于描述焊接凝固过程中多组分系统的相变(David 等,2003)。凝固相的形成取决于凝固过程中溶质分配和这些相的稳定性。此外,金属的化学成分会影响焊接过程中相的形成。

热影响区是焊接接头的一部分,其经受的温度足以产生固态微观结构变化但不会引起熔化。就最高温度和冷却速率而言,热影响区中相对于熔合线的每个位置在焊接过程中都会经历独特的热过程,并且每个元素都会经历一个典型的时间—温度循环。因此,每个位置都有其自身的微观结构特征。例如,由于凝固过程中主要元素和微量元素的分离,单个焊缝区域内可能存在几微米尺度的成分梯度(即微偏析)(Buchheit 等,1990)。

部分熔合区域通常指熔合线附近进入热影响区的一个或两个晶粒。其特征在于晶界液化,这可能导致液化裂纹。这些裂纹出现在熔合线以下一个或两个晶粒的晶界中,已确定为高强度钢中 HIC 的潜在萌生点(Wahid 等,1993)。

没有发生任何冶金变化的部分是未受影响的母材。尽管在冶金学上没有变化,但是未受影响的母材和整个焊接接头都可能在横向或纵向上处于高残余应力状态,取决于施加在焊缝上的约束程度。

7.1.3 影响焊接过程的参数

许多参数都会影响焊接过程,具体如下:

(1) 焊接形状。焊缝的形状由热输入和焊接速度决定。随着热强度和焊接速度的增加或减少,焊缝变长或扩展变宽。

(2) 冷却速度。热输入的增加将降低冷却速率。预热是减少热影响区开裂风险的必要方法。

(3) 功率密度分布。当热输入和焊接速度保持恒定时，焊缝熔深与热源的功率密度呈正比，穿透深度随着功率密度的增加而增加。

(4) 工件的散热效果。当工件较厚时，焊缝的冷却速率会增加，厚度越大，焊缝的冷却效果越好。

7.1.4 焊缝缺陷

焊缝上存在的缺陷通常是由于焊接不完全、内部缺陷(如夹杂物)和焊缝中间区域的熔合不足导致的(Otegui 等，2002)。焊缝缺陷的一种典型形式是钩形裂纹，表现为沿着叠层平面在距焊缝中心线几毫米处形成倾斜裂纹(Kiefner，1997)。在焊接过程中，加热的材料从厚度中心向管子表面喷射。最初平行于表面的层压缺陷会由于厚度重新定向，这降低了焊接对环向应力的抵抗能力。

焊接缺陷的另一种典型形式是采用机械的方法消除飞溅，通常称为刮削，此过程可能会在表面上留下划痕或凹槽。由于刮削而引起的亚表层塑性变形也会在焊缝整个厚度方向上形成局部残余应力状态。

此外，在焊接区域广泛存在的冶金缺陷包括非金属夹杂物、空隙和杂质偏析。在焊接过程中，焊缝处的晶粒快速生长，从而形成粗大晶粒组织，尤其是在热影响区。同时，焊缝上显著的冶金组织变化还包括在该区域产生各种微观相。例如，X70 管线钢母材的微观组织包含铁素体和/或珠光体，而热影响区可能会生成贝氏体组织，从而导致异质金相组织。

7.2 管道焊接：金相

7.2.1 X70 管线钢焊接

图 7.1 为 X70 管线钢焊接试样的金相特征，图 7.2 为各个区域(即焊缝、热影响区和母材)的微观组织。可以看出，X70 管线钢母材通常包含铁素体和珠光体[图 7.2(a)]。热影响区的微观组织是针状铁素体(AF)和贝氏体铁素体(BF)的混合物，如图 7.2(b)所示。焊缝由 AF 和晶界铁素体(GBF)组成，其中 AF 在奥氏体晶粒或晶界内成核并沿任意方向生长，而 GBF 在奥氏体晶界处成核，沿边界变长并生长至晶粒中，形成等轴或近等轴状铁素体晶粒。

图 7.1 X70 管线钢焊接试样光学显微图像(据 Zhang 和 Cheng，2009a)

7 管道焊缝的应力腐蚀开裂

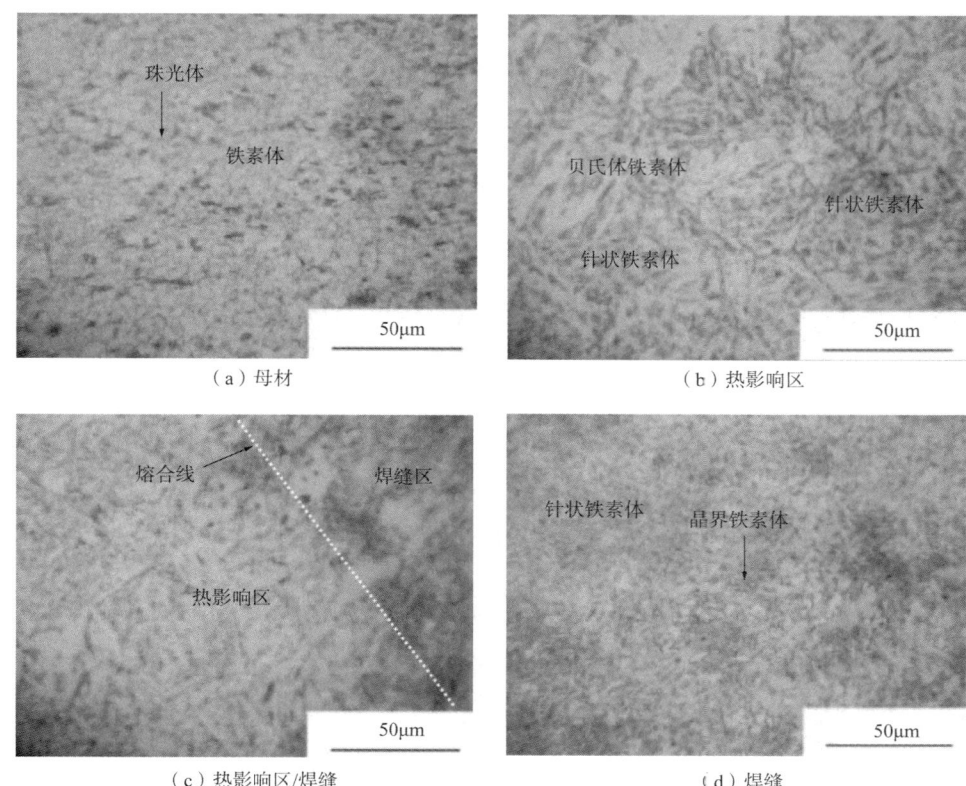

图 7.2 X70 管线钢焊接试样各个区域的显微组织（据 Zhang 和 Cheng，2009b）

7.2.2 X80 管线钢焊接

X80 管线钢焊缝各个区域的显微组织形貌如图 7.3 和图 7.4 所示。热影响区包含贝氏体（B）和铁素体（F）与白色渗碳体（C）的混合物，如图 7.4(b) 所示。焊缝金属为针状铁素体（AF）和晶界铁素体（GBF）[图 7.4(c)]。X80 管线钢母材的微观组织通常包含多边形铁素体和贝氏体束[图 7.4(d)]。

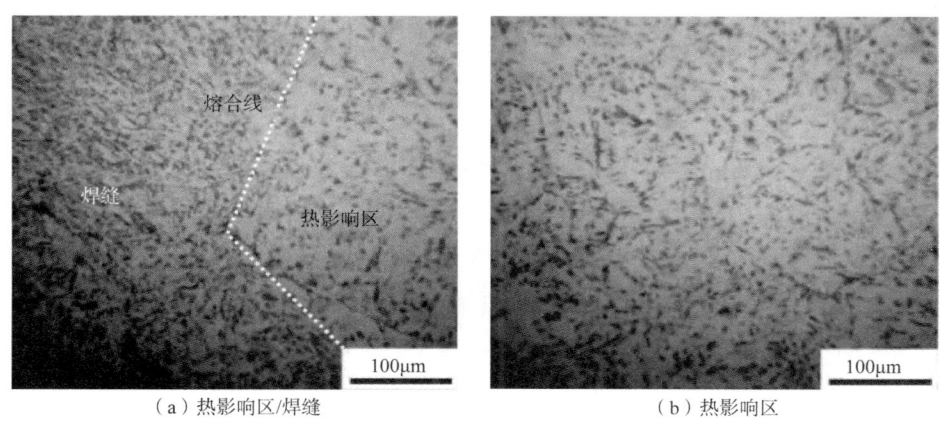

图 7.3 X80 管线钢焊接试样光学显微镜观察的显微组织（据 Xue 和 Cheng，2012）

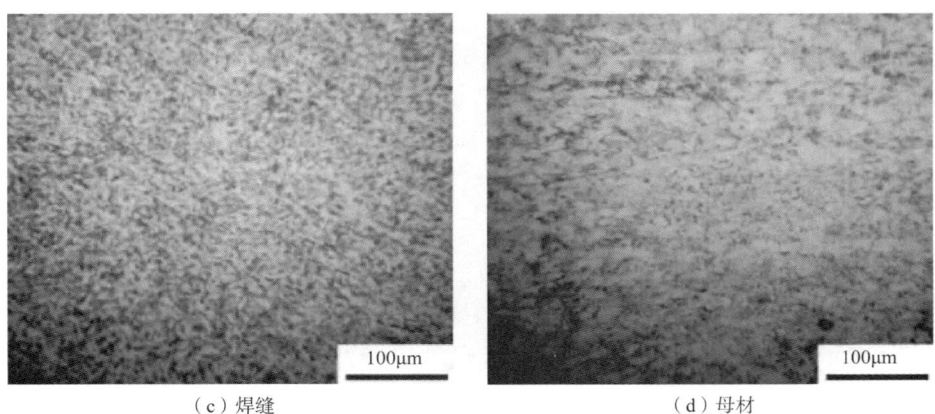

(c)焊缝　　　　　　　　　　　　　　(d)母材

图7.3　X80管线钢焊接试样光学显微镜观察的显微组织(据Xue和Cheng，2012)(续图)

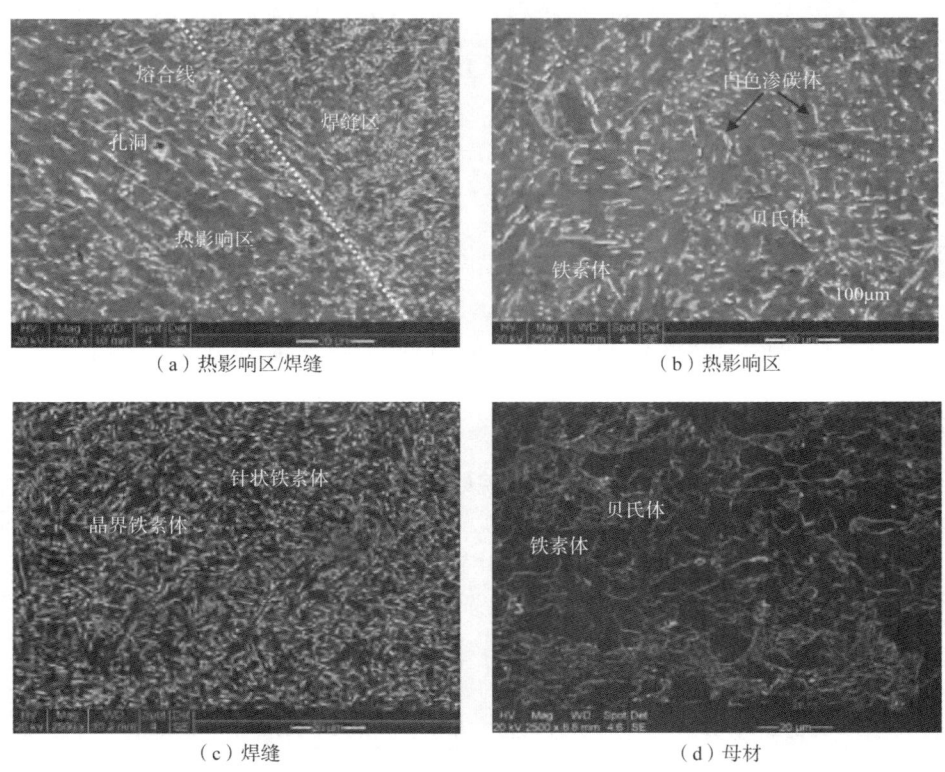

图7.4　X80管线钢焊接区SEM观察的显微组织(据Xue和Cheng，2012)

7.2.3　X100钢焊接

图7.5为X100管线钢焊缝试样宏观照片及不同区域的示意图。图7.6为图7.5中焊缝、热影响区和母材的微观组织，其中母材上的 A 点、B 点和 C 点表示距图中标记焊接区点的不同距离。焊缝微观组织通常是同素异形铁素体和渗碳体，热影响区微观组织为与渗碳体混合的平均晶粒尺寸为 $10 \sim 15\mu m$ 的多边形铁素体。X100管线钢母材的微观组织取决

于与热影响区距离。在 A 点，由平均晶粒度为 $5\sim10\mu m$ 的多边形铁素体和贝氏体组成；B 点的微观组织则主要为针状铁素体和粒状贝氏体，C 点主要由贝氏体组成。显然，焊接操作会导致在邻近焊缝的母材上产生铁素体相。

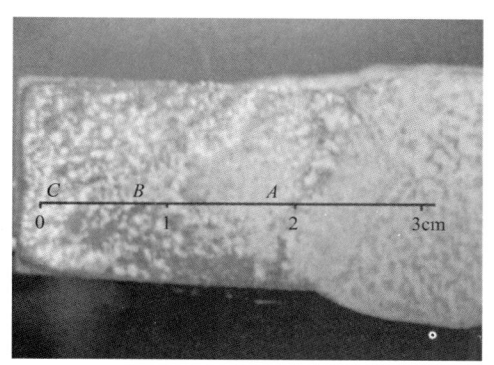
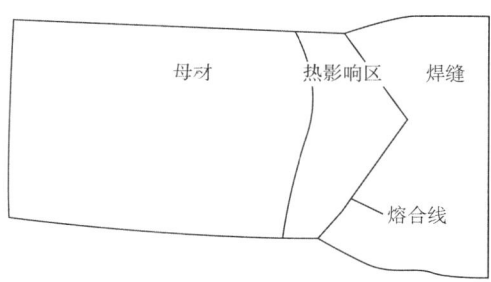

图 7.5　X100 管线钢焊缝试样宏观照片及不同区域的示意图（据 Zhang 和 Cheng，2010）

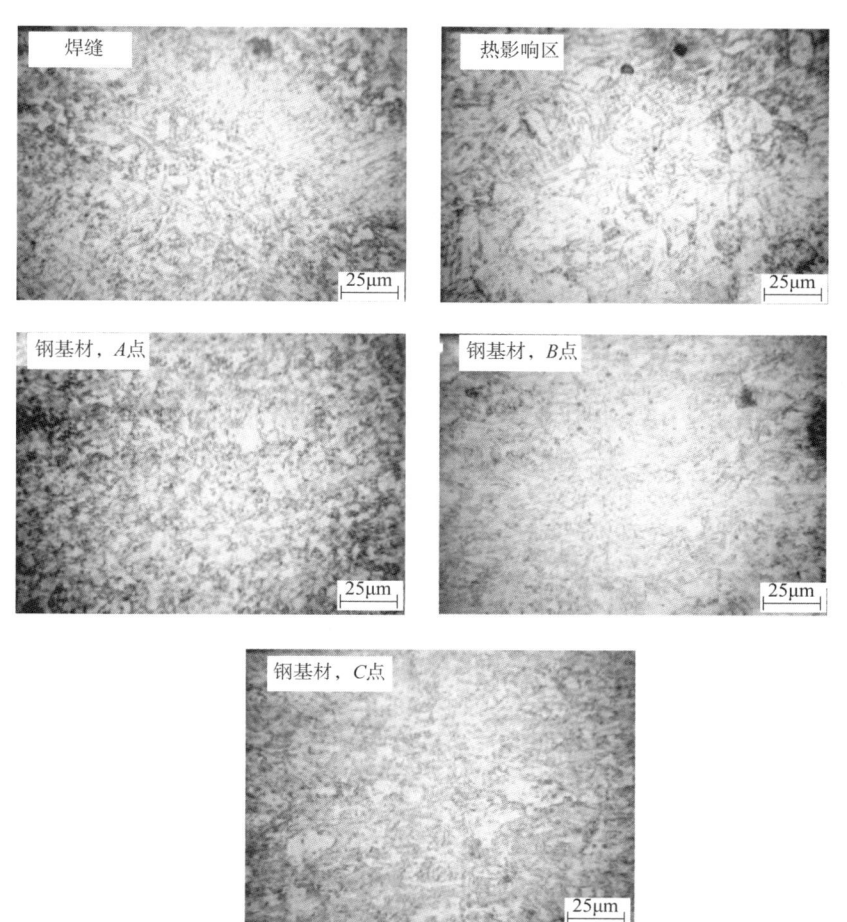

图 7.6　X100 管线钢焊缝、热影响区和母材中各个点光学显微镜观察的显微组织（据 Zhang 和 Cheng，2010）

7.3 管道焊接：力学

7.3.1 残余应力

导致焊接残余应力产生的因素有很多，包括焊接过程、热输入、母材厚度、焊缝约束和冷却速率。在焊接过程中，加热和冷却引起焊接区域的膨胀和收缩。相邻的母材可对焊接区域的任何膨胀或收缩起到限制作用。当冷却到室温时，这会导致残余应力的累积。

而且，刮削过程可能导致亚表层塑性变形并产生局部残余应力。如果用于去除焊瘤的刮削工具未按照结构表面的轮廓正确对齐或成形，则会产生纵向缺陷。在制造过程中，由于不合理的刮削焊瘤而在结构件的外表面上形成纵向台阶可显著增加焊缝处的残余应力（Hasan 等，2007）。

通常，减少焊接残余应力的方法主要有三种：

（1）锤击处理。在每个焊接层之后通常使用尖锤锤击使热态焊接变形以减少残余应力。在此过程中必须小心操作，若操作不当可能会导致焊缝开裂。

（2）焊后热处理（PWHT）。将焊接完成的焊缝重新加热到合适的温度以减少残余应力。对于碳钢和低合金钢，热处理后焊接残余应力可以从 30000psi 降低到 5000psi 左右（Wallace，1979）。

（3）振动消除应力（VSR）。根据焊接件的重量，VSR 方法会在给定的时间段内引入高振幅低频振动。这样可以在不引起变形或改变拉伸强度、屈服强度和抗疲劳性能的前提下消除残余应力。共振最为有效，因为在共振频率振动中，应力分布更均匀。

7.3.2 焊缝硬度

焊缝的硬度测试可为确定焊接可靠性提供两个重要参数：材料的强度和微观组织。例如，经过回火处理以达到所需性能的钢材可能会由于焊接而发生热影响区软化（Wang，2006）。这导致材料的局部强度不足，可能对材料结构性能产生毁灭性的影响。热影响区的硬度可用于估算由于焊接导致的软化程度。

维氏硬度是焊接区域的主要测试方法，可采用 1~100kg 金刚石压头的载荷范围。负载越高，硬度读数精度越好，因为金刚石在钢表面上的压痕更大。由于测试热影响区（通常为 1~2mm 厚）的硬度很重要，因此有必要使用更轻的载荷（例如 1kg、2kg 或 5kg）。

焊接硬度测试的目的是为了确定（Kou，2003）：

（1）母材的硬度，可以大致确定材料的抗拉强度，以确保正确选型焊材。

（2）焊缝的硬度，以确保焊缝达到或超过母材的强度要求。

（3）热影响区的硬度，以确保充分控制焊接热输入、预热和层间温度，以形成具有适当强度和韧性的热影响区。

当需要测试热影响区内亚组织（例如粗晶粒、细晶粒等）硬度时，需在 0.5~2kg 的载荷下进行显微硬度测试。使用这些技术，可以在显微镜下确定目标区域，并直接在目标区域中测量硬度。这种技术被应用于诸如回火焊道等关键焊接应用中，其中焊接技术验收的主要依据是硬度测试[Sperko，2005]。

图 7.7 为 X70 管线钢焊缝周围各个区域的显微维氏硬度分布。可以看出，焊缝的最大显微硬度为 310~320HV(维氏硬度表)。热影响区的显微硬度高于 X70 管线钢母材，为 220~240HV。显微组织表明，在热影响区存在贝氏体、铁素体等低温转变产物。与母材的铁素体—珠光体组织相比，这些产物提高了热影响区的硬度。

在 X100 管线钢焊接试样(如图 7.5 所示)上测量的硬度如图 7.8 所示。焊缝和热影响区的硬度低于母材。硬度最大值出现在母材的 B 点附近。在焊接的 X100 管线钢上出现热影响区软化现象。这通常是由于在焊后处理改善了微观组织和碳分布。此外，母材具有较高的硬度，这与贝氏体硬化相的存在有关。特别是，显微硬度最高的是 B 点，这是由于针状铁素体提高了硬度。

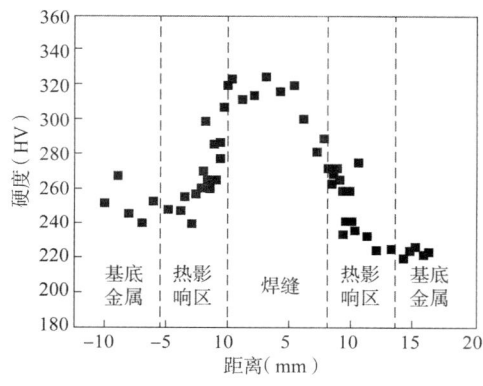

图 7.7 X70 管线钢焊缝显微硬度分布
(据 Zhang 和 Cheng，2009a)

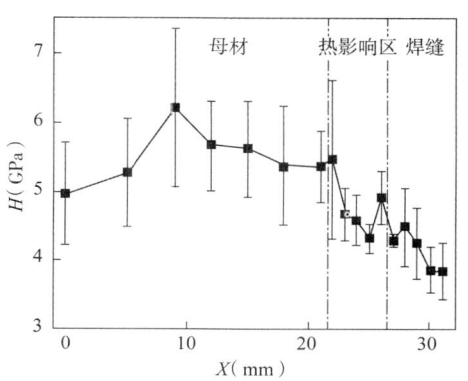

图 7.8 X100 管线钢焊缝试样显微硬度分布
(据 Zhang 和 Cheng，2010)

7.4 管道焊接：环境

焊接区域周围的环境条件会影响焊接过程及焊接性能。

7.4.1 焊缝中氢的引入

氢可以在焊接过程中进入焊缝，其机理是，在焊接过程中熔池对于由水蒸气的离解或由焊接电弧产生的碳氢化合物形成的原子氢具有较高的溶解度。在接近熔化温度时，氢在钢中的扩散速率非常高。因此，熔池可以从电弧中的高温气体中快速吸收原子氢。由于热影响区存在大量氢陷阱，氢原子可以从焊缝区域迅速扩散至管体热影响区，导致氢的聚集。

进入焊缝的氢来源包括：

(1)焊剂中残留的水分及从大气直接引入焊缝的水分。

(2)焊接金属中存在氢。

(3)焊接区域周围有油或污垢。

值得注意的是，湿气主要来源于空气。一般而言，电弧的强大能量会导致空气中的水被离子化为原子氢，随后原子氢吸附到焊缝中导致开裂。

焊接会使用不同类型的焊条，包括纤维素、金红石和碱性焊条。每种类型的焊条氢含量不同。例如，由于焊条药皮中羟基的比例很高，纤维素焊条表现出最高的氢含量。碱性焊条主要优点之一是氢含量最低，确保在焊接高强钢时无裂纹产生。此外，每种焊条氢扩散速率不同，可以通过焊条的氢扩散速率测量焊条从库房到暴露在潮湿空气时的吸湿率。焊条要妥善保存，通常的做法是焊条存储过程中暴露在大气中的时间应小于10~15min。如果焊条在大气中暴露超过规定时间，则必须按照焊条制造商的规定和建议将其重新烘干以释放吸收的氢。

焊缝引入氢可能导致焊接区域失效，例如氢脆，这将导致焊接接头和焊缝周围材料强度降低。此外，焊缝中的氢通常会导致热影响区冷裂。可以通过多种方法抑制焊缝中氢的吸附，包括：

（1）通过改变涂料优化药皮成分，减少焊条的氢含量。
（2）使用氢扩散速率低的焊条。
（3）焊接前正确清洁焊接坡口。
（4）焊接过程中保持适当的预热。
（5）遵循正确的焊接工艺参数。

若焊接过程临时中断，则必须保证焊缝在隔绝环境条件下缓慢冷却，确保焊缝处氢陷阱捕获的氢在缓冷过程中逸出。针对在役管道焊接，则必须在焊接前预热，确保材料中的氢已完全逸出，防止焊接过程中焊缝开裂失效。针对钢铁材料，许多技术报告和指南基于实践经验提供了操作规程及方法，避免焊接过程氢渗透和氢致开裂（Bailey等，1993）。

7.4.2 焊缝腐蚀

当焊接相似或不同金属结构件时，焊缝通常在化学成分、微观组织和性能方面与母材金属存在明显差异。此外，焊缝处焊接残余应力较高。由于材料的各向异性，应力分布及焊缝相对于基体呈电化学阳极，因此焊缝经常优先发生腐蚀。特别地，熔池是通过基体金属和焊条金属熔化产生，其化学成分通常与基体金属不同。上述化学成分差异会产生电偶，影响焊缝附近的腐蚀行为。这种异种金属电偶会产生宏观的电偶腐蚀。此外，由于凝固过程中微观组织偏析，熔池本身存在微观电偶效应（Buchheit等，1990）。

导致焊缝加速腐蚀的主要因素之一是焊缝处的高残余应力。因此，应采取消除残余应力的措施，减少焊接过程中产生的应力，改善显微组织，提高耐腐蚀性能。此外，焊缝腐蚀行为还受到腐蚀电位等其他因素的影响。即使焊接区域内少量化学成分变化，也可能会加速或减缓腐蚀。例如，电子束焊接管道焊缝腐蚀速率与硫元素浓度有关，而铜的添加将缓解焊缝腐蚀（Davis，2006）。此外，添加微量铬和镍元素可形成表面氧化物钝化膜，降低焊缝腐蚀的可能性。

7.4.3 管道焊缝局部电化学腐蚀

现场调研发现（National Energy Board，1996；Baker，2005），管道腐蚀和应力腐蚀开裂通常发生在焊缝和邻近区域。针对上述问题，科研人员进行了大量的研究并提出了此现象的相关机理。焊后热处理会影响热影响区的耐腐蚀和氢脆性能（Hemmingsen等，2002）。此外,焊接会使管道的微观组织发生变化,产生残余应力,并在焊接区域特别是热影响区发生一系列相变,从而增加管道的腐蚀活性和应力腐蚀开裂敏感性(Zhang 等,2002)。

为了研究焊缝各个区域的电化学腐蚀行为,使用微区电化学 SVET 技术表征在近中性 pH 值溶液中 X70 管线钢阳极溶解电流密度分布图,结果如图 7.9 所示。SVET 扫描区域包括焊缝(0~2mm 区域)、热影响区(2~8mm 区域)和母材(8~10mm 区域)。可以看出,焊缝的腐蚀电流约为 5mA。随着测量区域由焊缝向热影响区过渡,电流逐渐增加,并在热影响区达到最大约 25mA(在热影响区与基体之间的界面偏热影响区一侧)。最小电流在母材中,约为 2mA。显然,热影响区的腐蚀活性最高,这与该区域中的微观相组织有关。热影响区中存在诸如贝氏体、铁素体等低温转变产物。通常,当钢中含有

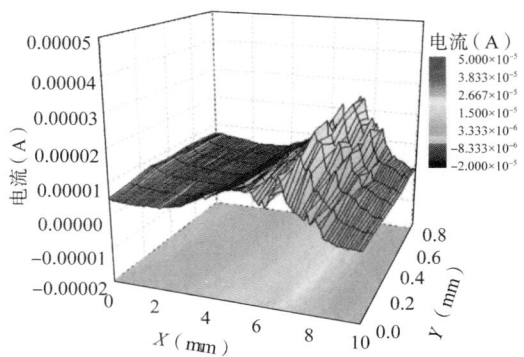

图 7.9 X70 管线钢焊缝试样[焊缝(0~2mm)、热影响区(2~8mm)和母材(8~10mm)]在近中性 pH 值溶液中 SVET 电流分布图(据 Zhang 和 Cheng,2009a)

硬质相时,腐蚀更加严重(Voruganti 等,1991;Davis,2006)。此外,焊缝及热影响区通常含有高密度晶格缺陷,同样导致焊缝和热影响区相比于母材具有更高的腐蚀活性。

对于在近中性 pH 值溶液中的 X100 管线钢焊缝试样的 SVET 扫描图,可以看出完全不同于 X70 管线钢的电流密度分布图。图 7.10 给出了沿图 7.5 中的黑线从点 C(0mm)开始测得的 SVET 电流密度分布图。可以看出,以 1cm 为中心(图 7.5 中的 B 点),母材的最大电流密度高达 120mA/cm²,并且在热影响区出现了最小电流密度,约为 45mA/cm²。通常认为,由于改善了显微组织和碳元素分布,高强度管线钢焊接后处理会降低热影响区的腐蚀活性。对于焊接高强度管线钢的腐蚀来说,这是一个非常重要的发现,因为之前对低强度管线钢焊缝的研究发现在热影响区腐蚀电流最高(Du 等,2009;Zhang 和 Cheng,2009a)。此外,在母材的 B 点处具有最高的电流密度,这与存在大量夹杂物有关(Zhang 和 Cheng,2010)。夹杂物的存在为阳极溶解提供了活性点。因此,可以认为 X100 管线钢焊后热处理会引起夹杂物在邻近焊缝基体中偏析,最终导致局部腐蚀。

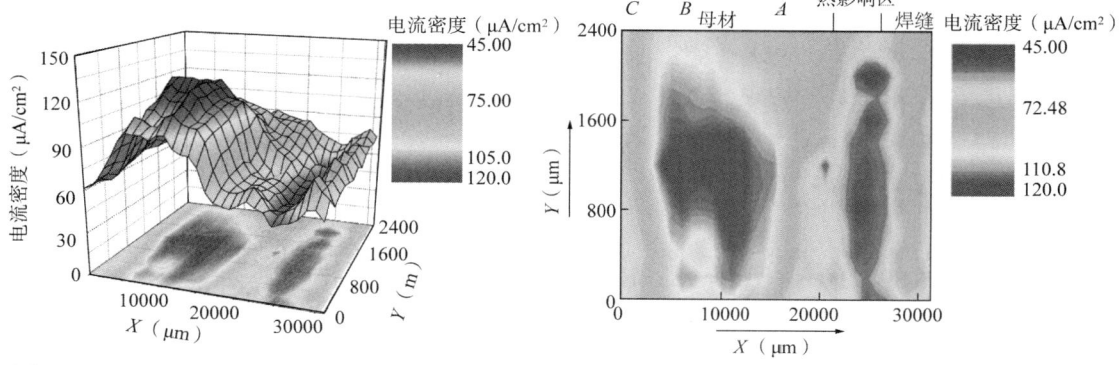

图 7.10 X100 管线钢焊缝试样在近中性 pH 值溶液中的 SVET 电流密度分布图(据 Zhang 和 Cheng,2010)

氢会促进钢的腐蚀已经被证实。氢进入焊缝后，倾向于集中在高应力区域，例如存在大量夹杂物和孔洞等氢陷阱的焊缝。图7.11给出了在近中性pH值溶液中不同电流密度下充氢2h后测得的X70管线钢焊缝试样的SVET腐蚀电流分布图。通常，在所有区域上测得的电流都随着充氢电流密度的增加而增加，表明在充氢后的钢溶解活性增强。此外，在热影响区测得最高电流，表明由于粗晶结构充当氢陷阱导致该区域中氢的聚集。因此，对于低钢级的X70管线钢，充氢前、后热影响区在接近中性pH值的稀碳酸氢盐溶液中均表现出最高的腐蚀活性。

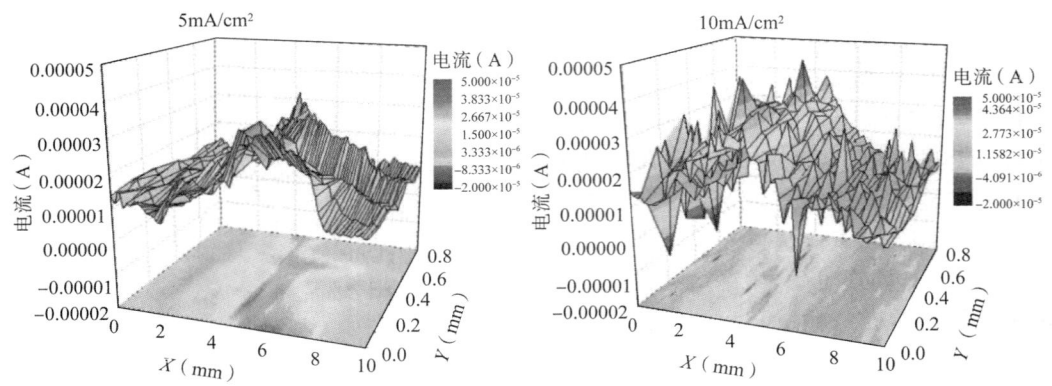

图7.11 X70管线钢焊缝试样[焊缝(0~2mm)；热影响区(2~8mm)；
母材(8~10mm)]在近中性pH值溶液中不同电流密度($5mA/cm^2$和$10mA/cm^2$)
充氢2h后的SVET电流分布图(据Zhang和Cheng，2009a)

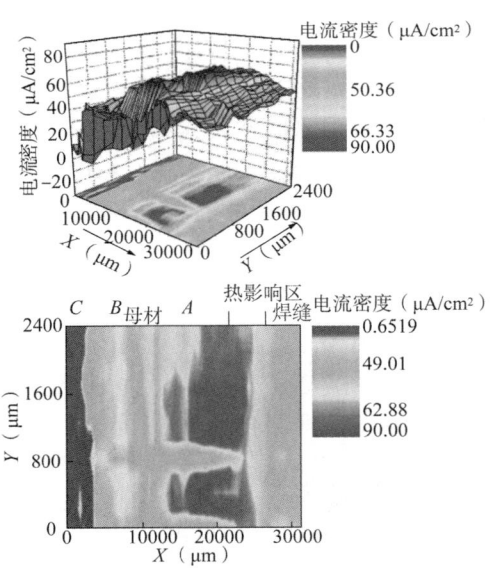

图7.12 X100管线钢焊缝试样在近中性
pH值溶液中在-2V(SCE)电位下充氢2h后，
在焊接的X100钢试样的SVET电流密度分布图
(据Zhang和Cheng，2010)

采用SVET技术对X100管线钢焊缝氢促进腐蚀行为进行了表征，如图7.12所示。在图7.10中，未充氢时，X100管线钢在热影响区观察到最高的电流密度而非在母材处。正如在焊缝试样上测得的溶解电流密度分布所示，充氢会改变焊缝试样的腐蚀活性。热影响区的高电流密度归因于局部氢的聚集。如图7.6所示，显微组织表征并未发现热影响区的硬质相。此外，热影响区的显微硬度甚至低于母材。因此，热影响区氢的聚集主要由焊接残余应力导致，而非显微组织。事实上，在计算残余应力分布后，最大的纵向残余应力集中在焊缝边缘附近(Zhang等，2009)。即使经过消除应力处理，热影响区仍存在大量残余应力。充氢后，进入管线钢中的氢原子将聚集在应力集中区域，如焊缝处(Oriani等，1985)。氢和局部应力的协同作用导致热影响区具有较高的腐蚀活性。因此，与低钢级管线钢不同，高钢级管线钢焊缝在充氢后表现出不同的腐蚀活性分布（即在未考虑氢影响时，热影响区表现出较低的腐蚀活性，局部氢的聚集加速其局部腐蚀行为）。

7.5 管道焊缝的应力腐蚀开裂敏感性影响因素及其硫化氢应力腐蚀开裂

7.5.1 材料性能和微观结构的影响

大量的现场经验和实验室研究表明，应力腐蚀开裂主要发生在管道和/或压力容器焊缝的热影响区（Merrick，1988；Kimura 等，1989；Mahmoud 等，1991）。在热影响区，裂纹扩展的阈值应力远低于母材。在该区域中裂纹扩展趋势的增加通常归因于硬质相的形成，例如马氏体/奥氏体（M/A）岛，这些相易于开裂。然而，研究者（Ume 等，1985；Tromans 等，1986；Pircher 和 Sussek，1987）同样也发现焊缝金属存在大量的应力腐蚀开裂。此外，许多研究（Taira 等，1984；Onsoien 等，1990）已经明确即使母材本身也无法避免应力腐蚀开裂。

长期以来，人们已经认识到材料强度和硬度对应力腐蚀开裂敏感性的影响。利用硬度作为抗应力腐蚀开裂量度存在一些问题。例如，是否存在阈值硬度，低于该阈值会不会发生应力腐蚀开裂？已经确定避免开裂的硬度极限范围为 20~30HRC，但是 NACE 建议使用 22HRC 作为极限硬度，焊缝容易受到应力腐蚀开裂的影响（National Association of Corrosion Engineers，2003）。值得指出的是，超过此极限硬度钢的抗应力腐蚀开裂能力取决于环境和其他因素。而且，降低热影响区的硬度并不总是会提高焊缝的抗应力腐蚀开裂性能（Pircher 和 Sussek，1987）。

此外，特定的微观组织会改变材料的应力腐蚀开裂敏感性。例如，回火贝氏体比混合组织具有更高的开裂敏感性。针状铁素体细小且互锁的微观组织使得管线钢具有良好的力学性能（表现在强度和韧性），而晶界铁素体作为脆性相易于促进裂纹扩展（Glover 等，1977；Abson 和 Pargeter，1986；Groug 和 Matlock，1986）。而且，珠光体含量增加对铁素体—珠光体组织的管线钢抗应力腐蚀开裂性能有不利影响（Lu 和 Luo，2006）。

合金偏析程度，以及夹杂物类型、大小、形状和分布等参数也对应力腐蚀开裂的敏感性有影响。例如，饱和 H_2S 溶液中 X52 和 X70 管线钢中的直焊缝应力腐蚀开裂与 MnS 夹杂物有关，MnS 夹杂物主要为球形，尺寸为 $1~5\mu m$ 大小不等（Contreras 等，2004）。

7.5.2 焊接过程的影响

焊接过程对焊缝的应力腐蚀开裂敏感性具有重要影响。通常管道的焊接工艺是电阻焊和埋弧焊（SAW），焊接会形成较宽的热影响区。由于产生了非均匀区域，导致产生裂纹的可能性很高。因此，有研究者开发一种具有较窄热影响区的焊接工艺，称为间接电弧焊（IEAW）工艺（Garcia 等，2002，2003）。通过 IEAW、SAW 和金属惰性气体保护焊（MIG）工艺对 X65 管线钢焊缝的抗应力腐蚀开裂性能进行比较发现，IEA 工艺可在焊缝处形成均匀的柱状晶组织，具有晶粒细小和窄热影响区的特征（Natividad 等，2007）。与 MIG 和 SAW 工艺相比，此焊缝表现出更好的抗应力腐蚀开裂性能。此外，还发现 MIG 和金属活性气体焊（MAG）工艺会在 X70 和 X80 管线钢的焊缝处产生不同的显微组织，影响其强度及抗应力腐蚀开裂性能(Omweg 等，2003)。

焊接过程中输入的热量可以控制冷却速率，并影响焊缝应力腐蚀开裂敏感性。随着焊接输入热量增加，高强度管线钢焊缝的晶粒粗化热影响区的冲击韧性降低。例如，在高焊接热输入下，X80 管线钢焊缝的晶粒粗化热影响区的冲击韧性最低(Smith 等，1989)。在饱和 H_2S 溶液中，研究了 SAW 焊接工艺不同焊接热输入($15kJ/cm$、$30kJ/cm$ 和 $45kJ/cm$)下 A516 压力容器钢焊缝的开裂特性，结果表明，在热影响区，只有在 $45kJ/cm$ 的高热输入条件下，才会发生环境促进开裂(Huang 等，1994)。但是，有人提出可以通过增加焊接热输入来降低冷却速度，促进铁素体组织的形成并取代马氏体组织，从而提高晶粒粗化的热影响区抗应力腐蚀开裂性能(Onsoien 等，1990)。焊后热处理可实现局部应力重新分布及减少残余拉应力来降低焊缝的应力腐蚀开裂敏感性(Krishnan 和 Rao，1990)。

7.5.3 管道焊缝的硫化氢应力腐蚀开裂

硫化氢应力腐蚀开裂(HSSCC)是一种导致石油和天然气管道及其他石油生产设备(硫化氢的含量不等)的断裂失效形式。通常，此类型失效归因于氢的析出，主要由于 H_2S 与钢反应生成 FeS 产物膜和氢气。氢原子倾向于吸附并聚集在高拉应力区域。因此，硫化氢应力腐蚀开裂是氢致开裂的一种。

大量实践表明，在碳钢焊缝部位均可发生应力腐蚀开裂和氢致开裂。在母材中，发现氢致开裂裂纹不仅沿铁素体—珠光体界面扩展，而且还穿过铁素体—珠光体界面扩展。随着焊接热输入的增加，焊缝中晶界铁素体或热影响区中针状铁素体含量增加，焊缝在 H_2S 环境中开裂敏感性也随之增加。当焊接热输入为 $45kJ/cm$ 时，焊缝、热影响区和母材在 H_2S 环境中均易发生开裂(Huang 等，1994)。焊缝金属中氢吸附量取决于焊缝化学成分、晶粒尺寸和晶界特性。小尺寸晶粒和大角晶界针状铁素体比晶界铁素体具有更多的氢陷阱。因此，针状铁素体形成裂纹的临界氢浓度高于晶界铁素体形成裂纹的临界氢浓度。通过增加焊接热量输入，晶界铁素体与针状铁素体的体积分数比将增加。因此，在高焊接热输入下发生在焊缝中的氢诱导应力腐蚀开裂可能是由于焊缝中高体积分数的晶界铁素体。

此外，微观组织对焊缝的氢致开裂性能有明显的影响。由于在焊接过程中快速冷却和凝固，导致焊缝中细小的凝固组织及弥散的球形氧化物夹杂表现出优异的抗氢致开裂性能(Taira 等，1981)。但是，焊缝和热影响区的微观组织取决于焊接工艺，且很可能会发生很大变化。在酸性环境中服役前，焊缝和热影响区的复杂微观组织及其对氢致开裂性能的影响需要进一步研究。

参 考 文 献

Abson, DJ, Pargeter, RJ (1986) Factors influencing as-deposited strength, microstructure, and toughness of manual metal arc welds suitable for C-Mn steel fabrications, Int. Met. Rev. 31, 141-194.

Bailey, N, Coe, FR, Gooch, TG, Hart, PHM, Jenkins, N, Pargeter, RJ (1993) Welding Steels Without Hydrogen Cracking, 2nd ed., Woodhead Publishing, Cambridge, UK. Baker, M (2005) Final Report on Stress Corrosion Cracking Study, Integrity Management Program Delivery Order DTRS56-02-D-70036, Office of Pipeline Safety, U. S. Department of Transportation, Washington, DC.

Buchheit, RG, Moran, JP, Stoner, GE (1990) Localized corrosion behavior of alloy 2090: the role of microstructural heterogeneity, Corrosion 46, 610-617.

Contreras, A, Albiter, A, Angeles-Chavez, C, Perez, R (2004) Mechanical and microstructural effects on the stress corrosion cracking of weld beads of X-52 and X-70 pipeline steels, Rev. Mex. Fis. 50S1, 49-53.

David, SA, Babu, SS, Vitek, JM (2003) Welding: solidification and microstructure, JOM, June.

Davis, JR (2006) Corrosion of Weldments, ASM International, Materials Park, OH.

Du, CW, Li, XG, Liang, P, Liu, ZY, Jia, GF, Cheng, YF (2009) Effects of microstructure on corrosion of X70 pipe steel in an alkaline soil, J. Mater. Eng. Perf. 18, 216-220.

Evans, GM, Bailey, N (1997) Metallurgy of Basic Weld Metal, Woodhead Publishing, Cambridge, UK.

Garcia, R, Lopez, VH, Bedoll, E, Manzano, A (2002) MIG welding process with indirect electric arc, J. Mater. Sci. Lett. 21, 1965-1967.

Garcia, R, Lopez, VH, Bedoll, E, Manzano, A (2003) A comparative study of the MIG welding of Al. TiC composites using direct and indirect electric arc processes, J. Mater. Sci. 38, 2771-2779.

Glover, AG, McGarth, JT, Tinkler, MJ, Weatherly, GC (1977) The influence of cooling rate and composition on weld metal microstructures in C-Mn and HSLA steel, Weld. J. 56, 267-273.

Groug, O, Matlock, DR (1986) Microstructural development in mild and low-alloy steel weld metals, Int. Met. Rev. 31, 27-48.

Hasan, F, Iqbal, J, Ahmed, F (2007) Stress corrosion failure of high-pressure gas pipeline, Eng. Fail. Anal. 14, 801-809.

Hemmingsen, T, Hovdan, H, Sanni, P, Aagotnes, NO (2002) The influence of electrolyte reduction potential on weld corrosion, Electrochim. Acta 47, 3949-3955.

Huang, HH, Tsai, WT, Lee, JT (1994) Cracking characteristics of A516 steel weldment in H2S containing environments, Mater. Sci. Eng. A 188, 219-227.

Kiefner, F (1997) Failure analysis of pipelines, in ASM Handbook, ASM, Metals Park, OH.

Kimura, M, Totsuka, N, Kurisu, T, Amano, Matsuyama, J, Nakai, Y (1989) Sulfide stress corrosion cracking of line pipe, Corrosion 45, 340-346.

Kou, S (2003) Welding Metallurgy, 2nd ed., Wiley, Hoboken, NJ.

Krishnan, KN, Rao, KP (1990) Room-temperature stress corrosion cracking resistance of post-weld heat-treated austenitic weld metals, Corrosion 46, 734-742.

Lancaster, JF (1999) Metallurgy of Welding, 6th ed., William Andrew Publishing, Cambridge, UK.

Lu, BT, Luo, JL (2006) Relationship between yield strength and near-neutral pH stress corrosion cracking resistance of pipeline steels: an effect of microstructure, Corrosion 62, 129-140.

Lu, B, Luo, J, Ivey, D (2010) Near-neutral pH stress corrosion cracking susceptibility of plastically prestrained X70 steel weldment, Metall. Mater. Trans. A 41, 2538-2547.

Mahmoud, SE, Petersen, CW, Franco, RJ (1991) Overview of hydrogen induced cracking of pressure in upstream operations, Corrosion 1991, Paper 10, NACE, Houston, TX.

Merrick, RD (1988) Refinery experience with cracking in wet H_2S environments, Mater. Perf. 27, 30-36.

National Association of Corrosion Engineers (2003) Materials Resistant to Sulfide Stress Cracking in Corrosive Petroleum Refining Environments, Standard MR0103-2003, NACE, Houston, TX.

National Energy Board (1996) Stress Corrosion Cracking on Canadian Oil and Gas Pipelines, Report of the Inquiry, Report MH-2-95, NEB, Calgary, Alberta, Canada.

Natividad, C, Salazar, M, Espinosa-Medina, MA, Perez, R (2007) A comparative study of the SSC resistance of a novel welding process IEA with SAW and MIG, Mater. Character. 58, 786-793.

Omweg, GM, Frankel, GS, Bruce, WA, Ramirez, JE, Koch, G (2003) The performance of welded high-strength low-alloy steels in sour environments, Corrosion 59, 640-653.

Onsoien, MI, Akselsen, OM, Grong, O, Kvaale, PE (1990) Prediction of cracking resistance in steel weldments, Weld. J. 69, 45-51.

Oriani, RA, Hirth, JP, Smialowski, M (1985) Hydrogen Degradation of Ferrous Alloys, Noyes Publications, Park Ridge, NJ.

Otegui, JL, Chapetti, MD, Motylicki, J (2002) Fatigue assessment of an electrical resistance welded oil pipeline, Fatigue 24, 21-28.

Parkins, RN (2000) A review of stress corrosion cracking of high-pressure gas pipelines, Corrosion 2000, Paper 363, NACE, Houston, TX.

Pircher, H, Sussek, G (1987) Testing the resistance of welding in low-alloy steels to hydrogen induced stress cracking, Corros. Sci. 27, 1183-1196.

Rampaul, H (2003) Pipe Welding Procedures, 2nd ed., Industrial Press, New York. Savage, WF (1969) New insight into weld cracking and a new way of looking at welds, Weld. Des. Eng., Dec.

Smith, NJ, McGrath, JT, Gianetto, JA, Orr, RF (1989) Microstructure/mechanical property relationships of submerged arc welds in HSLA 80 steel, Weld. J. 68, 112-120. Sperko, WJ (2005) Exploring temper bead welding, Weld. J., Aug.

Taira, T, Tsukada, K, Kobayashi, Y, Inagaki, H, Watanabe, T (1981) Sulfide corrosion cracking of linepipe for sour gas service, Corrosion 37, 5-16.

Taira, T, Kobayashi, Y, Matsumoto, K, Tsukada, K (1984) Resistance of line pipe steels to wet sour gas, Corrosion 40, 478-486.

Tromans, D, Ramakrishna, S, Hawbolt, EB (1986) Stress corrosion cracking of ASTM A516 steel in hot caustic sulfide solutions: potential and welding effects, Corrosion 42, 63-70.

Ume, K, Taira, T, Hyodo, T, Kobayashi, Y (1985) Initiation and propagation morphology of sulfide stress corrosion cracking, Corrosion 1985, Paper 240, NACE, Houston, TX.

Voruganti, VS, Luft, HB, De Geer, D, Bradford, SA (1991) Scanning reference electrode technique for the investigation of preferential corrosion of weldments in offshore applications, Corrosion 47, 343-351.

Wahid, A, Olson, DL, Matlock, DK (1993) Corrosion of weldments, in Welding, Brazing and Soldering, ASM Handbook, Vol. 6, D. L. Olson, T. A. Siewert, S. Liu, and G. R. Edwards, Editors, ASM, Metals Park, OH, p. 1065.

Wallace, JF (1979) A Review of Welding Cast Steels and Its Effects on Fatigue and Toughness Properties, Steel Founders' Society of America, Rocky River, OH.

Wang, YY (2006) Optimizing weld integrity for high-strength steels, Advanced Welding and Joining Technical Workshop, Boulder, Co.

Xue, HB, Cheng, YF (2012) Hydrogen permeation and electrochemical corrosion behavior of the X80 pipeline steel weld, J. Mater. Eng. Perf. DOI: 10.1007/s11665-012-0216-1.

Zhang, C, Cheng, YF (2010) Corrosion of welded X100 pipeline steel in a near-neutral pH solution, J. Mater. Eng. Perf. 19, 834-840.

Zhang, GA, Cheng, YF (2009a) Micro-electrochemical characterization of corrosion of welded X70 pipeline steel in near-neutral pH solution, Corros. Sci. 51, 1714-1724.

Zhang, GA, Cheng, YF (2009b) Micro-electrochemical characterization and Mott-Schottky analysis of corrosion of welded X70 pipeline steel in carbonate/bicarbonate solution, Electrochim. Acta 55, 316-324.

Zhang, HJ, Zhang, GJ, Cai, CB, Gao, HM, Wu, L (2009) Numerical simulation of threedimension stress field in double-sided double arc multipass welding process, Mater. Sci. Eng. A 499, 309-314.

Zhang, W, Elmer, JW, DebRoy, T (2002) Modeling and real time mapping of phases during welding of 1005 steel, Mater. Sci. Eng. A 333, 321-330.

8 高强度管线钢的应力腐蚀开裂

如今,随着新的天然气藏和常规油藏的不断发现,以及油砂和稠油技术的进步让商业化开采更具经济可行性,世界各国都在展望油气管道项目的持续发展。铺设管道长度已经大幅扩张,每年都有新的管线设计和建设。在北美、俄罗斯和北欧,人们越来越倾向于勘探和开采北极、亚北极地区的石油和天然气资源(Prolog Canada Inc., 2003)。

为应对管道相关技术挑战和降低石油和天然气大输量的成本,研究人员已经对未来可能用到的 API X80、X100 和 X120 等高强度管线钢进行了研究和评估,例如加拿大北部的 Mackenzie Delta 管道、起始于阿拉斯加 North Slope 的阿拉斯加输油管道等。在加拿大,TransCanada 管道公司及其合作伙伴参与了一系列高强度管线钢(如 X80、X100)的技术项目,促进了高压、长距离输送管道技术得以发展。例如,Mackenzie 输气项目将输送 $10\times10^8\text{ft}^3$(bcf)的天然气(起点为加拿大北部的 Mackenzie Delta、终点为阿尔伯塔省北部,该管道全长 798miles、输送压力为 2050psi)(Prolog Canada Inc., 2003)。钢级暂定为 X80,管道直径为 762mm(30in),壁厚为 15.8mm(0.625in)。该管道输量有望实现每天输送 1.5bcf 天然气,预计在 2015 年投入使用。此外,阿拉斯加天然气管道计划全长 2140miles,其中 1400miles 穿过加拿大、可能会经过育空地区,进入不列颠哥伦比亚省,最后连接阿尔伯塔省的管道网络(Palmer, 2004)。对于阿拉斯加的天然气管道项目,TransCanada 管道公司选用输送管径为 48in、输送压力为 2500psi 的管道输送初始输送量为 4.5bcf/d 的天然气,未来输送量可能达到 5.6bcf/d。尽管 TransCanada 管道公司在 X80 管线钢技术研究和应用方面具有丰富的经验,但该项目将使用钢级更高的 X100 管线钢。

8.1 高强度管线钢技术的发展

8.1.1 管线钢的发展

近年来,随着能源消耗的不断增长,以更经济、更安全的方式供应石油和天然气受到人类广泛的关注。高强度钢管道的发展,使能源行业从管道壁厚和运行压力两方面实现了油气长距离输送总成本的明显下降(Corbett 等,2004)。截至目前,投入商业应用或试验段的高强度管线钢最高钢级为 X80 和 X100(Kalwa 等,2002)。

在过去 60 年间,主要通过开发和提升管道材料提高管道运输效率。管道制造企业和冶金工业重点开发高强度管线钢,如 X80、X100 和 X120 管线钢。管线钢技术商业发展历程有 70 多年历史(Asahi,2004)。20 世纪 50 年代初,X52 或者更低级别的钢材用于油气管网。随着钢铁加工技术的进步,钢材的级别不断提高,如 20 世纪 70 年代使用的 X60 和 X65 管线钢。20 世纪 70 年代末,X70 管线钢开始使用且至今都占主导地位。根据 API 标准,目前全球商业应用的最高钢级管线钢是X80,应用的管线钢级别与炼钢加工技术密切相关。

为了保证管线钢材质具有良好的成形性和焊接性,高强度钢的碳含量通常较低[如0.05%~0.25%(质量分数)C],通过加入少量的合金元素(如铬、镍、钼、铜、钒、铌和钛)形成所需微观组织,提高管线钢的性能,以满足高强度和低温韧性的要求(Kalwa等,2002)。

20世纪70年代,管线钢的生产取得了重要突破,控轧控冷工艺(TMCP)替代了传统的热处理生产工艺路线,在控制轧制之后引入加速冷却以生产出高强度等级的钢(De S. Bott 等,2005)。例如,加速冷却过程可使低含碳量钢达到X70钢级。20世纪80年代,出现一种包含热机械(TM)轧制及随后快速冷却的改进的加工工艺。通过这种方法,可以生产高强度的钢,如X80钢级且含碳量更低,因此具有优良的焊接性。20世纪90年代早期进行初步试验后,X80管线钢应用于1994年在东阿尔伯塔省的管线系统。自此之后,加拿大已经应用了超过460km的X80管线钢,包括阿尔伯塔西北部的不连续永冻土层管道项目。

随着X80管线钢研发技术的成熟,该钢级已成为高压天然气管道的最先进水平。X80管线钢中加入钼、铜、镍等元素,通过热机械轧制和快速冷却处理可提高至X100钢级。X100钢级已经进行了全面测试,下一步的挑战是使用如X120等强度更高的钢。X120管线钢在材料设计、炼钢、铸造、板材生产、管材制造等各方面都比X80和X100管线钢工艺要求更高。目前这种钢仍在实验室试验中。

8.1.2 高强度管线钢在全球管线的应用

20世纪70年代初期,德国在输气管道建设中应用了X70管线钢(Hillenbrand等,互联网信息)。此后,很多管道项目证明X70管线钢是非常可靠的材料。

继X70管线钢应用效果良好后,1985年,德国首次投入3.2km的X80钢级管道进行试验(Hillenbrand等,互联网信息)。1992—1993年,X80管线钢首次用于德国鲁尔燃气公司建设的250km管道项目(Hillenbrand等,互联网信息)。2001—2002年,英国制造了X80钢管,应用于天然气管网部分区域,总长为158km。截至目前,X80管线钢已被广泛应用于多个管道项目,见表8.1。由于X70和X80管线钢典型设计和运行压力下都具有壁厚优势,在加拿大,TransCanada管道系统目前拥有超过6300km的大口径X70钢管和近500km的大口径X80钢管。

表8.1 应用X80管线钢的管道项目

项目	尺寸	长度	竣工时间
Megal II,德国	1118mm×13.6mm	3.2km	1985年
第四天然气输送管线,捷克斯洛伐克	1420mm×15.5mm	1.5km	1985年
Werne-Schlüchtern管道(德国,鲁尔加斯)	1219.2mm(48in)×(18.4mm和19.3mm)	250km	1992—1993年
Nova管道,Matzhiwn项目(加拿大,阿尔伯塔省)	1219.2mm(48in)×12.1mm	54km	1994年
TransCanada管道	1219.2mm(48in)×(12.0mm和16.0mm)	118km	1997年
Transco(英国)	1219.2mm(48in)×(15.1mm和21.8mm)	42km	2001年
加拿大自然资源公司(加拿大)	609.6mm(24in)×25.4mm	18km	2001年

随着管道运行压力的不断增大，未来可能出现更高压力运行工况，为此考虑应用强度更高的管线钢。继1995年的初步研究和项目开发之后，1997年Glover等启动了一个更为详细的项目，旨在研究X100管线钢在新的高压管道系统中的优势和应用[Glover等，1999]。在1999年，当人们对阿拉斯加和麦肯齐三角洲管道项目产生兴趣时，X100管线钢研究项目进一步加快。X100高强度管线钢管成功应用于系列管道工程项目，如2022年秋季的West Path项目和阿尔伯塔省Godin Lake冬季建设项目，其中Godin Lake冬季建设项目中的环线管道工程应用了2kmX100管线钢(Mohitpour等，2001；Glover等，2004)。2006年，位于里贾纳的IPSCO钢铁公司成功生产并供应了42in×0.5in的X100螺旋焊管，管道长度超过2km。同时，IPSCO钢铁公司为Fort McKay项目提供了30in×0.375in壁厚的X100钢管(Horsley，2007)。

相比之前生产的管线钢，X100管线钢有了重大改进。X100最低屈服强度为690MPa或100kpsi，其屈服强度相比于X70和X80管线钢分别提高了43%和25%。如果使用X100管线钢，阿拉斯加高压天然气管道壁厚将显著降低，通常从X80钢管的25.8mm降低至20.6mm。因此，高强度的钢材可以实现壁厚更薄或直径更小，在制造和施工方面具有优势，以及较好的经济性。与阿拉斯加天然气项目的规模相似，一条从西伯利亚东部到中国的拟建管道也可能采用X100管线钢。

自1996年起，新日铁(Nippon Steel)与埃克森美孚(ExxonMobil)共同开展了X120超高强度钢管的开发，以降低管道成本。2004年，新日铁在全球范围内首次为加拿大交付了联合开发的1mile X120钢的示范管线，该钢管在铺设和运营上取得了成功(Nippon Steel Corporation，2006)。

高强度钢的发展通过提高运行压力和减少管壁厚度为降低成本作出了重大贡献。以250km的管道为例，与X80、X70钢相比，X100钢可分别节约大约19000t、39000t材料(Graf等，2003)。随着高强度管线钢级别的提高，可大量节约材料。初步经济评估表明，与X80级钢相比，X100高压管道可节约大约7%的投资成本。其他研究表明，与X70相比，使用X100可节约高达30%的成本。

8.2 高强度管线钢的冶炼

8.2.1 控轧控冷工艺

在现代油气管线钢技术中，合适的微观组织是提高钢的强度和韧性的重要因素。20世纪70年代开发了控轧控冷工艺，将钢的金相组织由铁素体—珠光体转变到针状铁素体和贝氏体。

控轧控冷工艺是通过控制轧制获得理想的细晶组织。同时，通过加速冷却，提高材料的强度和韧性。钢的微观组织与加热温度、冷却速率、冷却温度等工艺参数密切相关(Shanmugam等，2008)。冷却系统可在轧制过程中运行两次。首次冷却可增强铁素体的晶粒细化，第二步冷却可阻止冷却过程中珠光体的形成，从而改善最终微观组织的均匀性。冷却速率和冷却终止温度是影响冷却过程的两大重要变量。在热轧钢板中壁区域可能存在一些珠光体岛。经过两级冷却，铁素体晶粒尺寸得以进一步细化，贝氏体也取代了珠光体。基于合金成分设计和控轧控冷工艺，可以得到不同的微观组织。特别是，X100级钢的微观组织是以马氏体—奥氏体（M—A）岛作为第二相的贝氏体+铁素体组织。

X80管线钢的主要微观组织是含有细小的铁素体的贝氏体，这是控轧控冷工艺和加速冷却相结合的结果（Stalheim 和 Muralidharan，2006；Johnson 等，2008；Kim 和 Bae，2008）。在加速冷却过程中，冷却速率控制在15~20℃/s，直到温度达到550℃左右。然后空冷将细晶铁素体转变为贝氏体。对于X100高强度钢，钢的微观组织包括低温转变产物，如下贝氏体，以及少量的 M—A 岛作为第二相，达到高强度和高韧性（Ishikawa 等，2008）。对于X100和X120钢材，需要使用更先进的材料设计技术，以及炼钢、铸造和板材的生产。低碳含量和低碳当量，结合奥氏体单区和奥氏体+铁素体两相区的两阶段TMCP工艺，以及随后优化的加速冷却至300℃以下，可获得最佳的机械性能和适当的焊接性。

8.2.2 合金化处理

在高强度管线钢中，基本化学成分包括 C、Mn、Si、Ni、Cr、Mo、Nb 和 Ti。增加碳含量或碳当量会增加钢强度和硬度，降低延性和焊接性能。碳当量是一种以质量百分比计的经验公式，将钢铁制造过程中不同合金元素的综合效应与等量的碳联系起来（Yurioka，2001）。就焊接而言，碳当量可控制母材或焊缝金属的淬透性，是定量评估钢材可焊性的良好工具。每种溶质原子的浓度由一个系数来衡量，该系数表示相对于碳，其阻止奥氏体相向铁素体相转变的能力。碳当量超过0.4%的钢更容易形成马氏体，因此不容易焊接（Wu，2006）。

通过加入影响相变的合金元素，可以改善管线钢的力学性能（American Petroleum Institute，2004）。合金元素的添加，例如 Mn、Nb、V、Ti、Mo、Ni、Cr 和 Cu 通常用于获得所需的微观组织和力学性能（Lee 等，2000；Sun 等，2002）。例如，Mn 是固溶强化的重要合金元素，但钢材中锰含量超过0.3%时在强酸环境中容易引起氢致鼓泡开裂。锰含量低且要求强度高时可以通过添加铜元素来实现。此外，为满足高强度高韧性钢的要求，低碳、低硫含量是非常必要的。对于X80和X100钢，通常添加 Mo 元素来控制其微观组织，并获得优异的性能。研究发现：含 Mo 和含 Nb 的钢比含 Nb—V 的钢表现出更好的强度和韧性。加入少量的 Nb、V、Ti、Al 等晶粒细化元素，可使钢中产生细小的铁素体晶粒，提高钢的强度和延展性，降低韧脆转变温度。针对针状铁素体转变，合金元素的作用一般取决于其对淬透性的影响。例如，Mn、Mo、Cr 和 Ni 促进相变，其他元素如 S、P 和 Cu 抑制相变。

对于X120管线钢，应控制碳含量处于较低水平，加入硼（B）元素以获得高韧性。硼元素的加入抑制了铁素体的形成并降低了贝氏体相变温度。除硼外，还包含 Cu、Ni、Cr、Nb、Ti 和 V，通过间断直接淬火（IDQ）或加速冷却（>20℃/s）至300℃以下，形成以下贝氏体为主，以 M—A 岛为第二相的微观组织（Bai 等，2008；Pourkia 和 Abedini，2008）。

8.2.3 高强钢的微观组织

控轧控冷工艺加上改进的加速冷却系统可实现X80、X100和X120钢的细晶结构[Hillenbrand 等，2004]。作为对比，图8.1为X80钢金相组织，可观察到多边形铁素体和贝氏体组织。图 8.2 和图 8.3 分别显示了 X100 和 X120 钢的微观结构。X100 钢含有板条状贝氏体组织,而 X120 钢主要是针状贝氏体组织。

图 8.1 X80 管线钢 SEM 图
(据 Xue 和 Cheng,2012)

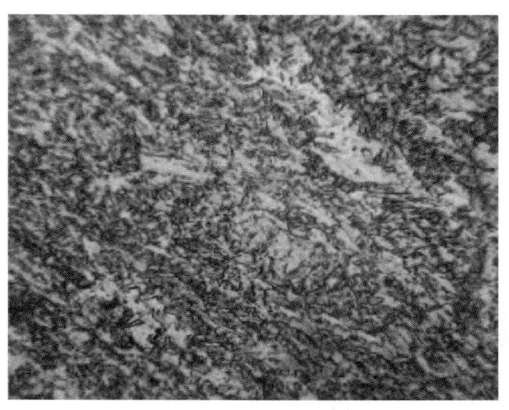

图 8.2 X100 管线钢显微组织的
光学视图(据 Jin 等,2010)

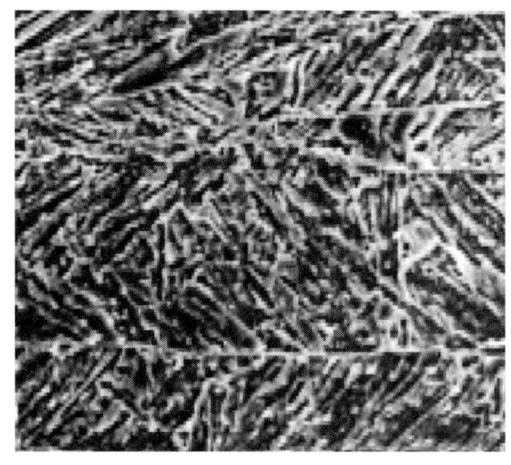

图 8.3 X120 管线钢显微组织的光学视图(据 Pourkia 和 Abedini,2008)

三种钢的化学元素差异是影响其微观组织的一个因素。通常,X100、X120 等高钢级中 Cu、Mn、Mo 和 Ni 含量更高。这些合金元素提高金属的淬透性并使连续冷却转变(CCT)曲线向右偏移,在相同冷却速率下,提高贝氏体与马氏体等低温转变微观组织的形成。

8.2.4 冶金缺陷

在钢铁生产过程中,不可避免地会引入非金属夹杂等冶金缺陷。钢中的夹杂物是由 Fe、Mn、Mg、Si、Al、Ca 等金属元素和 N、S、O 等非金属元素构成的(Anderson 等,2003;Payandeh 和 Soltanieh,2007;Nayak 等,2008)。夹杂物主要包括硫化物和各种氧化物，如分布在低钢级中的长条形 MnS 夹杂物。氧化物夹杂物的大小和组成各不相同，包括氧化铝和硅氧化物。夹杂物的大小、数量和分布受钢的纯净度控制。通过先进的冶金技术，可将某些元素，如 O 和 S 的含量降低到 10ppm 以下，夹杂物的直径甚至可以降低到 1μm 以下。然而，随着这些元素的含量降低到一个非常低的水平，钢铁的制造成本将会非常高。

8.3 高强度钢氢损伤的敏感性

通常，钢对氢损伤的敏感性，包括氢脆、氢鼓泡和 HIC，随其强度或等级的增加而增加（Marsh 和 Gerberich，1992）。对于高强钢，低应力或应力强度水平下的氢致失效特征表现为塑性降低和塑性区尺寸减小，对应的断口形貌为准解理或脆性解理（Hirth，1980）。

氢可以从各种来源进入管线钢中。如管线钢运输含硫原油和其他石油产品，或者在土壤环境中，均可接触到氢。氢在钢中的渗透机理、覆盖度、扩散率、氢陷阱已被广泛研究（Casanova 和 Crousier，1996）。阴极充氢通常被用作氢的输入源，但除非安装有阴极保护系统，否则它并不能代表真实的氢输入条件。大多数情况下，氢的进入是在自由腐蚀条件下发生的。

8.3.1 高强度管线钢的氢鼓泡和氢致开裂

高强度管线钢暴露在硫化氢环境中容易产生裂纹（Tresseder，1977）。大多数钢的失效可能与钢的 HIC 或硫化物应力腐蚀开裂（SSCC）对 HE 的敏感性有关。高强度钢在 H_2S 介质和应力条件下的裂纹扩展受微观组织和硬度的影响较大。因此，目前用于 H_2S 环境的耐蚀合金的屈服强度限于 690MPa 或 22HRC 以下（Tresseder，1977）。虽然已经有人尝试开发用于酸性环境中的更高钢级的抗 SSCC 管线钢，但发现在没有外部应力的情况下，API X60、X80 和 X100 管线钢易于发生氢致开裂（Margot-Marette 等，1987；Jin 等，2010）。此外，钢的抗 SSCC 性能受冶金因素的影响较大，包括夹杂物和第二相析出物、晶界偏析和控轧过程中产生的硬化带。

即使在没有外部应力的情况下，高强钢也会产生氢鼓泡和开裂。如图 8.4 所示，在 $50mA/cm^2$ 和 $100mA/cm^2$ 条件下充氢 20h 后，在 X100 钢表面可以观察到氢鼓泡（Jin 等，2010）。氢鼓泡的数量随着阴极充氢电流密度的增大而增加。并且，部分氢鼓泡发生破裂，在钢表面留下明显痕迹，如图 8.4(c) 和图 8.4(d) 所示。

在无外加应力的情况下，高强钢也会发生氢致开裂。图 8.5 给出了 X100 钢试样表面在 $100mA/cm^2$ 充氢时产生的裂纹的光学和 SEM 形貌。此外，氢致开裂裂纹与球形夹杂有关，如图 8.5(b) 所示。夹杂位置处的能谱图（EDX）显示夹杂物为富铝夹杂，如图 8.6 所示（Jin 等，2010）。

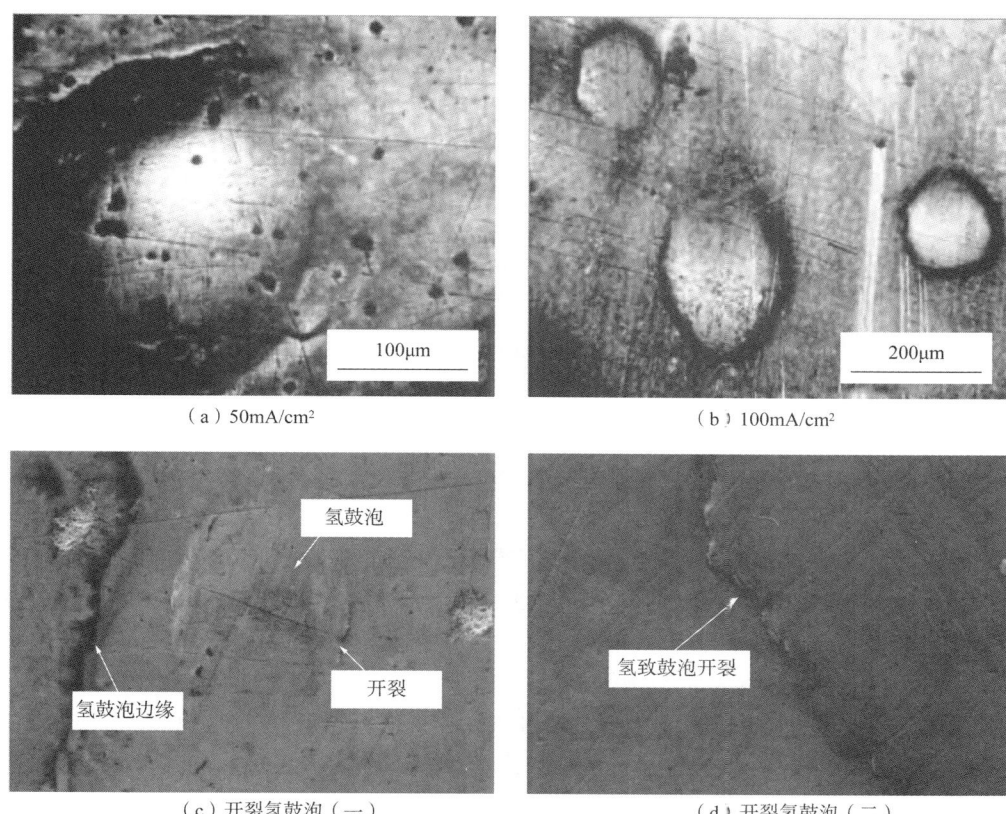

图 8.4　X100 钢充氢 20h 后氢鼓泡的表面形貌(据 Jin 等,2010)

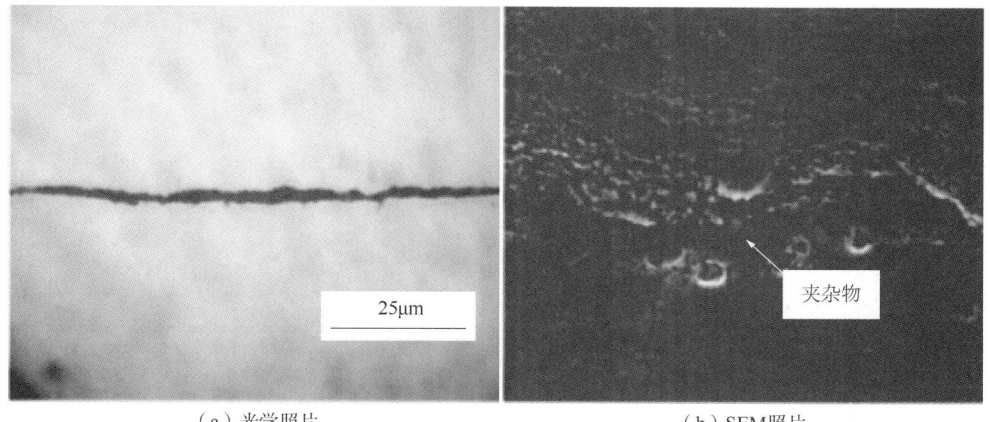

图 8.5　X100 钢以 100mA/cm² 电流充氢 20h 后夹杂物裂纹表面形貌(据 Jin 等,2010)

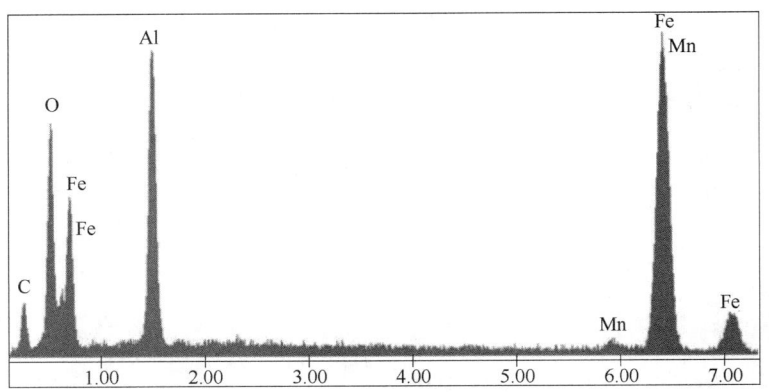

图 8.6　图 8.5(b)中标记的夹杂物 EDX 谱图(据 Jin 等，2010)

在 X100 钢中，氢致裂纹还与氧化钛夹杂有关。如图 8.7 所示，充氢后，在氧化钛和氧化铝夹杂处产生裂纹(Dong 等，2009)。

通常，对于具有相同显微组织的钢，其抗氢致开裂性能随着夹杂物含量的增加而降低。即使夹杂物的含量足够低，以致在夹杂处不发生 HIC，但如果 M—A 组分聚集到一定程度(如沿横向到轧制面的 20%面积，长度为 100μm)也可诱发氢致开裂(Koh 等，2008)。

诸如孔洞、位错、晶界和夹杂物等局部不规则是钢中的主要氢陷阱，它们对 HIC 敏感性有着重要影响。在高强度管线钢(如 X80 和 X100 钢)中发现了各种类型的夹杂物，包括氧化铝、氧化钛、氧化硅，以及微量的钙镁氧化物和硫化镁(Jin 等，2010；Xue 和 Cheng，2011)。在电解充氢时，氢原子倾向于在这些不规则的地方聚集，在此处形成高应力集中(Oriani 等，1985)。氢原子会通过降低 Fe—Fe 键的结合或增加钢的局部脆性而导致局部微裂纹的产生。如图 8.6 和图 8.7 所示，钢中夹杂物处或其交叉处总是存在裂纹。一旦出现微裂纹，累积的氢原子可通过增加钢在裂纹尖端的局部溶解速率(Jin 和 Cheng，2011)或通过降低新形成平面的表面能以降低断裂能来促进裂纹扩展(Oriani 等，1985)。因此，充氢钢对 SCC 有很高的敏感性。

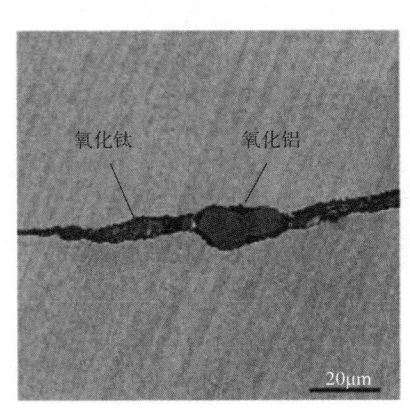 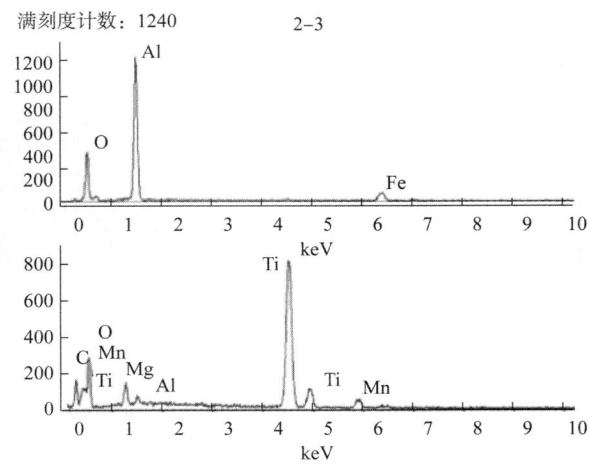

图 8.7　X100 钢中氧化钛和氧化铝夹杂物处萌生的裂纹(据 Dong 等，2009)

8 高强度管线钢的应力腐蚀开裂

钢的抗 HIC 能力取决于其显微组织。在高强钢中发现的典型显微组织中，针状铁素体耐 HIC 性能最好。因此，具有铁素体和 AF 组织的钢，即使钢中扩散氢含量很高也不会发生严重的脆化。铁素体—贝氏体组织易受扩散氢脆化的影响（Koh 等，2008）。因此，随着贝氏体在显微组织中含量的增加，高强钢强度提升，HIC 敏感性也增加。

8.3.2 高强度管线钢的氢渗透行为

根据 ISO 标准测量金属中的氢渗透和确定金属中氢吸收和迁移的方法（International Standard Organization，2004），电化学氢渗透曲线提供了有关氢扩散和捕获的重要信息，如氢渗透速率（$J_H L_H$）、氢扩散率（D_{eff}）、氢的表观溶解度（C_{app}）、亚表面氢浓度和钢的氢陷阱密度（N_T）。图 8.8 显示了在 Devanathan—Stachurski 单元中测得的 0.5mm 厚的 X80 管线钢试样上的氢渗透电流曲线（Devanathan 和 Stachurski，1962，1964；Devanathan 等，1963），充氢侧为 0.5mol/L H_2SO_4 溶液，测氢侧为 0.1mol/L NaOH 溶液，阳极电位 200mV（SCE）（Xue 和 Cheng，2011）。

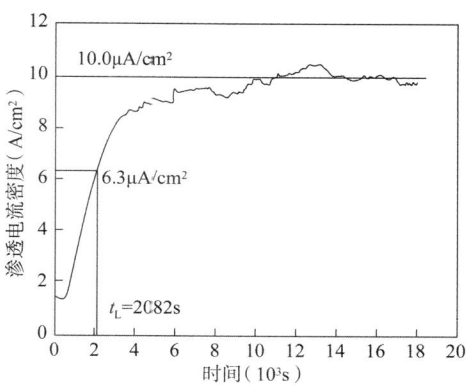

图 8.8 X80 钢（厚度 0.5mm）
瞬态氢渗透电流密度曲线
（据 Xue 和 Cheng，2011）

试样的氢通量 J_H[mol H/(m²·s)] 通过式（8.1）中稳态氢渗透电流密度（i_p^∞）计算（Park 等，2008）。

$$J_H = \frac{i_p^\infty}{nF} \tag{8.1}$$

式中：n 是电子转移数；F 是法拉第常数。

氢渗透率（mol H/m·s）定义如式（8.2）所示：

$$J_H L = \frac{i_p^\infty L_H}{nF} \tag{8.2}$$

式中：L_H 是试样厚度。

有效氢扩散率 D_{eff} 计算如式（8.3）（Cheng，2007a；Banerjee 和 Chatterjee，2001）：

$$D_{eff} = \frac{L^2}{6t_L} \tag{8.3}$$

式中：D_{eff} 是有效氢扩散率；t_L 是滞后时间，对应于氢渗透的电流曲线 $i_t = 0.63 i_p^\infty$ 时间点，如果表面氢与内部氢处于热力学平衡，则表观氢溶解度 C_{app}（mol H/m³）如式（8.4）所示：

$$C_{app} = \frac{J_H L}{D_{eff}} \tag{8.4}$$

X80钢的氢渗透率、扩散率和表观氢溶解度分别为：

$$J_H L = \frac{i_p^\infty}{nF} L = 5.2 \times 10^{-10} (\text{mol H/m} \cdot \text{s})$$

$$D_{eff} = \frac{L^2}{6t_L} = 0.2 \times 10^{-11} (\text{m}^2/\text{s})$$

$$C_{app} = \frac{J_H L}{D_{eff}} = 26 (\text{mol H/m}^3)$$

X80钢的氢陷阱密度可以通过式(8.5)计算（Yen和Huang，2003）：

$$N_T = \frac{C_{app}}{3}\left(\frac{D_l}{D_{eff}} - 1\right) \tag{8.5}$$

式中：N_T是单位体积（m^{-3}）的氢陷阱位点数；D_l是氢的晶格扩散系数，m^2/s，α-Fe的值为 $1.28 \times 10^{-8} \text{m}^2/\text{s}$（Dong 等，2009），由于该参数在X80钢中不可用。N_T用式(8.6)计算：

$$N_T = \frac{C_{app}}{3}\left(\frac{D_l}{D_{eff}} - 1\right) = 3.33 \times 10^{27} (\text{m}^{-3}) \tag{8.6}$$

式中：D_{eff}表示溶解态和可逆态氢的表观晶格扩散系数；C_{app}表示晶格和可逆态氢的表观溶解度。一般认为，C_{app}升高和D_{eff}、$J_H L$的降低表示钢中存在更多的氢陷阱（Banerjee 和 Chatterjee，2001；Park 等，2008）。α-Fe钢中氢的扩散系数数量级为$10^{-8} \text{m}^2/\text{s}$。但经计算的$D_{eff}$为$2 \times 10^{-11} \text{m}^2/\text{s}$，比氢的晶格扩散率低三个数量级。并且，计算得到X80钢的氢陷阱密度可达$3.33 \times 10^{27} \text{m}^{-3}$。显然，位错、晶界、夹杂物、沉淀物等局部不规则处将成为氢陷阱的位置（Venegas 等，2009；Nanninga 等，2010），从而影响氢在钢中的扩散率。此外，X80钢的结构是由含M—A岛的多边形铁素体和贝氏体铁素体构成的。M—A岛的存在为氢捕获提供了场所，导致氢有效扩散率降低（Luu 和 Wu，1996）。

除了可逆的氢陷阱位点外，不可逆的氢陷阱与钢中的各种非金属夹杂物有关，对降低氢扩散率起着重要作用。研究表明，裂纹的萌生与夹杂物有关。因此，夹杂物处的不可逆氢陷阱作用引起了人们的关注：钢中夹杂物等作为不可逆氢陷阱的作用是导致氢致开裂的主要原因。

同时，抗氢吸收能力随着钢强度（屈服应力）的降低而降低（Capelle 等，2010）。通过研究X52、X70和X100钢在NS4溶液中的氢渗透行为发现，虽然X52钢亚表层氢含量略高于X70和X100钢，但无应力样品的亚表层氢含量与X52钢的亚表层氢含量并无实际差别。在模拟管道运行条件的拉应力加载下，X70和X100钢具有近似相等的吸氢阻力，而X52钢的吸氢阻力显著降低。因此，尽管高强钢对HIC敏感，但在相同的充氢条件下，高强钢与低强钢相比，氢的吸收率并不高。

8.4 高强度管线钢的冶金微观电化学

8.4.1 冶金缺陷的微区电化学活性

夹杂物和晶界等各种冶金缺陷的存在，不仅引入了结构不稳定性，而且还增加了金属的局部腐蚀活性。已经证实，在夹杂物与相邻钢基体之间存在着电化学腐蚀活性的差异（Vignal 等，2007；Muto 等，2009）。特别是，非金属夹杂物充当阴极，而周围的钢基体作为阳极。因此，在钢基体上检测到坑蚀，而阴极反应发生在夹杂物和远离缺陷的基体中。

对于 X100 等高强度管线钢，钢中至少包含四种类型的夹杂物（Jin 等，2010）。图 8.9(a)显示了 X100 钢电极表面上的微区电化学阻抗扫描（LEIS）形貌和识别出的夹杂物。图 8.9(b)中 EDX 结果分析出夹杂物富含铝。LEIS 线性扫描结果如图 8.10 所示，在夹杂处出现阻抗波动。在钢基体上阻抗近似恒定，在钢基体与夹杂物边界处阻抗下降，然后在夹杂物处阻抗上升。在夹杂物和钢之间的另一个界面处，阻抗再次下降，然后返回到一个明显恒定值。

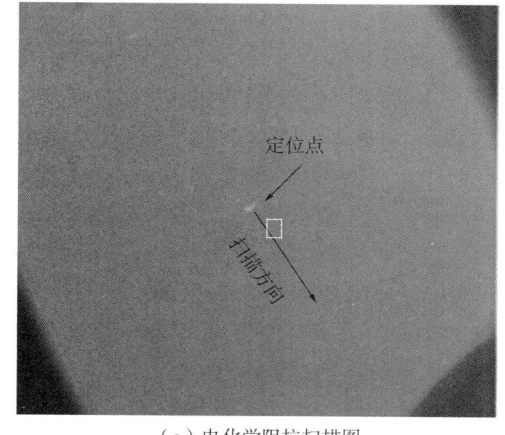
（a）电化学阻抗扫描图

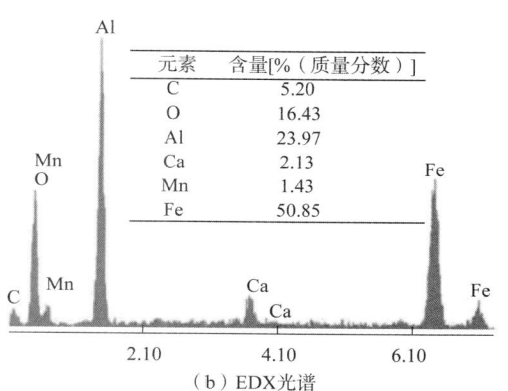
（b）EDX 光谱

图 8.9　X100 钢电极表面微区电化学阻抗扫描图和图(a)中标记正方形的 EDX 光谱（据 Jin 和 Cheng，2011）

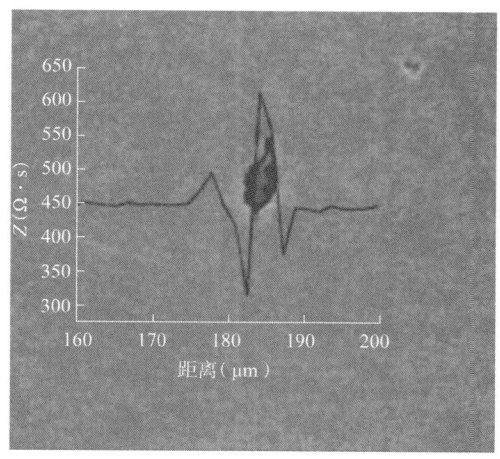

图 8.10　X100 钢在近中性碳酸氢盐溶液中的 LEIS 线性扫描图（据 Jin 和 Cheng，2011）

显然，富含氧化铝的夹杂物的局部阻抗高于钢基体的局部阻抗。因此，与钢相比，夹杂物更加稳定。在夹杂物与相邻的钢基体之间形成的电偶中，夹杂物作为阴极，钢基体作为阳极。因此，腐蚀一旦开始，将优先发生在钢基体上。这与夹杂物和钢之间界面局部阻抗下降的结果一致。钢的局部溶解导致夹杂物脱落，从而产生微孔，微孔进一步溶解便形成腐蚀坑。本研究的重要意义在于直接测量电化学阻抗值，从而在微观水平上反映了测试溶液中夹杂物和钢的相对腐蚀活性。冶金微电化学的应用对于理解高强度管线钢局部腐蚀和裂纹萌生的基本原理至关重要。

沿着另一个方向进行类似的 LEIS 扫描，该方向为富含硅的夹杂物，如图 8.11 所示。结果表明，富硅夹杂物的阻抗明显低于钢基体。因此，夹杂物的电化学行为因其组成和腐蚀坑形成的相关作用不同而不同。富硅夹杂物的低频局部阻抗表明：在测试溶液中，夹杂物具有较高的电化学腐蚀活性。因此，在夹杂物和钢基体之间形成了以夹杂物为阳极和基体为阴极的电偶腐蚀。富硅夹杂物优先溶解产生局部微孔，由于其高电化学活性而微孔继续溶解，从而形成坑蚀，在外应力的情况下，蚀坑可能引发应力腐蚀开裂。

此外，晶界也具有冶金不均匀性。值得关注的是，在碱性或中性 pH 值环境中管道均出现了晶间和穿晶应力腐蚀开裂（National Energy Board，1996）。采用扫描振动电极技术（SVET）对 X70 管线在近中性碳酸氢盐环境下进行阳极电流密度测定及金相分析（Liu 等，2010），结果如图 8.12 所示。可以看出，钢基体中包含一个多边形铁素体，晶界处的电流密度始终低于晶粒内部。图 8.13 展示了 SVET 测量后的钢电极表面形貌，腐蚀坑存在于晶面，而不是晶界处。并且，腐蚀坑的存在使晶粒内部相邻区域免遭腐蚀。图 8.13（b）为经过 4%（质量分数）的 HNO_3—乙醇溶液酸蚀后电极呈现的腐蚀坑表面形貌，可以看出腐蚀坑出现于晶粒内部，而晶界处没有腐蚀坑。

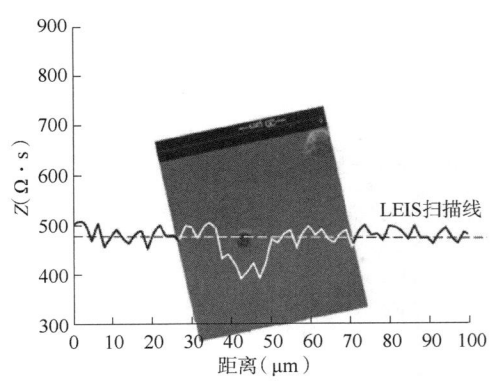

图 8.11　富硅夹杂物在近中性
pH 值溶液中 LEIS 线性扫描图
（据 Jin 和 Cheng，2011）

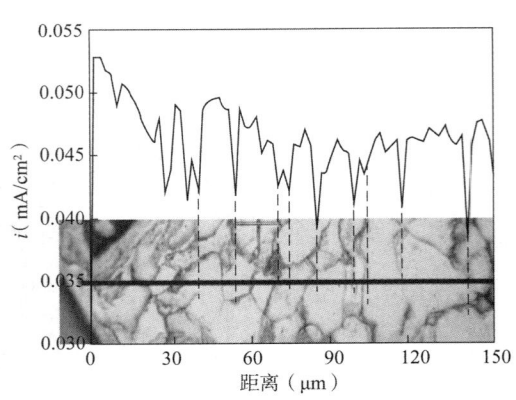

图 8.12　近中性 pH 值溶液中
X70 钢电极沿黑线 SVET 图
（据 Liu 等，2010）

SVET 测量结果与 SEM 观察结果均表明晶粒和晶界之间腐蚀活性存在差异。由于 SVET 电流密度与局部电势成正比，因此可认为晶粒是阳极而晶界是阴极。腐蚀坑出现在晶粒上而不是在晶界处，表明晶粒上有较高的阳极溶解活性。据推测，X70 管线钢的晶界稳定性增强是因为制造的纯净钢局部出现杂质元素偏析。一旦晶粒上发生局部腐蚀（例如点蚀），腐蚀坑与邻近区域之间形成电偶效应。所以，点蚀坑优先发生腐蚀，相邻区域受到保护。

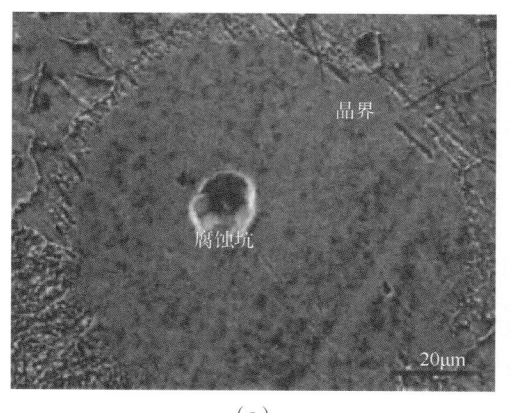 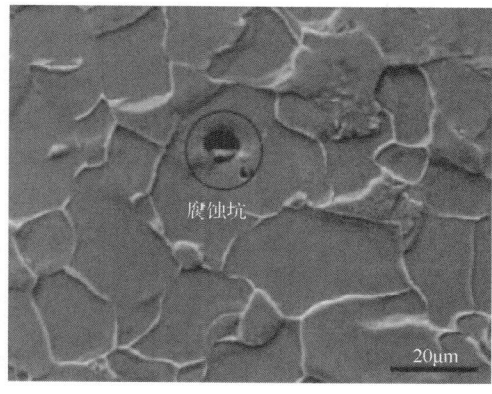

(a) (b)

图 8.13 （a）X70 电极经图 8.12 扫描振动电极技术后
电极表面的 SEM 图和（b）在 4%（质量分数）的
HNO_3—乙醇溶液酸蚀后的 SEM 图（据 Liu 等，2010）

管道在近中性环境中的应力腐蚀开裂是裂纹尖端的氢促进阳极溶解导致的（Qiao 等，1998；Jack 等，2000；Cheng，2007a），这是目前普遍接受的观点。Cheng（2007b）提出，近中性 pH 值环境中管道钢的应力腐蚀开裂速率取决于应力、氢及其协同作用对裂纹尖端处钢的阳极溶解电流密度的影响。正如 SVET 测量所述，对于从腐蚀坑开始的应力腐蚀开裂，当裂纹在晶粒内部扩展时，裂纹尖端的阳极电流密度将大于晶界处的阳极电流密度。因此，晶粒内部裂纹增长的电化学驱动力大于晶界处的电化学驱动力。在近中性 pH 值环境下，应力腐蚀开裂生长遵循穿晶模式，而不是沿晶模式。微区电化学测量是非常必要的，因为它可以解释在近中性 pH 值溶液中管道钢是以晶粒优先腐蚀的穿晶应力腐蚀开裂，微观角度上，它也证明了腐蚀优先发生在晶粒而不是晶界上。

8.4.2 夹杂物周围的优先溶解和点蚀

由于局部优先溶解，点蚀坑易在夹杂物周围产生。已经发现 X80 和 X100 钢中非金属夹杂物尺寸与局部点蚀密切相关（Reformatskaya 和 Freiman，2001）。X100 钢中夹杂物平均直径为 $8.0\mu m$，比 X80 钢中的直径大 $3.5\mu m$。夹杂物对局部腐蚀的影响与周围钢基体的优先溶解有关。在夹杂物—基体界面上的铁素体腐蚀比基体中的腐蚀发展得快。由于该处溶解速率高，在夹杂物周围形成较窄的腐蚀区域。夹杂物与钢基体之间的界面发生溶解时，在夹杂物处形成局部点蚀坑。由于 X100 钢的夹杂物直径较大，夹杂物与基体的界面较大，从而 X100 钢比 X80 钢腐蚀速率快。这是通过相对于周围金属的单个成核点提供更大的阴极区域（夹杂物）来实现的。研究发现，两种钢的表面腐蚀坑都是随机分布的，而 X100 钢的腐蚀坑要比 X80 钢的大。

图 8.14、图 8.15 和图 8.16 是 X100 管线钢在近中性 pH 值溶液中，阳极电位 $-500mV$（SCE）极化 30s 后的 SEM 图像。明显看出，腐蚀坑与钢中包含的夹杂物有关，尽管在极少数情况下腐蚀坑是在含有夹杂物的地方开始（图 8.16）。此外，不同夹杂物处形成的腐蚀坑具有不同的特征。如图 8.14 所示，EDX 表明点蚀坑 1 在 MnS 夹杂物处开始发生，并且点蚀

优先发生在夹杂物与钢界面处的钢基体上,夹杂物保留在点蚀坑内。另一个点蚀坑标记为2,在 MnS—Al_2O_3 夹杂物中开始,观察到有夹杂物部分溶解。

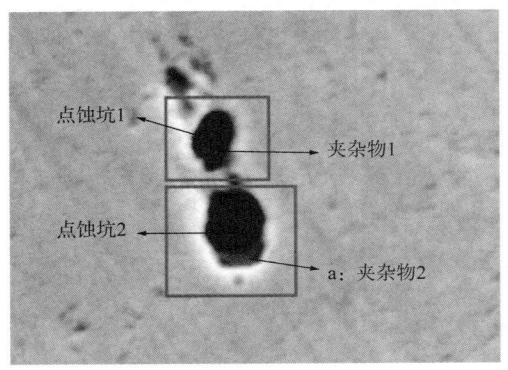
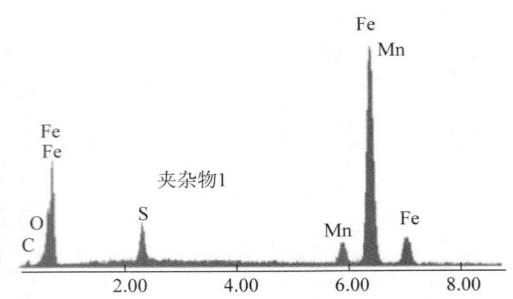

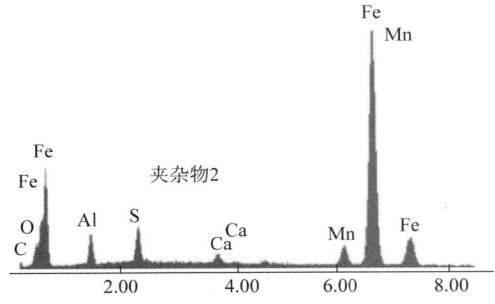
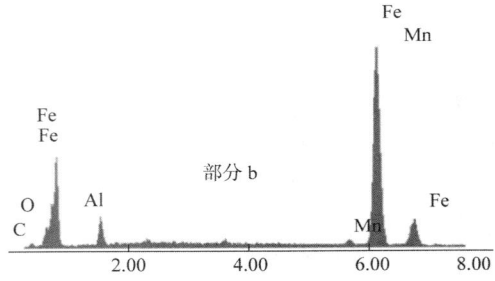

图 8.14 由 MnS 包体(1)、MnS/Al_2O_3 包体(2)引发的点蚀坑 SEM 与 EDX 光谱图
(据 Jin,2011)

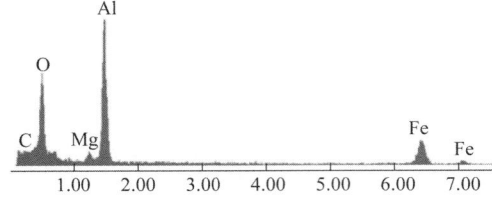

图 8.15 EDX 光谱确定的 Al_2O_3 夹杂物引发的点蚀坑 SEM 图(据 Jin,2011)

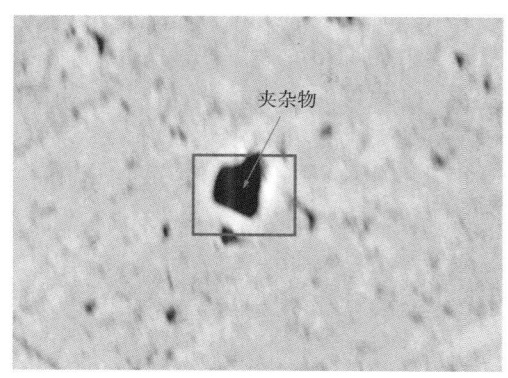

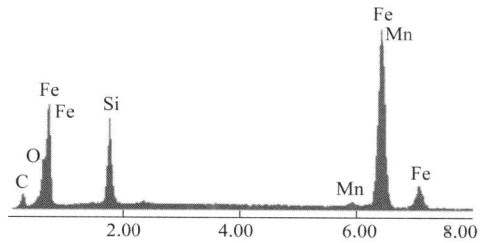

图 8.16　EDX 光谱确定的富硅夹杂物引发的点蚀坑 SEM 图（据 Jin，2011）

显然，在 MnS 夹杂物引发的腐蚀坑中，夹杂物界面处钢基体优先溶解。阳极上 MnS 与 Fe 的溶解反应见式（8.7）和式（8.8）（Wranglen，1974）：

$$\text{MnS} \longrightarrow \text{S} + \text{Mn}^{2+} + 2e \quad E^{\theta} = -0.345\text{V（SCE）} \tag{8.7}$$

$$\text{Fe} \longrightarrow \text{Fe}^{2+} + 2e \quad E^{\theta} = -0.485\text{V（SCE）} \tag{8.8}$$

式中：E^{θ} 是标准电极电位。MnS 夹杂物溶解的标准电极电位比 Fe 溶解的标准电极电位小。钢基体比 MnS 夹杂物更具阳极性，在溶液中优先溶解。钢在腐蚀过程中形成阳极（腐蚀区）时，MnS 夹杂物发生阴极反应。在 MnS 夹杂物和相邻钢之间存在一种电偶效应，在夹杂物界面处钢优先溶解形成凹坑。

图 8.14 中发现，当 MnS 和 Al_2O_3 结合时，包裹体发生部分溶解（Lim 等，2001）。经分析，在夹杂物—钢界面处发生阳极反应产生腐蚀坑，在凹坑内形成腐蚀性的化学溶液导致夹杂物中的 Al_2O_3 溶解，且凹坑中发生局部酸化，导致溶液的 pH 值降至 3 以下。Al_2O_3 在 pH 值低于 3.2 前是稳定的，此时 Al^{3+} 占主导（Baker 和 Castle，1992）。在凹坑生长过程中，凹坑溶液的 pH 值降低，双相包裹体的 Al_2O_3 组分溶解。如图 8.15 中 EDX 光谱所示，Al^{3+} 从凹坑中扩散出来。

图 8.15 中，在 Al_2O_3 夹杂物处也发现了腐蚀坑，在夹杂物和相邻钢之间的界面处，由于钢基体的优先溶解形成了一个坑，而夹杂物仍留在坑内。此外，从图 8.16 可以看出，凹坑是由夹杂物直接溶解形成的。因此，在凹坑形成后，不能观察到夹杂物。然而，EDS 元素分析显示这是一个富含硅元素的夹杂物。

不同成分夹杂物处产生点蚀的机理与钢的冶金微观电化学有关。在接近中性 pH 值的溶液中，氧化物夹杂物的电化学腐蚀活性低于相邻的钢基体（Jin 和 Cheng, 2011）。通常，氧化物夹杂物呈惰性，在腐蚀过程中表现出高稳定性。发生腐蚀时，钢基体作为阳极优先发生腐蚀，夹杂物发生阴极反应。腐蚀坑的形成是由于在氧化物夹杂界面的钢优先溶解而夹杂物仍留在坑内。然而，当在富硅夹杂物处发生腐蚀时，夹杂物优先溶解。研究表明，富硅夹杂物的电化学活性高于相邻的钢基体（Jin 和 Cheng, 2011）。因此，钢基体作为阴极，而富硅夹杂物作为阳极优先溶解，形成腐蚀坑。

8.5 高强度钢的应变时效及对管道应力腐蚀开裂的影响

应变时效是金属在塑性变形后因时效而硬化的一种现象。应变时效展示在应变后或应变期间流动应力的额外增加。变形后发生的应变时效，称为静态应变时效；变形过程中发生的应变时效，称为动态应变时效。静态应变时效后流动应力的增加称为应变时效指数（Reed-Hill, 1973）。

8.5.1 应变时效基础

应变时效与铁素体中间隙原子（如碳和氮）扩散及对位错的钉扎效应有关。钢的预应变促进了新的位错形成，而间隙原子运动主要由热能驱动。被隔离的间隙原子，沿位错形成柯氏气团，对位错起到钉扎作用，减少了位错运动。在应力集中位置（如晶界或溶质界面）会产生新的位错。如果周期性地进行时效处理，位错密度则会比连续施加应变时大。因此，加工硬化得到提升。

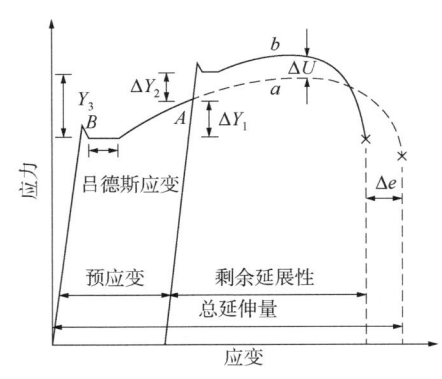

图 8.17 静态应变时效对钢力学性能的影响
a—无预应变钢试样的应力—应变曲线；
b—预应变钢试样的应力—应变曲线

图 8.17 为钢在静态应变时效过程中的力学行为。首先对钢试件进行拉伸，并在室温下放置一段时间，然后再次进行拉伸。该过程通常产生以下效应：屈服应力（Y_3）增大，吕德斯应变（即屈服点延伸率）恢复，极限拉伸应力（ΔU）增加，总延伸率（Δe）下降。

在动态应变时效过程中，合金在变形过程中溶质原子会发生扩散跳跃，故该过程对温度和应变速率非常敏感（Hosford, 2005）。因此，在塑性变形过程中，动态应变时效通常发生在高温条件下，而静态应变时效则发生在经过长时间预应变后的室温条件下。动态时效具有一些独特的特征，比如高的加工硬化率和锯齿状的应力—应变曲线。这是由变形过程中溶质原子与位错的脱钉扎和重新钉扎引起的。

在各种影响因素中，时效时间、预应变强度、温度和冶金成分是决定钢应变时效行为的主要参数。

时效时间。当温度维持恒定时，应变时效是一个与时间相关的过程。该过程通常包含四个阶段（Wilson 和 Russell, 1960）：（1）间隙原子扩散到由预应变产生的新鲜可移动的位错上,并在它们周围形成柯氏气团,钉扎这些位错;(2)沿位错形成诸如 Fe_3C 和 Fe_4N 之类的沉淀相,沉淀硬化提升了钢抗塑性应变的能力;(3)沉淀相在位错周围扩散,使得下屈服点上升和极限拉伸应力增加,断裂伸长率降低;(4)由于沉淀相粗化和粗相硬度的降低,钢发生过时效现象,使得钢开始软化。

如果时效过程在较短时效时间停止,比如第一阶段,则可以观察到应变时效效应(即上屈服点上升)和延展性下降,但是极限拉伸应力和断裂伸长率几乎不变。当时效过程继续进行,越来越多的间隙原子聚集在位错附近,使得位错的钉扎变得牢固。当钢因时效时间短或时效温度低而不能经历完全时效过程时,未完成的过程称为部分时效过程,钢的力学性能没有完全改变。

预应变强度。预应变是钢在时效前(静态应变时效)或时效期间(动态应变时效)发生的一种塑性变形。预应变强度越高,钢中产生的位错密度越大。因此,加工硬化效应越严重。

温度。因为间隙原子扩散是与温度相关的函数,所以应变时效过程依赖于温度。温度为间隙原子向位错运动提供动能。如果温度不够高,特别是时效时间很短时,间隙原子无法获得足够能量克服晶格的阻碍。因此,不会发生应变时效。温度越高,应变时效发生时的扩散速率越快。但是,当温度过高时,加工硬化程度降低。这是由于高温下更强烈的热振动使得位错周围的柯氏气团消失(Cahn 和 Haasen,1996)。

钢的微观组织结构。应变时效本质上是间隙原子阻碍了塑性变形中位错运动的过程。因此,间隙原子在钢的应变时效行为中起着重要作用。根据原子的不同功能,可以分为两种类型:可以形成柯氏气团并阻止位错运动的原子;通过形成流动性较低的化合物来减轻第一种类型对应变时效影响(Herman 等,1987)。

通常认为,碳原子和氮原子是产生碳钢应变时效行为最有效的间隙原子。这种类型的原子具有一些特点,例如大多数时效温度下高的溶解度极限,高扩散系数使原子快速移动,以及对位错的钉扎能力强。特别是,氮引起的应变时效在低温下(通常在150℃以下)占主导地位。而碳在这种低温状态下引起的应变时效很低,因为此时铁素体中存在的"自由"碳原子很少。但当温度超过150℃时,碳在引起应变时效中起主要作用。如果没有第二种类型的原子可以减弱钢的应变时效效应,只需 0.001%~0.002%(质量分数)的碳或氮足以完成预应变碳钢中位错的钉扎。因此,严格控制钢中氮或碳的含量,特别是氮,是减轻应变时效最有效的方法。

在第二种类型中,合金元素可以与碳或氮结合形成碳化物或氮化物,使得第一种类型的间隙原子数量减少,从而减弱了应变时效效应。这些添加元素可以分类如下:

(1)氮化物形成元素:铝、硅、硼。
(2)碳化物形成元素:钼。
(3)碳化物或氮化物形成元素:铬、钒、铌、钛。

在这些元素中,铝、钒、铌、钛是抗应变时效最有效的添加剂。钒和钛是最强的碳化物和氮化物形成元素。这些合金元素可以减少"自由"溶质原子的数量,从而减轻应变时效效应。高强度钢通常含有上述某些元素,因此比低碳钢具有更强的抗应变时效能力。

然而,由于极少量的溶质碳原子和氮原子即可引起明显应变时效,通常很难完全消除应变时效对钢的影响。此外,在某些情况下,这些溶质原子是钢的重要合金元素,不能完全去除。因此，应变时效的影响可能会减轻，但不会消除：

（1）降低炼钢过程中相关溶质原子（即碳和氮）的浓度。

（2）钢中添加强氮化物和碳化物形成元素，以降低高迁移率溶质原子含量。例如，通过添加 0.03%~0.04% 的铝，与氮结合形成氮化铝，可以抑制钢的应变时效。钢中还可以添加锰和硼，提高抵抗应变时效的能力（De Souza 和 Buono，2003）。

（3）改善应变时效敏感的环境条件，如降低预应变强度，降低工作温度。

（4）提高钢的韧性，以弥补因应变时效造成的韧性损失。

显微组织成分如铁素体、贝氏体和马氏体等对柯氏气团形成和应变时效动力学没有影响。因此，由应变时效引起的力学性能变化与显微组织成分无关。应变时效对塑性和变形性能的不利影响无法通过微观组织控制来减弱。化学成分控制可能是对抗这种机制的唯一方法（Vodopivec，2004；Pereloma 等，2010）。

此外，由于位错密度高，具有细晶粒的碳钢对应变时效反应更加强烈。这种钢更容易发生应变时效。细晶组织有利于提高材料的强度和韧性，但是材料一旦经历应变时效，则可能破坏材料的变形能力和韧性。

综上所述，应变时效对钢的力学性能（即屈服强度、拉伸强度和延伸行为）有很大影响。应变时效是一个与时间相关的过程，因此钢的力学性能随时效时间的变化而改变。在应变时效过程中，由于间隙原子和位错的相互作用，钢的力学性能发生改变（Wilson 和 Russell，1960）。Wilson 和 Russell 的研究结果表明，4% 预应变作用 20min 后，下屈服点和吕德斯应变显著增加。时效时间增加至 35min，屈服应力进一步增大，但是吕德斯应变没有明显变化。然而，应力—应变曲线水平上升，极限拉伸应力增加，但由于加工硬化效应，钢的断裂伸长率降低。时效时间超过 150min 后，尽管不如极限拉伸应力增加明显，但是屈服应力和超过屈服点的流动应力持续增加。时效时间超过 10000min，出现"过时效"现象，即屈服应力和极限拉伸应力略有降低，但断裂伸长率和吕德斯应变增加。

应变时效会提高钢的疲劳强度（Thompson 和 Wadsworth，1958）。通过增加对主动滑移带内变形的限制和抑制应力集中前塑性变形的扩散，应变时效会影响循环载荷下钢的疲劳强度，这主要是由于扩散溶质原子对位错的固定作用（Wilson 和 Tromans，1970）。然而，该固定过程受循环加载周期和温度等参数影响。当循环周期很短，即加载频率足够高时，溶质原子的扩散受到限制，不能及时固定位错运动，因此不能明显提高疲劳强度。如果循环周期延长或者停止时间足够长，通过应变时效产生的扩散原子可以固定与主动滑移带相关的移动位错，从而显著提高疲劳寿命。

8.5.2 高强度管线钢的应变时效

得益于高强度钢技术的发展，管道运营商能够在维持较高的工作压力（即超过 15MPa）条件下，进行长距离能源输送。然而，由于预应变、温度和时间三种外部因素的共同作用，在北极和亚北极地区使用的高强度钢（如 X100 钢）制成的管道将经历纵向应变时效。

由于制造工艺原因，所接收的管道中存在一定量预应变。然而，在现场服役期间，管道可能会产生较大的应变：即弯曲和地面移动。尤其是，地面运动产生的塑性应变通常造成管道上的预应变达到最大，这是在役管道遭受塑性应变的主要原因（Wu，2010）。为防止因应变引起的管道失效，钢需要具有一定的抗应变能力，以抵抗施加的应变。通常，设计X100钢管道允许的塑性应变最大极限为2%(Wu，2010)。

管线钢的服役温度通常在0~45℃之间(Gokhman，1983)。更重要的是，涂覆涂层时管道温度可达到200℃或以上(Sanjuan Riverol，2008)。因此，X100钢管可以满足时效温度的要求。此外，钢管的最短设计寿命为50年。显然，管道在服役期间有足够的时间发生应变时效。实际上，有研究认为(Wu，2010)，应变时效带来的负面影响可能是制约X100钢在北方地区实际应用的障碍之一。

研究(Duan等，2008；Sanjuan Riverol，2008)已经证明了由于管道成型(预应变)和热涂层工艺，X100管线钢表现出明显应变时效行为。测得的应力—应变曲线表现出屈服点延伸(YPE)现象。此外，与未时效钢相比，时效后X100钢的屈服强度增加，伸长率降低。

一些研究者已着手解决数分钟涂覆热涂层引起的X100管线钢应变时效问题(Duan等，2008；Ishikawa和Okatsu，2008；Johnson等，2008)。通常，所测应力—应变曲线中出现的YPE现象被认为是钢发生应变时效的证据。此外，通常高屈服强度升高和低极限抗拉强度降低的产生，导致屈服强度/抗拉强度比值(Y/T)约为100%。为了解决这一问题，冶金设计着重于去除YPE和提高抗应变时效性能。

此外，涂层的涂覆工艺对基于应变设计管道的力学性能有明显影响。例如，在FBE涂层涂覆过程中，在某些情况下，管道外壁加热至250℃。在该温度范围内可能发生应变时效，导致屈服强度和屈强比(Y/T)增加，延展性和应变硬化能力降低(Macia等，2010)。伴随高温热处理的涂覆涂层过程与基于应变设计原则背道而驰。因此，为了避免应变时效对钢管的有害影响，需要采用低温涂层技术。

应变时效对管线钢力学性能的影响取决于应变—应力方向。一般而言，吕德斯应变以YPE表示屈服点时的应变时效效应，其横向上的时效温度低于纵向(Nagai等，2010)。此外，钢的等级也会影响应变时效。X100级钢管在240℃下热处理5min后，其应力—应变曲线仍为圆形(即屈服点处未出现吕德斯应变现象)；然而，X70级管线钢在相同温度下热处理后，其纵向应力—应变曲线出现吕德斯应变(Nagai等，2010)。

除了基于应力—应变曲线测量评估高强度管线钢的应变时效行为外，应变时效的研究还侧重于确定应变时效的活化能，进而预测钢在服役中的长期时效行为。活化能是评价管线钢长期服役性能的重要指标，可用于评价钢的应变时效敏感性，预测钢在服役过程中力学性能退化，开发减轻和防止应变时效的技术。应变时效活化能通常由阿伦尼乌斯方程，并结合不同时间和不同温度时效下钢的拉伸实验求得。例如，通过某特定工艺生产的一组X100钢的应变时效激活能为22.8kcal/mol。这与低碳钢(20kcal/mol)的应变时效激活能非常接近，但是远低于高强度低合金钢(大于30kcal/mol)的应变时效激活能(Wu，2010)。这个低值意味着钢容易发生应变时效，即使在室温下预应变也可能发生应变时效。这组X100钢的低活化能主要是由于微合金元素含量低，其强化机制更多依赖于超细晶强化。金相分析表明，钢在预拉伸过程中，超细晶组织导致了较高的位错密度。位错将会被间隙原子钉扎。由于没有像元素钒等氮化物的形成，使得氮在低温甚至室温下很自由且容易在晶格中扩散。因此，合理控制超细晶粒尺寸和在钢中适当添加钒，可以消除钢的应变时效敏感性，提高钢的长期服役性能。

此外,应变时效活化能的测定,可以基于实验室中加速时效实验结果预测钢的长期应变时效行为。其原理是高时效温度和短时效时间下钢的时效行为与现场低时效温度和长时效时间的效果等效。加速时效时间定义为等效时效时间(EAT)。例如,对于特定 X100 钢,在 107℃下6天的管道加速实验结果等效于现场40℃下服役10年的应变时效结果(Wu,2010)。

8.5.3 应变时效对高强度管线钢应力腐蚀开裂的影响

管线钢经历的应变时效会影响钢管的腐蚀和应力腐蚀开裂敏感性。如图 8.18 所示为未经时效处理和时效处理后 X100 管线钢的应力—应变曲线。时效处理为模拟 250℃下 5minFBE 涂层涂覆工艺。结果表明,两种类型钢试样的应力—应变行为存在明显差异。未经时效处理的 X100 钢在屈服时呈圆形,而时效处理后钢则具有明显屈服现象,在屈服时会出现吕德斯应变。而且,与未经时效处理的 X100 钢相比,时效钢的屈服强度增加,延伸率降低,屈强比(Y/T)升高。

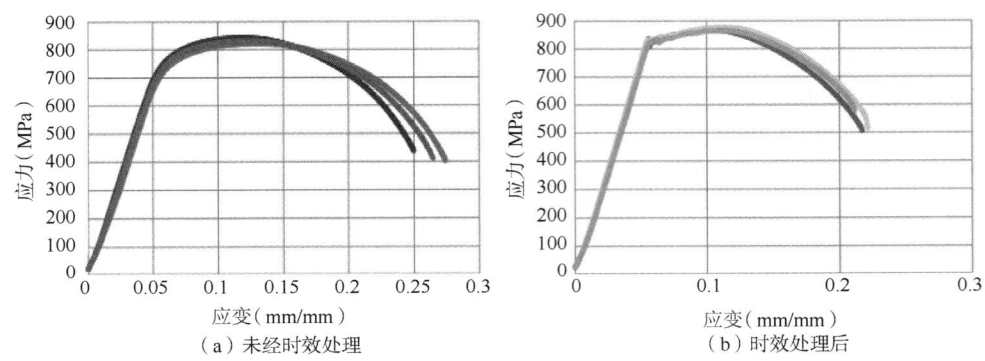

图 8.18 未经时效处理 X100 钢和时效处理后 X100 钢试样的应力—应变曲线
(据 Sanjuan Riverol,2008)

应变时效不会改变钢的显微组织。如图 8.19 所示,未经过/经过时效处理的 X100 钢均具有铁素体和贝氏体相。因此,可以认为,应变时效过程中的加工硬化效应可能是由于析出强化造成的,而非微相改变引起的。

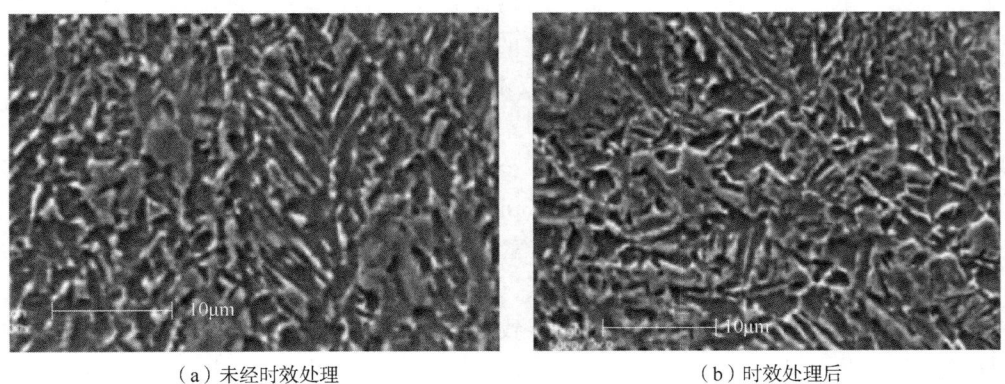

图 8.19 未经时效处理 X100 钢和时效处理后 X100 钢的微观形貌
(据 Sanjuan Riverol,2008)

为研究应变时效对 X100 钢应力腐蚀开裂敏感性的影响,在近中性 pH 值稀碳酸氢盐溶液中(该溶液通常用于模拟涂层下的电解质),采用未经过/经过时效的钢试样进行慢应变速率拉伸实验(SSRT)。图 8.20 为两种类型钢试样在不同电位下 SSRT 实验后的断面收缩率(RRA)。其中电位分别为:$-0.75V(Cu/CuSO_4$,开路电位),$-0.85V(Cu/CuSO_4$,正常阴极保护电位)和$-1.1V(Cu/CuSO_4$,过保护电位)。两种阴极极化条件下,时效钢的 RRA 均比未经时效钢试样的小。由于 RRA 与钢在环境的应力腐蚀开裂敏感性成反比,因此可知,在阴极极化条件下,经时效处理的钢呈现出较高应力腐蚀开裂敏感性。如图 8.21 所示,阴极极化条件下 SSRT 实验后试样的断口形貌也证实应变时效导致钢的应力腐蚀开裂敏感性增大。

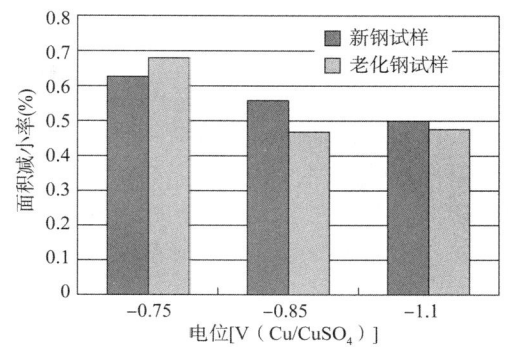

图 8.20 在接近中性的 pH 值溶液中进行 SSRT 测试后,在各种阴极电势下,新的 X100 和老化的 X100 钢试样的面积减小率
(据 Sanjuan Riverol,2008)

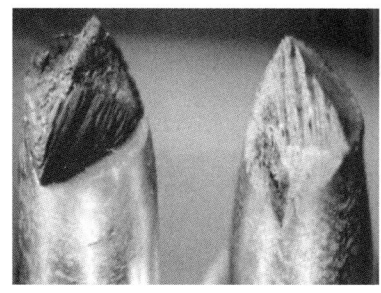 

(a)未经时效处理   (b)时效处理后

图 8.21 未经时效处理和经过时效处理后 X100 钢试样在
近中性 pH 值溶液中$-0.85V(Cu/CuSO_4)$极化 SSRT 实验后的断口形貌
(据 Sanjuan Riverol,2008)

因此,应变时效会影响(增加)高强度钢(如 X100 钢)的应力腐蚀开裂敏感性,特别是在阴极保护电位或更低的负电位下。这可能是由于阴极保护电位促进了氢的析出,并且氢参与了开裂过程。但是,应变时效在促进氢析出和氢在钢中渗透并由此导致应力腐蚀开裂敏感性增加方面所起到的重要作用还有待进一步研究。

8.6 基于应变设计的高强钢管道

在地理位置偏远地区,如北美的亚北极和北极地区,已建或者正在规划建设高强钢管道,将石油和天然气安全高效地输送至处理厂和终端市场及用户。这些地区通常具有多年冻土和半永久冻土,为地震活动和易发生滑坡或地震的地形。由于剧烈的地面运动,管道会产生明显的塑性变形。在这些环境中，要满足常规管道设计规范中的许用应力极限通常是不切实际的。

基于应变设计（SBD）是一种极限状态设计方法，该方法是将管道除横向屈服强度外，在位移控制的轴向或弯曲载荷下的纵向应变能力用作设计安全性度量，但是这会导致管道出现纵向塑性应变。SBD 可以在保证其环向承压的基础上，更有效地利用管道纵向应变能力。因此，与基于应力设计相比，SBD 更适合于极端环境或运行条件。在这些工况下，管道会经历明显塑性变形。SBD 的关键设计目标是确保管道的安全性和可靠性，这方面可以与基于应力设计的常规管道相媲美。通过材料选择和缺陷验收标准以确保达到所需应变能力（Zhou 等，2006；Macia 等，2010）。

SBD 方法着重于工作条件下的应变极限，而非应力上限。也就是说，管道在纵向和横向的塑性应变是允许的，但它必须小于管线钢的应变能力。这是用来衡量管线钢在颈缩之前能够均匀变形程度的一个非常重要的性能。高均匀延伸率表明高变形能力，代表高应变能力，这是管道行业追求的目标。

8.6.1　地层运动引起的管道应变

如前所述，各种地质环境（如北极陆上和近海地区）周围土壤的运动可能导致管道经历纵向应变。此外，管道可能会受到包括边坡失稳、永久冻土融化沉降、冻胀、海床冰凌化、海底永久冻土融化沉降和地震荷载等岩土现象的影响。通常，北极线可分为两种类型：一类是被融化的土壤所包围，易受地表沉降而变形；另一类是被增加的冰冻环境所包围，易受冻胀影响而变形（Greenslade 和 Nixon，2000；Mohr，2003）。

由于地质条件的不同，应变极限余量也不相同。例如，Norman Wells 管道系统在建设过程中使用的纵向应变极限为 0.75%（Mohr，2003）。TransAlaska 管道的主管线使用了 0.4%纵向应变（Smith 和 Popelar，1999）。由于海底永久冻土融化沉降，Northstar 管道设计最大弯曲应变约为 1%（Lanan 等，1999；Nogueira 等，2000）。

尽管由于土壤性质的不连续性和土壤—管道复杂的相互作用，很难建立与真实土壤环境相一致的完美土壤模型，但是有限元分析（FEA）仍被广泛用于模拟土壤运动，以获得近似的管道应变。传统上，基于 Winkler 土壤模型（Allotey 和 El Naggar，2006），开展土壤与管道之间相互作用的数值模拟。但是，该模型存在公式收敛性和较大网格畸变等局限性。为了克服这些缺点，基于三维连续体模型和光滑粒子流体动力学（SPH）开发了替代的 FEA 模型研究土壤运动（Fredj 和 Dinovitzer，2010a，2010b）。模拟结果与全尺寸实物试验结果相吻合。然而，此模型仍没有考虑一些可能影响土壤运动的因素，如土壤与管道之间的相对运动和土壤性质的多样性。

近年来，埃克森美孚公司在综合试验和数值模拟结果的基础上开发了新的分析方法来评估土壤荷载对管道的影响（Arslan 等，2010）。这些方法都是基于非线性有限元模型，可以用来评估管道在各种土壤荷载作用下的静态和动态响应。这些模型考虑了管道和焊缝的非线性材料行为，地面显著移动产生的大变形，以及管道被推入土壤时土壤与管道之间的非线性相互作用。

近年来，研究人员建立了一个新的有限元模型以评估土壤应变和腐蚀缺陷对管道的协同效应(Xu 和 Cheng，2012a)。结果表明，当存在腐蚀缺陷时，在拉伸应变或压缩应变作用下，缺陷周围的塑性变形区域增大。但是，拉伸应变下的塑性变形区与压缩应变下的塑性变形区存在显著不同。如图 8.22 所示，前者沿环向扩展并远离缺陷，而后者的塑性场包围缺陷。因此，纵向拉伸应变会导致环向塑性扩展，可能引起环向开裂。相反，纵向压缩应变会在腐蚀缺陷周围产生局部屈曲或起皱效应。

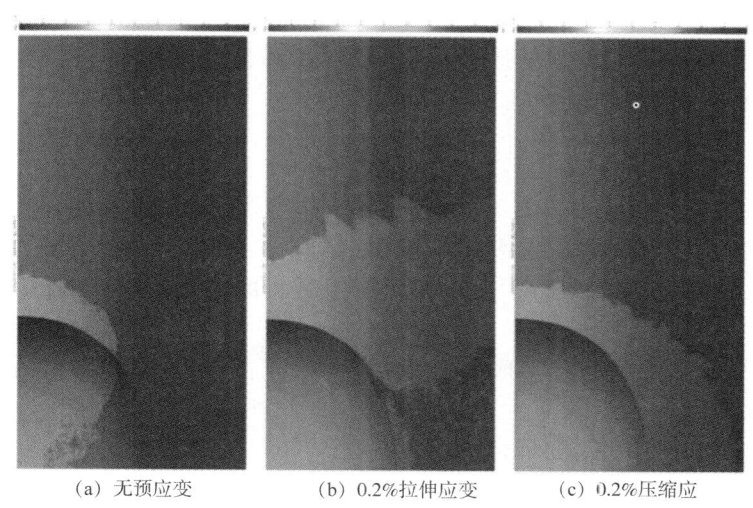

(a) 无预应变　　　　(b) 0.2%拉伸应变　　　(c) 0.2%压缩应

图 8.22　含 15.28mm 深腐蚀缺陷 X80 钢管在不同应变条件下的塑性变形分布(据 Xu 和 Cheng，2012a)

8.6.2　基于应变设计的管道开裂的影响参数

内压会显著影响管线钢的力学性能。通常，由于横向拉伸环应力可以抵抗引起局部屈曲的管径变化，故内压增加了管道局部屈曲阻力。Norske Veritas(DNV)推荐标准(Det Norske Veritas，2000)中使用 $1+5\sigma_h/\sigma_{ys}$ 定义容许临界应变，其中 σ_h 是由于内部压力引起的环向应力(横向上)，σ_{ys} 是钢的屈服强度。DNV 方法更适用于大管径管材，其环向应力/屈服强度比在 0.2~0.5 之间。

不同于内部压力，外部压力不仅降低了管道局部屈曲阻力，还可以提高屈曲过程中裂纹扩展的概率。Corona 和 Kyriakides 的研究发现(Corona 和 Kyriakides，1988)，对于非弹性管道，外部压力会导致其崩溃压力、最大弯矩承载力及相应曲率均减小。较高的内部压力提升了开裂驱动力，从而降低了管线钢的临界拉伸应变，增加了应变诱发管道失效。

当对管道施加纵向压缩应变时，弯曲通常发生在环焊缝附近。环焊缝在拉伸应力作用下还易发生开裂。为改善环焊缝的抗弯曲和抗开裂性能，需要考虑焊接残余应力、冶金和力学性能、焊缝几何形状及焊缝错边。关于 SBD 环焊缝规范，应重点关注材料的拉伸性能和管道的拉伸应变能力(Wang 和 Liu，2010)。由于可能存在焊接缺陷和焊接热循环导致的力学性能变化，环焊缝往往是管道中最薄弱的环节。据报道(Igi，2010)，在环焊缝区域带有热影响区(HAZ)缺口的全尺寸管道试样临界总应变仅为弯曲宽板试验值的 1/2。

8.7 应变作用下管道腐蚀的力学—电化学效应

在管道上施加预应变，模拟管道上土壤造成的应变，会引起塑性变形。这通常与加工硬化现象相关，表现为屈服强度和抗拉强度提高，延展性降低。这主要是由于位错密度增加、位错之间相互作用及对位错运动的阻力(Gao 等，1999)。

当足够小的预应变引起钢发生弹性变形时，施加弹性载荷所引起电化学腐蚀电位 $\Delta\varphi_e^0$ 变化可通过式(8.9)计算:

$$\Delta\varphi_e^0 = -\frac{\Delta p V_m}{nF} \tag{8.9}$$

式中: Δp 是外加压力(Pa); V_m 是钢基体的摩尔体积(m^3/mol); n 是电荷数; F 是法拉第常数(96485C/mol)。因此，外加载荷($\Delta p > 0$)可以降低钢的电化学腐蚀电位，提高钢的腐蚀活性。

如图 3.6 所示，钢在弹性变形区的腐蚀电位略微下降 1.1mV(SCE)。如此小的电位降表明钢在弹性变形区的电化学腐蚀活性增加有限。此外，如图 8.23 所示，在弹性变形区间，变形和未变形钢试样之间的耦合电位和电流密度非常小。说明在弹性变形区，力学—电化学效应对钢的影响很小(Xu 和 Cheng，2012c)。

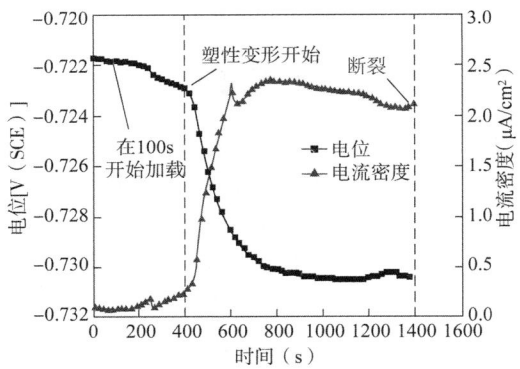

图 8.23 在近中性 pH 值溶液中，变形和未变形 X100 钢试样之间耦合电位和电流密度的时间相关性(据 Xu 和 Cheng，2012b)

在塑性变形过程中，通过激活新位错，可移动位错的密度随应变增加而增加。新位错的密度 ΔN 计算如下(Gutman，1998):

$$\Delta N = N_0 \left[\exp\left(\frac{n_d \Delta\tau}{\alpha K_B N_{max} T}\right) - 1 \right] \tag{8.10}$$

式中: N_0 是塑性变形前位错的初始密度; $\Delta\tau$ 是硬化强度; n_d 是位错堆积中位错数量; α 是相关系数，$10^9 \sim 10^{11} cm^{-2}$; K_B 是玻耳兹曼常数; N_{max} 是最大位错密度。硬化阶段的塑性应变可表示为:

$$\varepsilon_{\mathrm{p}} = \frac{N_0}{\alpha \nu} \left[\exp\left(\frac{n_{\mathrm{d}} \Delta \tau}{\alpha K_{\mathrm{B}} N_{\max} T}\right) - 1 \right] \tag{8.11}$$

式中：ν 是取向相关系数，拉伸变形时为 0.4~0.5；T 是温度。

根据 Gutman 的力学—电化学交互作用理论（Gutman，1998），塑性变形中电化学腐蚀电位 $\Delta \varphi_{\mathrm{p}}^0$ 的变化可表示为：

$$\Delta \varphi_{\mathrm{p}}^0 = -\frac{n_{\mathrm{d}} \Delta \tau R}{\alpha K_{\mathrm{B}} N_{\max} ZF} \tag{8.12}$$

将式(8.11)代入式(8.12)中，消除参数 n_{d}、$\Delta \tau$、K_{B} 和 $N_{\max}$，电化学腐蚀电位随塑性应变 ε_{p} 的变化关系式为：

$$\Delta \varphi_{\mathrm{p}}^0 = -\frac{TR}{ZF} \ln\left(\frac{\nu \alpha}{N_0} \varepsilon_{\mathrm{p}} + 1\right) \tag{8.13}$$

应用式(8.13)计算理论电位降，假设 $T=295\mathrm{K}$，$R=8.314\mathrm{J/(K \cdot mol)}$，$z=2$，$F=96485\mathrm{C/mol}$，$\nu=0.45$，以及 $\alpha=1.67 \times 10^{11}\mathrm{cm}^{-2}$，不同塑性应变下钢的 N_0 约为 $10^8\mathrm{cm}^{-2}$、$2 \times 10^8\mathrm{cm}^{-2}$、$5 \times 10^8\mathrm{cm}^{-2}$ 和 $10^9\mathrm{cm}^{-2}$。ε_{p} 在 0~3.53% 之间变化，以保持与试验塑性应变（即 0、0.597%、2.238% 和 3.530%）范围相一致。塑性变形过程中电化学腐蚀电位降理论计算值如图 8.24 所示。结果表明，腐蚀电位随塑性应变增加而负移，表明钢的电化学活性增强。此外，如图 8.25 电化学阻抗图谱（EIS）所示，随着预应变增加，阻抗弧的半径（即腐蚀反应的电荷转移电阻）减小，钢的腐蚀活性增加。

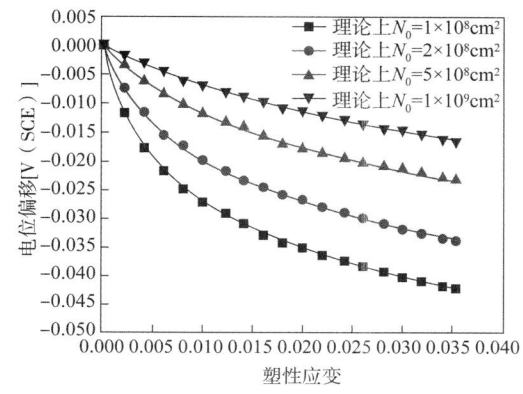

图 8.24 不同初始位错密度下腐蚀电位随钢试样塑性应变变化的理论计算值
（据 Xu 和 Cheng，2012b）

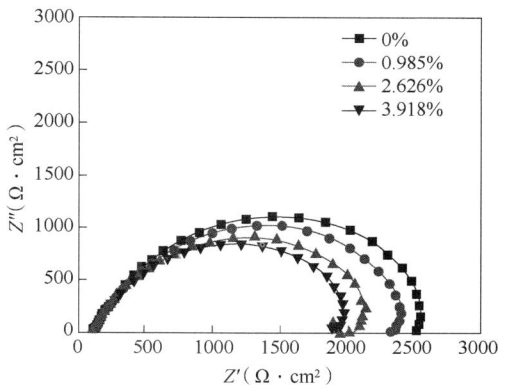

图 8.25 近中性 pH 值溶液中不同预应力 X100 钢试样在开路电位下所测 Nyquist 图
（据 Xu 和 Cheng，2012b）

在拉伸试验过程中，综合考虑弹性和塑性变形对钢试样力学—电化学效应影响，合并式(8.9)和式(8.13)，总腐蚀电位 $\Delta \varphi_{\mathrm{T}}^0$ 变化为：

$$\Delta \varphi_{\mathrm{T}}^0 = -\frac{\Delta p_{\mathrm{m}} \nu_{\mathrm{m}}}{ZF} - \frac{TR}{ZF} \ln\left(\frac{\nu \alpha}{N_0} \varepsilon_{\mathrm{p}} + 1\right) \tag{8.14}$$

式中：Δp_{m} 是弹性变形极限下的外加压力。单轴应力施加在试样上，Δp_{m} 为钢屈服强度的 1/3

（Gutman，1998）。此外，塑性应力作用下钢的净阳极溶解电流密度 i 由式(8.15)给出：

$$i = i_a \exp\left(\frac{\Delta p_m V_m}{RT} + \frac{n\Delta\tau}{\alpha K N_{max} T}\right) - i_c$$

$$= i_a \left(\frac{\nu\alpha}{N_0}\varepsilon_p + 1\right) \exp\left(\frac{\Delta p_m V_m}{RT}\right) - i_c \quad (8.15)$$

式中：i_a 和 i_c 分别是阳极和阴极电流密度。假设在试样上施加的外应力不影响溶液中离子活性，故 i_c 为定值。由式(8.15)可知，钢的阳极溶解速率随外应力或应变增加而加速。力学—电化学影响在弹性变形阶段作用不明显，但在塑性变形阶段变得很重要。

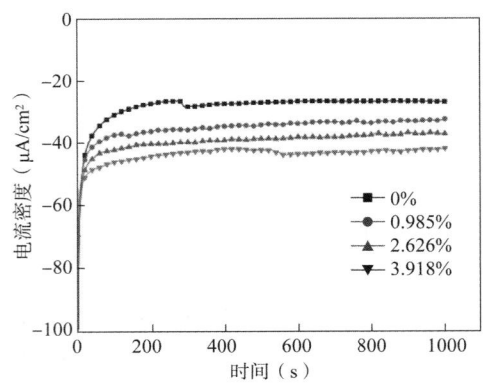

图 8.26　近中性 pH 值溶液中不同预应变 X100 钢试样在-1V(SCE)极化下所测电流密度(据 Xu 和 Cheng，2012b)

此外，分析加载条件下钢腐蚀的力学—电化学效应须同时考虑阳极反应和阴极反应。如前所述，外加应变加速了钢的阳极溶解反应速率，提高了钢的电化学腐蚀活性。外加应变也会影响阴极反应(即在除氧的近中性 pH 值溶液中，水还原析氢)。如图 8.26 所示，随着钢的预应变增加，在-1V(SCE)下测得的阴极电流密度增大。这主要是由于电化学非均匀性的重新分布和阴极过程面积的增加。在塑性变形过程中，滑移台阶、微裂纹和表面缺陷的增加会降低析氢反应活化能(Gutman，1998)。

塑性应变提高了钢的腐蚀活性。当钢试样的应力—应变分布不均匀时，钢的局部腐蚀速率可能产生差异。如图 8.27 和图 8.28 所示，当 X100 钢的板状拉伸试样左侧存在应力集中时，SVET 测得试样左侧处溶解电流密度最高，并且电流密度从左向右逐渐减小。事实上，因为种种原因(例如机械凹痕、腐蚀和表面缺陷)，管道上的应力—应变分布不均匀，导致局部发生优先腐蚀，从而造成局部腐蚀、点蚀乃至开裂。

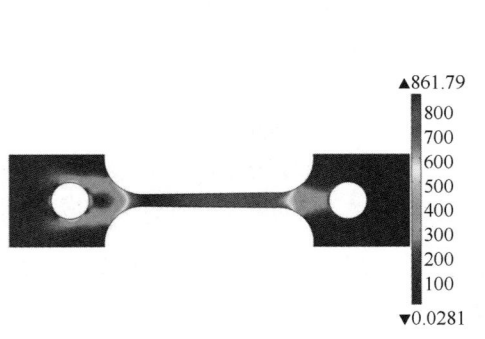

图 8.27　2750N 拉力下 X100 钢板状试样的范式等效应力分布
(据 Xu 和 Cheng，2012b)

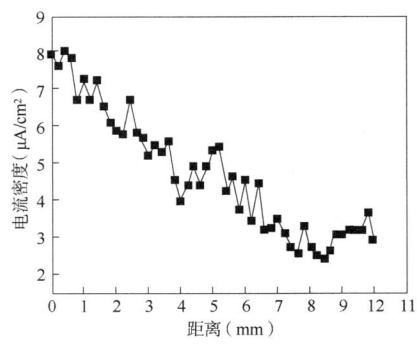

图 8.28　在近中性 pH 值溶液中对图 8.27 所示的 X100 钢试样 SVET 线扫描测量结果
(据 Xu 和 Cheng，2012b)

参 考 文 献

Allotey, N, El Naggar, MH (2006) Generalized dynamic Winkler model for non-linear soilstructure interaction analysis, Can. Geotech. J. 45, 560-573.

American Petroleum Institute (2004) Specification for Line Pipe, API 5L, API, Washington, DC.

Anderson, CW, Shi, G, Atkinson, HV, Sellars, CM, Yates, JR (2003) Interrelationship between statistical methods for estimating the size of the maximum inclusion in clean steels, Acta Mater. 51, 2331-2343.

Arslan, H, Hamilton, J, Lele, S, Minnaar, K, Albrecht, B, Cook, MF, Wong, P (2010) Strain demand estimation for pipelines in challenging arctic and seismically active regions, Proc. 8th International Pipeline Conference, Paper IPC2010-31505, Calgary, Alberta, Canada.

Asahi, H (2004) Development of Ultra-High-Strength Linepipe X120, Paper 90, Nippon Steel, Tokyo, Japan.

Bai, D, Collins, L, Hamad, F, Chen, X, Klein, R, Zhou, J (2008) X100 (Grade 690) helical welded linepipe, Proc. 7th International Pipeline Conference, Paper IPC2008-64099, Calgary, Alberta, Canada.

Baker, MA, Castle, JE (1992) The initiation of pitting corrosion of stainless steels at oxide inclusions, Corros. Sci. 8, 1295-1312.

Banerjee, K, Chatterjee, UK (2001) Hydrogen permeation and hydrogen content under cathodic charging in HSLA 80 and HSLA 100 steels, Scr. Mater. 44, 213-216.

Cahn, RW, Haasen, P (1996) Physical Metallurgy, 4th ed., North-Holland, Amsterdam.

Capelle, J, Dmytrakh, I, Pluvinage, G (2010) Comparative assessment of electrochemical hydrogen absorption by pipeline steels with different strength, Corros. Sci. 52, 1554-1559.

Casanova, T, Crousier, J (1996) The influence of an oxide layer on hydrogen permeation through steel, Corros. Sci. 38, 1535-1544.

Cheng, YF (2007a) Analysis of electrochemical hydrogen permeation through X-65 pipeline steel and its implications on pipeline stress corrosion cracking, Int. J. Hydrogen Energy 32, 1269-1276.

Cheng, YF (2007b) Thermodynamically modeling the interactions of hydrogen, stress and anodic dissolution at crack-tip during near-neutral pH SCC in pipelines, J. Mater. Sci. 42, 2701-2705.

Corbett, KT, Bowen, RR, Petersen, CW (2004) High strength steel pipeline economics, Int. J. Offshore Polar Eng. 14, 75-79.

Corona, E, Kyriakides, S (1988) On the collapse of inelastic tubes under combined bending and pressure, Int. J. Solids Struct. 24, 505-535.

De S. Bott, I, De Souza, LFG, Teixeira, JCG, Rios, PR (2005) High-strength steel development for pipelines: a Brazilian perspective, Metall. Mater. Trans. A 36, 443-454.

De Souza, TO, Buono, VTL (2003) Optimization of the strain aging resistance in aluminum killed steels produced by continuous annealing, Mater. Sci. Eng. A 354, 212-216.

Det Norske Veritas (2000) Submarine Pipeline System, DNV-OS-F101, DNV, Oslo, Norway.

Devanathan, MAV, Stachurski, Z (1962) The adsorption and diffusion of electrolytic hydrogen in palladium, Proc. R. Soc. A 270, 90-102.

Devanathan, MAV, Stachurski, Z (1964) The mechanism of hydrogen evolution on iron in acid solutions by determination of permeation rates, J. Electrochem. Soc. 111, 619-623.

Devanathan, MAV, Stachurski, Z, Beck, W (1963) A technique for the evaluation of hydrogen embrittlement characteristics of electroplating baths, J. Electrochem. Soc. 110, 886-891.

Dong, CF, Liu, ZY, Li, XG, Cheng, YF (2009) Effects of hydrogen-charging on the susceptibility of X100 pipeline steel to hydrogen-induced cracking, Int. J. Hydrogen Energy 34, 9879–9884.

Duan, DM, Zhou, J, Horsley, D (2008) SA effect in high strength line pipe materials, Proc. 7th International Pipeline Conference, Paper IPC2008-64427, Calgary, Alberta, Canada.

Fredj, A, Dinovitzer, A (2010a) Three-dimensional response of buried pipelines subjected to large soil deformation effects: I. 3D continuum modeling using ALE and SPH formulations, Proc. 8th International Pipeline Conference, Paper IPC2010-31516, Calgary, Alberta, Canada.

Fredj, A, Dinovitzer, A (2010b) Three-dimensional response of buried pipelines subjected to large soil deformation effects: II. Effects of the soil restraint on the response of pipe/soil systems, Proc. 8th International Pipeline Conference, Paper IPC2010-31517, Calgary, Alberta, Canada.

Gao, H, Huang, Y, Nix, WD, Hutchinson, JW (1999) Mechanism-based strain gradient plasticity: I. Theory, J. Mech. Phys. Solids, 47, 1239–1263.

Glover, AD, Horsley, DJ, Dorling, DV (1999) High-strength steel becomes standard on Alberta gas systems, Oil Gas J., Jan., 44–49.

Glover, A, Horsley, D, Dorling, DV, Takehara, J (2004) Construction and installation of X100 pipelines, Proc. 5th International Pipeline Conference, Paper 0328, Calgary, Alberta, Canada.

Gokhman, MR (1983) Temperature regime of permafrost in the bed of a gas pipeline, Soil Mech. Found. Eng. 20, 15–17.

Graf, MK, Hillenbrand, HG, Heckmann, CJ, Niederhoff, KA (2003) High-strength largediameter pipe for long-distance high pressure gas pipelines, ISOPE 2003, Paper 2003-SYMP-03, Honolulu, HI.

Greenslade, JG, Nixon, D (2000) New design concepts for pipelines buried in permafrost, Proc. 3rd International Pipeline Conference, Vol. 1, Calgary, Alberta, Canada, pp. 135–143.

Gutman, EM (1998) Mechanochemistry of Materials, Cambridge Interscience Publishing, Cambridge, UK.

Herman, WA, Erazo, MA, DePatto, LR, Sekizawa, M, Pense, AW (1987) Strain aging of micro-alloyed steels, Weld. Res. Council Bull. 322, 1–12.

Hillenbrand, HG, Liessem, A, Biermann, K, Heckmann, CJ, Schwinn, V (2004) Development of high strength material and pipe production technology for grade X120 linepipe, Proc. 5th International Pipeline Conference, Calgary, Alberta, Canada, pp. 1743–1749.

Hillenbrand, HG, Heckmann, CJ, Niederhoff, KA, online source, X80 line pipe for large-diameter high strength pipelines, http://www.europipe.com/files/x80_line_pipe_for_large_diameter_high_strength_pipeline.pdf.

Hirth, JP (1980) Effects of hydrogen on the properties of iron and steel, Metall. Trans. A 11, 861–890.

Horsley, D (2007) X100 field welding experience, talk given in Canberra JTM.

Hosford, WF (2005) Mechanical Behavior of Materials, Cambridge University Press, Cambridge, UK.

Igi, S (2010) Tensile strain capacity of X80 pipeline under tensile loading with internal pressure, Proc. 8th International Pipeline Conference, Paper, IPC2010-31281, Calgary, Alberta, Canada.

International Standards Organization (2004) Method of Measurement of Hydrogen Permeation and Determination of Hydrogen Uptake and Transport in Metals by an Electrochemical Technique, ISO 17081: 2004(E), ISO, Geneva, Switzerland.

Ishikawa, N, Okatsu, M (2008) Material development and strain capacity of grade X100 high strain line-pipe produced by heat treatment online process, Proc. 7th International Pipeline Conference, Paper IPC 2008-64507, Calgary, Alberta, Canada.

Ishikawa, N, Okatsu, M, Endo, S, Kondo, J, Zhou, J, Taylor, D (2008) Mass production and installation of X100 linepipe for strain-based design application, Proc. 7th International Pipeline Conference, Paper IPC2008-64506, Calgary, Alberta, Canada.

Jack, TR, Erno, B, Krist, K (2000) Generation of near-neutral pH and high pH SC environments on buried pipelines, Corrosion 2000, Paper 362, NACE, Houston, TX.

Jin, TY (2011) Correlation of the Metallurgical Features of X100 High-Strength Line Pipe Steel with Its Corrosion and Cracking Behaviour, M.S. thesis, University of Calgary.

Jin, TY, Cheng, YF (2011) In-situ characterization by localized electrochemical impedance spectroscopy of the electrochemical activity of microscopic inclusions in an X100 steel, Corros. Sci. 53, 850-853.

Jin, TY, Liu, ZY, Cheng, YF (2010) Effect of non-metallic inclusions on hydrogen-induced cracking of API5L X100 steel, Int. J. Hydrogen Energy 35, 8014-8021.

Johnson, J, Hudson, M, Takahashi, N (2008) Specification and manufacturing of pipes for the X100 operational trial, Proc. 7th International Pipeline Conference, Paper IPC2008-64653, Calgary, Alberta, Canada.

Kalwa, C, Hillenbrand, HG, Graf, M (2002) High-strength steel pipes: new developments and applications, Onshore Pipeline Conference, Houston, TX; http://www.bergpipe.com/files/ep_tp_45_02en.pdf.

Kim, K, Bae, JH (2008) Metallurgical and process parameters for commercial production of high toughness API-X80 grade hot rolled strips, Proc. 7th International Pipeline Conference, Paper IPC2008-64249, Calgary, Alberta, Canada.

Koh, SU, Jung, HG, Kang, KB, Park, GT, Kim, KY (2008) Effect of microstructure on hydrogen-induced cracking of linepipe steels, Corrosion 64, 574-585.

Lanan, GA, Nogueira, AC, Evan, TM, Ennis, JO (1999) Pipeline bending limit state design for the Northstar Offshore Arctic development project, ICAWT '99 Pipeline Welding and Technology Conference, Paper 4.1, Galveston, TX.

Lee, WB, Hong, SG, Park, CG, Kim, KM, Park, SH (2000) Influence of Mo on precipitation hardening in hot rolled HSLA steels containing Nb, Scr. Mater. 43, 319-324.

Lim, YS, Kim, JS, Ahn, SJ, Kwon, HS, Katada, Y (2001) The influences of microstructure and nitrogen alloying on pitting corrosion of type 316L and 20 wt.% Mn-substituted type 316L stainless steels, Corros. Sci. 43, 53-68.

Liu, ZY, Li, XG, Cheng, YF (2010) In-situ characterization of the electrochemistry of grain and grain boundary of an X70 steel in a near-neutral pH solution, Electrochem. Commun. 12, 936-938.

Luu, WC, Wu, JK (1996) The influence of microstructure on hydrogen transport in carbon steels, Corros. Sci. 38, 239-245.

Macia, ML, Kibey, SA, Arslan, H (2010) Approaches to qualify strain-based designed pipelines, Proc. 8th International Pipeline Conference, Paper IPC2010-31662, Calgary, Alberta, Canada.

Margot-Marette, H, Bardou, G, Charbonnier, JC (1987) The application of the slow strain rate test method for the development of linepipe steels resistant to sulfide stress cracking, Corros. Sci. 27, 1009-1026.

Marsh, PG, Gerberich, WW (1992) Stress Corrosion Cracking, ASM International, Materials Park, OH.

Mohitpour, M, Glover, AG, Trefanko, W (2001) Pipeline report: Technology advances key worldwide gas pipeline developments, Oil Gas J. Nov., 60-65.

Mohr, W (2003) Strain-Based Design of Pipelines, Project. 45892GTH, U.S. Department of Interior, Minerals Management Service, and U.S. Department of Transportation, Washington, DC.

Muto, I, Kurokawa, S, Hara, N (2009) Microelectrochemical investigation of anodic polarization behavior of CrS inclusions in stainless steels, J. Electrochem. Soc. 156, C395-C399.

Nagai, K, Shinohara, Y, Sakamoto, S, Tsuru, E, Asahi, H, HaraT (2010) Anisotropy of the stress-strain curves for line pipe steels, Proc. 8th International Pipeline Conference, Paper IPC2010-31169, Calgary, Alberta, Canada.

Nanninga, N, Grochowsi, J, Heldt, L, Rundman, K (2010) Role of microstructure, composition and hardness in resisting hydrogen embrittlement of fastener grade steels, Corros. Sci. 52, 1237-1246.

National Energy Board (1996) Stress Corrosion Cracking on Canadian Oil and Gas Pipelines, Report of the Inquiry, MH-2-95, NEB, Calgary, Alberta, Canada.

Nayak, SS, Misra, RDK, Hartmann, J, Siciliano, F, Gray, JM (2008) Microstructure and properties of low manganese and niobium containing HIC pipeline steel, Mater. Sci. Eng. A 494, 456-463.

Nippon Steel Corporation (2006) Integrated Mass Production of High-Strength X120-Grade Linepipe and Other High-Strength Grades with Combined Properties, Oct., Nippon Steel, Tokyo, Japan.

Nogueira, AC, Lanan, GA, Evan, TM, Fowler, JR, Hormberg, BA (2000) Northstar Development Pipelines limit state design and experimental program, Proc. 3rd International Pipeline Conference, Vol. 2, Calgary, Alberta, Canada, pp. 1037-1045.

Oriani, RA, Hirth, JP, Smialowski, M (1985) Hydrogen Degradation of Ferrous Alloys, Noyes Publications, Park Ridge, NJ.

Palmer, T (2004) Alaska Gas Pipeline Construction Cost Risks, TransCanada Pipelines, Anchorage, AK.

Park, GT, Koh, SU, Jung, HG, Kim, KY (2008) Effect of microstructure on the hydrogen trapping efficiency and hydrogen induced cracking of linepipe steel, Corros. Sci. 50, 1865-1871.

Payandeh, Y, Soltanieh, M (2007) Oxide inclusions of different steps of steel production, J. Iron Steel Res. Int. 14, 39-46.

Pereloma, EV, Bata, V, Scott, RI, Smith, RM (2010) Effect of Cr and Mo on strain ageing behavior of low carbon steel, Mater. Sci. Eng. A 527, 2538-2546.

Pourkia, N, Abedini, M (2008) Recent developments of oil and gas transmission pipeline steels; microstructure, mechanical prosperities and sour gas resistance, Proc. 7th International Pipeline Conference, Paper IPC2008-64153, Calgary, Alberta, Canada.

Prolog Canada Inc. (2003) Arctic Gas Pipeline Construction Impacts on Northern Transportation, Prolog, Calgary, Alberta, Canada.

Qiao, LJ, Luo, JL, Mao, X (1998) Hydrogen evolution and enrichment around stress corrosion crack tips of pipeline steels in dilute bicarbonate solution, Corrosion, 54, 115-121.

Reed-Hill, RE (1973) Physical Metallurgy Principles, 2nd ed., D. van Nostrand, New York.

Reformatskaya, II, Freiman, IL (2001) Formation of sulfide inclusions in the structure of steels and their role in the local corrosion processes, Zashch. Met. 37, 511-516.

Sanjuan Riverol, E (2008) Studies of corrosion and stress corrosion cracking behavior of high-strength pipeline steels in carbonate-bicarbonate solutions, M.S. thesis, University of Calgary.

Shanmugam, S, Ramisetti, NK, Misra, RDK, Hartmann, J, Jansto, SG (2008) Microstructure and high strength-toughness combination of a new 700 MPa Nb-microalloyed pipeline steel, Mater. Sci. Eng. A 478, 26-37.

Smith, MQ, Popelar, CH (1999) A strain based rupture criterion for corroded pipelines, ICAWT'99 Pipeline Welding and Technology Conference, Paper 4.6, Galveston, TX.

Stalheim, DG, Muralidharan, G (2006) The role of continuous cooling transformation diagrams in material design for high-strength oil and gas transmission pipeline steels, Proc. 6th International Pipeline Conference, Paper

IPC2006-10251, Calgary, Alberta, Canada.

Sun, W, Lu, C, Tieu, AK, Jiang, Z, Liu, X, Wang, G (2002) Influence of Nb, V and Ti on peak strain of deformed austenite in Mo-based micro-alloyed steels, Mater. Process. Technol. 72–76, 125–126.

Thompson, N, Wadsworth, NJ (1958) Metal fatigue, Adv. Phys. 7, 72–169.

Tresseder, RS (1977) Stress Corrosion Cracking and Hydrogen Embrittlement of Iron Base Alloys, NACE, Houston, TX.

Venegas, V, Caleyo, F, Baudin, T, Hallen, JM, Penelle, R (2009) Role of microstructure in the interaction and coalescence of hydrogen-induced cracks, Corros. Sci. 51, 1140–1145.

Vignal, V, Krawiec, H, Heintz, O, Oltra, R (2007) The use of local electrochemical probes and surface analysis methods to study the electrochemical behavior and pitting corrosion of stainless steels, Electrochim. Acta 52, 4994–5001.

Vodopivec, F (2004) Strain aging of structure steel, Metabk (in Croatian, Metallurgy) 43, 143–148.

Wang, YY, Liu, M (2010) Considerations of linepipe and girth weld tensile properties for strain based design of pipelines, Proc. 8th International Pipeline Conference, Paper IPC2010 31376, Calgary, Alberta, Canada.

Wilson, DV, Russell, B (1960) The contribution of atmosphere locking to the strain-aging of low carbon steels, Acta Metall., 8, 36–45.

Wilson, DV, Tromans, JK (1970) Effects of strain aging on fatigue damage in low carbon steel, Acta Metall., 18, 1197–1208.

Wranglen, G (1974) Pitting and sulfide inclusions in steel, Corros. Sci. 14, 331–349.

Wu, X (2006) Weldability of high strength steels for gas transmission pipeline, assignment for ENME 619.45 Welding Metallurgy and Design, University of Calgary.

Wu, X (2010) Strain-Aging Behavior of X100 Line-Pipe Steel for a Long-Term Pipeline Service Condition, M.S. thesis, University of Calgary.

Xu, LY, Cheng, YF (2012a) Reliability and failure pressure prediction of various grades of pipeline steel in the presence of corrosion defects and pre-strain, Int. J. Press. Vessels Piping 89, 75–84.

Xu, LY, Cheng, YF (2012b) Corrosion of X100 pipeline steel under plastic strain in a neutral pH bicarbonate solution, Corros. Sci. DOI: 10.1016/j.corsci.2012.07.012.

Xu, LY, Cheng, YF (2012c) An experimental investigation of corrosion of X100 pipeline steel under uniaxial elastic stress in a nearly neutral-pH solution, Corros. Sci. 59, 103–109.

Xue, HB, Cheng, YF (2011) Characterization of microstructure of X80 pipeline steel and its correlation with hydrogen-induced cracking, Corros. Sci. 53, 1201–1208.

Xue, HB, Cheng, YF (2012) Hydrogen permeation and electrochemical corrosion behavior of the X80 pipeline steel weld, J. Mater. Eng. Perf. DOI: 10.1007/s11665-012-0216-1.

Yen, SK, Huang, IB (2003) Critical hydrogen concentration for hydrogen-induced blistering on AISI 430 stainless steel, Mater. Chem. Phys. 80, 662–666.

Yurioka, N (2001) Physical metallurgy of steel weldability, ISIJ Int. 41, 566–570.

Zhou, J, Horsley, D, Rothwell, B (2006) Application of strain-base design for pipelines in permafrost areas, Proc. 6th International Pipeline Conference, Paper IPC2006-10054, Calgary, Alberta, Canada.

9 管道应力腐蚀开裂的管理

9.1 管道完整性管理中的 SCC

9.1.1 管道完整性管理的要素

管道完整性管理是通过评估、减轻和预防风险来开发、实施、检验和管理完整性的过程,从而确保安全、环保和可靠的服务(Nelson,2002)。有效的 PIM 目标包括:
(1) 为管道的检查、维护和运行提供系统的、结构化的管理框架。
(2) 为管道设计、运行和报废提供相关管理文件政策和指导方针。
(3) 定义实践的角色、职责,以及对监管要求的遵从性。
(4) 开发全智能化的系统,提供管道正常运行状况的指示。

在加拿大,所有油气管道系统的设计、建造、运行及维护都符合加拿大标准协会的最新修订版 Z662-11(Canadian Standards Association,2011)。输送液态烃、油田水和蒸汽、油田提高采收率方案中使用的二氧化碳及烃气的管道均符合加拿大标准协会的要求。完整性管理程序(IMP)应包括收集、集成和分析与设计、建造、操作和维护相关信息的方法。管理过程中的数据收集、集成和分析部分必须是连续性的并向用户提供反馈。数据分析是监控风险评估、提供有意义的完整性评估和提高管道的完整性的必要手段。

国家能源局第 40 条指南(National Energy Board,2003)建议 IMP 的四个主要要素包括:(1)管理系统,包括 PIM 计划的范围、描述、目标和目的,组织责任,培训,资质,变更方法的管理和 PIM 项目的有效性的衡量;(2)记录管理系统,包括管道记录、材料报告、施工测试和检验数据、涂层、修复历史和位置,以及技术数据和 PIM 项目的有效性;(3)状态监控,包括监控程序、审查程序和监控方法;(4)减轻方案,包括减轻方法的最佳实践和减轻标准。

根据 CSA Z662(Canadian Standards Association,2011),PIM 流程包括一系列连续的步骤。尤其是,IMP 的目的是开发一个完整性管理程序,包含与完整性相关的运营商政策、目标和性能指标。运营者必须保留完整的相关记录,且需要为员工、法人和顾问制定和提供相应的知识和技能,以便每个人能够具有履行个人负责的 PIM 要素的技能。

变更管理(MOC)过程是指影响管道完整性或运营商管理管道完整性能力的变更。变更由运营公司发起和控制,包括管道的所有权、经营公司的组织机构和人员、管道控制系统、管道运行状态、作业条件、工作流体特性、与管道完整性管理相关的方法、实践和程序,以及与管道完整性管理有关的记录。此外,MOC 还包括非运营公司发起和控制的,如与管道完整性管理、管道通行权,以及相邻土地使用和开发标准和法规的变更。

应建立一个调查和记录失效和额外风险的程序，识别可能导致失效或额外干扰的风险因素。进行风险评估，预测后果和评估风险的有效性，并确定减少风险的备选方案。确定与 PIM 相关的计划、进度表，进行检查、试验、巡逻和监测。

确定出可能导致重大后果的失效事件的预期条件或缺陷修复措施的风险类型记录在案。定期回顾和评估 PIM 程序，以确定它们是否符合标准和根据需要进行修订。

在设计、施工和作业阶段管道都会受到危险和威胁。有些危险与作业时间有关，而其他的则与时间无关。表 9.1（Canadian Standards Association，2011）中列出了主要的危害类型。

表 9.1　管道主要危害的分类（加拿大标准协会，2011）

腐蚀	开裂	外部干扰	制造/材料/焊接	地理环境/天气	错误操作
外腐蚀	高 pH 值 SCC	自身损伤	含缺陷的管道焊缝	地震	不适当的程序
内腐蚀	近中性 pH 值 SCC	第二方损伤	含缺陷的管道	斜坡运动	不合格的操作培训
微生物		第三方损伤	管道环焊缝缺陷	地面塌陷	操作错误
		杂散电流	制造焊接缺陷	山洪	
			弯曲褶皱或变形	浮动管道	

主要的完整性管理方法包括以下几种（Sullivan，2007）：

（1）基于规范的方法（美国）。运营商必须满足最低要求。监管机构强制要求达到最低标准，且没有超出最低要求的动机。有预定义的需求（即方法、计划、操作、标准等），且可供选择的方法余地很小。这种方法在一定程度上很有效。

（2）基于绩效的方法（英国）。运营商必须满足规定的要求、且针对具体情况进行评估，以发展完整性管理计划。这种方法侧重于可衡量的基准，但需要定制分析。行业绩效只能作为一种趋势参考。

（3）面向目标的方法（加拿大）。这是一个规范和绩效方法的组合。为达到规定的目标、安全与健康要求，运营商有责任改进和保持管道的完整性。运营商预计将超出最低限额。这体现运营商与监管机构之间的合作精神。

IMP 流程的有效期通常为两年或三年，然后更新为包括在实现过程中开发的新的或修改的通过多个时间驱动的完整性计划来实现管道完整性的程序。许多管道运营商具有防止管道失效、检测异常并进行维修以维护和提升管道完整性和可靠性的项目，这些项目大大超出了所有的最低监管要求。PIM 项目的目标是确保风险在合理可行的范围内"尽可能降到最低"。

PIM 技术被视为一种可持续发展技术，确保现有管道（其中很多管道已服役 50 多年甚至更久）及新建管道的持续性。此外，与传统石油和天然气的输送不同的是，例如燃料、二氧化碳及氢气的管道输送经验有限，越来越需要开发技术来确保管道输送液体的可靠性。最后，已开发出新技术用于系统中以确保管道安全。将开发先进的监控技术来满足管道监管机构、检测第三方侵扰，以及管道的意外损坏（例如，由斜坡不稳定和地面运动引起的管道损坏）的需求。

9.1.2 应力腐蚀开裂敏感性的初步评估与调查

每段管线都需要对应力腐蚀开裂(SCC)敏感性进行初步评估(Canadian Energy Pipeline Association,2007)。评估前,必须收集确定管道涂层类型的记录。如果给定的管线没有确切信息,应立即开挖以确定或验证涂层的类型。

除了涂层外,对管段应力腐蚀开裂敏感性的影响,还需要考虑以下几个因素:管道属性(施工时期、厂家、管径、长缝型、管段等级、管道定线和应力集中器)、工作条件(水平应力、变压循环、工作温度)、环境条件(地形、土壤和土壤排水类型、排水方式),以及管道维护历史记录(CP)。

如果一条管段易受应力腐蚀开裂的影响,必须对应力腐蚀开裂情况进行调研。调研应力腐蚀开裂最常用的方法是在线检查选择应力腐蚀开裂的位置,通过应力腐蚀开裂模型选择地点或随机选择地点。应力腐蚀开裂水压试验可检测超出应力腐蚀开裂的最小尺寸。

(1) 应力腐蚀开裂(SCC)在线检测的相关性挖掘。这些为确定应力腐蚀开裂是否存在于管道段上提供了一种方法,也可检测到低频率下导致严重后果的 SCC 事件。此方法依赖于在线检测器的可靠性。但不建议直接使用在线检测器,而不进行开挖和直接检测。

(2) 基于应力腐蚀开裂(SCC)模型的挖掘。基于应力腐蚀开裂模型的挖掘目的是最大机会成功发现可能最初在管道表面产生的 SCC。所检测的管段数量应以类似管段的应力腐蚀开裂的选点概率分析文件为依据。一般在高频出现 SCC 的管道中,该方法可高效地检测浅层应力腐蚀开裂。但是,该方法很难检测出可能存在的所有 SCC。

(3) 随机检查。与应力腐蚀开裂模型选点挖掘相比,随机检查是对管段的腐蚀或凹痕修复等位置进行 SCC 检查的一种经济有效的数据积累方法。该方法的优点是可以对具有高、中、低概率发生应力腐蚀位置的横截面进行采样,而不依赖 SCC 的严重性。

(4) SCC 水压检测。水压检测是确定敏感管段上是否存在应力腐蚀开裂的有效方法,易受影响的管段上应力腐蚀开裂的最小尺寸将无法通过水压检测。然而,具有一定尺寸的应力腐蚀开裂在水压检测压力下可能不会失效,因此没有导致失效的水压检测并不能得出该管段上不存在 SCC 的结论。

9.1.3 SCC 严重等级分类和后评估

基于 SCC 尺寸测量结果和建模分析,管道失效压力用来表示 SCC 的严重程度。加拿大能源管道协会对 SCC 严重等级分类见表 9.2(Canadian Energy Pipeline Association,2007)。

表 9.2 SCC 严重等级分类

类别	定义	说明
I 类 SCC$_{失效应力}$ ≥110%×MOP[a]×SF[b]	失效压力大于或等于产品最大运行压力的 110%和公司规定的安全系数(通常为管子最小屈服强度的 110%)	这类 SCC 不会降低管道名义属性,与韧性相关的失效不应出现在该类别中
II 类 110%×MOP×SF> SCC$_{失效应力}$ ≥110%×MOP×SF	失效压力小于产品最大运行压力的 110%和公司规定的安全系数,但大于或等于最大运行压力和公司规定的安全系数	不降低管段安全系数

续表

类别	定义	说明
Ⅲ类 MOP×SF>SCC$_{失效应力}$≥MOP	失效压力小于产品最大运行压力和公司规定的安全系数,但大于或等于最大运行压力	降低管段安全系数
Ⅳ类 MOP>SCC$_{失效应力}$	失效压力小于产品最大运行压力	随着失效压力与最大运行压力的接近,服役中的失效迫在眉睫

使用几个通用规则确定 SCC 特征。例如,根据最高 SCC 失效压力或最低失效压力确定 SCC 严重性的分类。深度大于 80%壁厚的 SCC 视为Ⅳ级特征。低于 10%壁厚的 SCC 属于Ⅰ类,认为不造成威胁,但这种特征应根据运营商的管理程序进行报告和减轻。SCC 发生的位置都必须根据所检查的管道段内的管道等级、壁厚和韧性对 SCC 数据进行评估。一般来说,Ⅰ级、Ⅱ级 SCC 相对安全。无论如何运营商必须根据现行的法规和政策进行报告、调查和减轻 SCC 特征。Ⅲ级和Ⅳ级 SCC 通常用水压检测和/或 SCC 在线检测工具进行检测。通常,确认为Ⅱ级 SCC 后,运营商必须进一步探索性调查确保不会发展为Ⅲ级甚至Ⅳ级 SCC。

当通过开挖或在线检测工具获得某一管段存在Ⅲ级 SCC 特征时,必须保守假定管道其余部分存在 SCC。一个好的方法是认为最大剩余的 SCC 失效压力应大于最大运行压力(MOP)。根据管道 60d 内运行压力记录除以安全因子(≥1.25)计算出管道的安全运行压力。对于水压检测目的而言,安全操作压力应低于失效时的水压测试压力或 60d 内监测的最大操作压力。对于 ILI 检测的目的而言,安全操作压力低于最低失效压力除以安全系数或 60d 内最大监控操作压力。

通过在线检测工具或探索性挖掘发现Ⅳ级 SCC 时,应根据在 15d 内降低运行压力至发现异常时的压力除以安全因子(≥1.25)计算立即降低压力。立即进一步进行工程评估,并进行减轻措施。

9.1.4 SCC 位置选择

可靠的 SCC 选位模型开发通常在完成管段的优先排序性后进行,可为开挖、SCC 检测和确定 SCC 的存在与否及严重程度提供指导。在选位过程中,有经验的管道检测人员通常会在线使用不同分辨率的工具进行裂纹检测;之前开发的 SCC 模型结合了地形、CP 数据、历史数据、其他非 SCC 的在线检测记录分析、SCC 水压检测结果,以及复杂的风险分析算法。无经验的工作者在 SCC 选位和确定优先级方面面临更多挑战,起初他们需要依赖一些量化好的因素和大量开挖结果,一旦具备经验即可降低开挖工作量。具备有限 SCC 经验的操作人员需要执行大量开挖工作以统计方式确定管道中 SCC 的存在及严重程度。

确定开挖管线的 SCC 位置可以采用许多方法。可利用各种无损检测(NDT)方法确定 SCC,这些在线检测工具用于检测包含裂纹在内的管道状况。在线检测的主要目的是发现并确定裂纹的类型和性质。比如,超声检测利用短波声波和高频检测缺陷和裂纹或者测量材料的厚度(Bickerstaff 等,互联网信息)。超声波具有良好的检测效果和准确性,主要应用于 SCC 和其他腐蚀类型的腐蚀检测。在线裂纹检测数据的利用提高了 SCC 定位准确性和效率,使得 SCC 风险管理具备如金属损失风险管理类似的可能性。然而，在考虑材料科学、腐蚀和断裂力学的同时，还需要对 ILI 数据进行进一步分析。

当在线裂纹检测不可行时，应建立目标管段的 SCC 模型。SCC 的形成和严重程度受许多因素影响，因此各种类型数据的整合有利于 SCC 具体位置的确定，然后分析这些数据与 SCC 位置的相关性。对于经验有限的人员且没有可用的 SCC 历史数据，可以通过寻找相同影响因素的 SCC 发生区域来确定位置。经检测分析后，操作人员重新评估 SCC 选位和不断完善模型是至关重要的。

此外，管道静水压试验可用来识别 SSC 的存在及其严重程度，也可作为一种 SCC 的缓解措施。查明 SCC 发生的原因，并建立管道 SCC 的模型以便确定其他需要检测的位置。

随机开挖检测可把常规 SCC 开挖看作检测 SCC 存在的一个机会。利用随机开挖检测数据可完善 SCC 敏感性模型，并提供机会来验证未检测到 SCC 的位置是否缺乏敏感性。

如果无法开挖所有 SCC 点，则需要确定 SCC 的优先发生位置。通常，基于统计分析模型优先考虑例如深度、长度和管道位置等的有害因素。在 SCC 统计分析方法中（Youzwishzen 等，2004），挖掘现场获得的数据如土壤条件、排水模式和当地地理条件等均应被纳入分析。此外，在分析过程中，对整个管道采集的数据包括几何结构、金属损失特征、闭合间隔 CP 读数和工作压力，均应与挖掘现场数据相结合。使用统计回归方法和各种多变量逻辑回归模型分析整个数据集。与 SCC 相关性最大的预测变量包括 CP+ON 电位、CP 偏移、是否存在地面凹陷、管道弯曲角度、弯曲方向（垂直或水平）、金属损失位置（是否近环焊缝）和金属损失的严重程度。将该模型应用于管道，以确定 SCC 在管道长度上指定增量处的概率，选择发生 SCC 概率较高的地点进行开挖验证。此外，也可选择一个发生 SCC 概率较低的位置进行开挖。检查开挖现场以确定预测与实际情况是否相符（即经过开挖确认预测的 SCC 点是否发生）。计算并检查预测模型的匹配度，以改进先前应用于管道的预测模型。

9.1.5　SCC 风险评估

风险评估管理被定义为一个全面的管理决策支持过程，作为一个程序来实施，通过定义角色和职责，将其集成到运营商的日常运营维护、工程管理和法规决策中。

管道运营商寻求控制失效发生的概率、失效的后果，以及二者结合的风险最小化。为了将失效概率降到最低，在管道制造和安装过程中必须遵守设计规范，并实施完善的维护规程。通常来讲，通过以下方式降低风险：

（1）有效的泄漏检测系统。

（2）优先权检测（ROW）。

（3）自动阀和止回阀间距。

（4）应急预案。

有定性评估和定量评估两种风险评估方法（Wikipedia，互联网信息）。定性评估较为主观，需要大量的经验判断，具有相对性。定量评估相对客观强调风险性，具有分析性和绝对性。定性方法采用风险指数的概念，对管段进行主观评估。

由于定性评估广泛使用统计计算，准确性取决于经验。而定量方法根据管道的详细信息，准确性取决于集成度和分析。

应力腐蚀开裂直接评估（SCCDA）是一种通过使用磁粉探伤（MPI）方法或等效方法来评估管段是否存在应力腐蚀开裂的过程（Pikas，2002）。SCCDA 要求整合历史记录、间接调查、现场检查和管道表面评估的数据，并结合管道的物理特性和运行历史。通过连续的应用程序，SCCDA 识别并定位 SCC 已经发生、正在发生或可能发生的位置。SCCDA 通过选择潜在 SCC 风险的管段，在这些管段内选择开挖地点、检查管道，在开挖过程中收集和分析数据、实施减缓措施、规定重新评估时间间隔，以及评估 SCCDA 过程的有效性进行 SCC 协助管理。

SCCDA 与其他检测方法（如 ILI、水压试验）是互补的，不必要二者选一或替换这些方法。SCCDA 也是对内部腐蚀直接评估（ICDA）和外部腐蚀直接评估（ECDA）的一种补充。

ICDA：内部腐蚀是上游管线失效的主要原因。ICDA 通常涵盖初始腐蚀评估和测试、设计和降低风险项目，以及防腐措施效果的测试。使用 ICDA 确定最大风险位置后，通过管道系统评估、工程计算和腐蚀性预测、气体—液体—固体的实验室分析、腐蚀监测和清管器程序等试验优化控制管道内部腐蚀。

ECDA：外部腐蚀是管道面临的最大威胁（American Society of Mechanical Engineers，2001），ECDA 包括相关的完整性评估技术（包括 ILI、静水压测试和直接评估）。尤其是，ECDA 旨在重点关注最薄弱点的维修工作（National Association of Corrosion Engineers，2008）。ECDA 分为四个步骤：（1）预评估：结合管道的物理特性、运行历史和前期检查；（2）间接评估：实地调查，例如直流电压梯度、近间隔电位测量、管道电流图或土壤电阻率测量；（3）直接检查：暴露管道检测验证地面勘测结果，并对管道涂层、管道表面和土壤电解质进行物理测试；（4）后期评估：步骤（1）、步骤（2）和步骤（3）中收集结果的评估，以进行整体完整性评估，以及 ECDA 流程的验证，并确定再次 ECDA 流程评估的间隔时间（Khan，2012）。ECDA 具有前瞻性，可识别出腐蚀是否已经发生、正在发生或将要发生。ILI 检测现有的腐蚀，而压力测试可能会导致管道在压力极限以下失效。

SCCDA：对从未进行 SCC 敏感性评估的管段系统，特别是状态监测期间发生变化的管段，需对其进行 SCC 敏感性评估。影响 SCC 敏感性的因素多种多样：

（1）外涂层的类型和条件。
（2）管道属性。
① 施工的日期、季节。
② 管道厂家。
③ 管道直径。
④ 焊缝类型。
⑤ 管道等级。
⑥ 管道排列。
⑦ 应力集中部位。
（3）运行条件。
① 应力水平和压力循环。
② 温度。
③ 压缩机和泵站下游的距离。

④ 环境条件(腐蚀性)。
⑤ 地形。
⑥ 土壤类型和排水类型。
⑦ 排水方式。
⑧ 管道/管段维护史。
⑨ 在线检验数据。
⑩ CP 数据。
⑪ 历史开挖记录。

对 SCC 进行初始敏感性评估是很有必要的。如果没有记录上述条件因素,通常需要进行开挖检测。这种对管段 SCC 敏感性的评估有益于运营商:包括减小管道系统内的检查范围、确定检查因素的优先次序,以及及时处理实际存在的 SCC 问题。

9.2 管道 SCC 的防护

防护是通过最小化风险源或后果影响来避免风险发生的一个过程。管道系统的防护必须在最初规划、设计和施工等阶段通过评估风险对系统完整性的影响来采取预防措施。如此可以在整个管道系统全生命周期内进行防护,并且能制定最佳的完整性解决方案。

防护方法必须基于选材、工程设计、阴极保护、涂料和在最大允许操作压力(MAOP)内的工艺操作。管道的安全性和可靠性来源于有效的防护,也就是说,通过已知的失效原因,将失效风险降到最低。SCC 的防护措施也应从管道的工程设计阶段开始,重点在于管道的合理选材、极限应力设计及环境控制。

9.2.1 合理选材

选择在服役环境条件下不发生 SCC 的材质并采用正确的方式进行加工制造来有效预防 SCC 的发生。遗憾的是,在实际应用过程中该方法并不容易实现:(1)特殊环境控制难以满足,例如碳酸盐—碳酸氢盐环境会导致大量碳钢应力腐蚀开裂;(2)机械要求难以满足,特别是在裂解过程中涉及氢的情况下,高屈服强度钢可能难以达到耐应力腐蚀开裂的要求;(3)很多材料在经济上无法大规模使用。

目前,碳钢和低合金钢是长距离传输管道的常用材质。但是,这些钢材在多数环境中均遭受 SCC 的影响。实际上,钢材的 SCC 行为受微观组织和微量化学元素的影响非常小。高 pH 值环境中,无论是现场应用还是实验室研究都没有发现与管道 SSC 相关的冶金特征。类似地,近中性 pH 值环境中,在各管场多种类型和等级的管道上均检测到 SCC。通过对 14 个易开裂的管接头样品(尺寸从 NPS8 至 42、钢级从 API X52 至 X70 钢)的检测中发现,管道发生 SCC 与材料因素(包括化学成分、夹杂物)和局部电流行为之间在统计学上具有相关性(Beavers 等,2000)。此外,绝大部分输气管道采用三种焊缝工艺生产,含有不同数量的铁素体、珠光体和贝氏体,晶粒尺寸变化很大。虽然没有证据表明上述任何一项可以促进或抑制 SCC,但是目前已明确了在近中性环境下 SCC 的敏感性和钢中非金属夹杂物长度之间的关系(Surkov,1994)。

有氢存在时，钢材强度是 SCC 的主要影响因素，因此限制钢强度是选择钢材的主要方法，例如典型的方法有添加氯化物水溶液来限制钢的屈服强度到 689MPa（100ksi）（Materion，2011）。此外，硬度限制是防止钢在一定环境下发生 SCC 的另一方法，例如 NACE MR-0175 建议限制硬度等级来减缓硫化氢应力腐蚀开裂（National Association of Corrosion Engineers，2003）。对于大多数钢而言，最大硬度限制为 22HRC。在硫化氢和硫酸溶液中，压力容器的焊接最大硬度限制为 200HB。

此外，对强度等级的限制并没有一个明确的阈值，超过这个等级就会出现问题，因为强度的阈值受到钢中氢含量、施加应力、应力集中的严重程度、环境，以及钢材的成分和组织等因素的影响。简单地说，对于屈服强度在 600MPa 以下的钢，HE 不太可能出现，而对于屈服强度在 1000MPa 以上的钢，HE 可能成为主要的问题（UK National Physical Laboratory，1982）。

随着高强钢管道的发展，人们试图通过合金化处理与控制轧制相，以及降低碳含量相结合来改善钢的力学性能。新研发的高强钢，如 X80 和 X100 钢，即使有更高的屈服强度和更低的碳含量，但没有明确的证据来证明对 SCC 敏感性更大或更小。实际上，评估 SCC 开裂的一个重要变量是应力与钢的屈服强度之比（Parkins 等，1981）。高强度管线钢的 HE 或 HIC 不应被忽视，因为氢致开裂的敏感性通常随着钢的强度水平的增加而增加。

9.2.2　应力控制

结构组件上存在应力（拉伸应力）是发生 SCC 的条件之一。因此，消除管道应力是防止管道 SCC 发生的一种常用方法，或至少将其降低到发生 SCC 的阈值应力以下。在管道运行期间保持恒定的操作压力通常是不切实际的，但是在焊接或成型过程中控制残余应力是可行的。

通常，环向应力为管道的最高应力分量，其来源主要为管道内压。降低管道内压通常可以减少 SCC 的发生，同时降低管道内压可降低 SCC 裂纹深度（National Energy Board，1996）。特别地，降低管道应力也可以增加临界裂纹尺寸，以及增加临界泄漏或开裂长度（Baker，2005）。但是，目前还没有一个明确的临界应力表示低于该应力以下就不发生 SCC。

此外，管道压力由于输送介质的装卸载而不断波动，并受到泵工作的影响，使管道产生循环应力，甚至在应力水平低于无压力波动时，管道也会发生开裂（Parkins 和 Greenwell，1977；Beavers 和 Jaske，1998）。对于较大的深度缺陷或较大的应力循环情况，SCC 的最终失效可能是应力循环引起的疲劳所致。因此，降低循环应力波动可使 SCC 的增长速率降到最低。

越来越多的证据表明，管线中的拉伸残余应力在 SCC 中起着重要作用，通过在制造、安装和运行期间降低这些应力，可以最小化或防止 SCC 开裂。碳钢管线的残余应力可以通过各种方法实现应力消除。喷丸或喷砂可以在管线表面引入压应力，有利于控制 SCC，该表面处理的均匀性是现场应用效果的关键。例如，如果只对焊缝区域喷丸，可能会在喷丸区域的边界处产生破坏性的拉伸应力。此外，适当的施工方法，如尽量减少装配过程中导致的残余应力和避免由压痕或管道机械损伤引起的集中应力，从而减少 SCC。

9.2.3 环境控制

控制管道 SCC 最直接的方法是改变环境中引起 SCC 的关键参数。

（1）涂层。涂层性能不达标是造成管道 SCC 的关键因素。好的涂层应具有多方面的优异性能：包括结合力/耐剥离性、低透水性、电气绝缘性、耐磨性、抗冲击性、极端温度下的柔韧性、耐降解、抗剪切性、物理或机械性能、剥离后不屏蔽 CP 等。此外，在选择涂层时须考虑与涂层相关的约束条件。

降低管道发生 SCC 最可靠的方法是有效的 CP 和使用高性能涂料的结合。要求涂层能够有效防止与管线钢接触的 SCC 环境和电解液，同时可使 CP 电流通过涂层，从而保护涂层剥离区域的管线。此外，在涂装涂料前要先进行适当的表面处理来改变管道表面状况，以减少 SCC 敏感管段。建议使用的耐 SCC 材料有 FBE、液体环氧树脂和聚氨酯。多层、黄色护套和挤压聚乙烯涂层也可以降低 SCC 风险（Canadian Energy Pipeline Association，2007）。

此外，无论选择何种涂层，对钢管表面应按照 NACE No. 1/SSPC-SP 5（National Association of Corrosion Engineers，2000a）或者 NACE No. 2/SSPC-SP 10（National Association of Corrosion Engineers，2000b）中的要求，去除轧制氧化皮并制造足够的残余压应力来减少 SCC 的裂纹萌生。

（2）阴极保护。阴极保护（CP）已被用来防止埋地管道的腐蚀，从而试图控制 SCC。CP 与高 pH 值开裂密切相关，因为高 pH 值环境的产生是由于 CP 电流与地下水中溶解的二氧化碳一起到达管线钢表面。对于高 pH 值环境下管道的 SCC，如果管道的电位比控制腐蚀的电位更正，CP 可以增加负的管—土电位。外加电流法和牺牲阳极保护法均广泛应用于预防高 pH 值环境下的 SCC。

当管线表面 CP 不足时，才会发生近中性 pH 值环境中的 SCC，这种环境一般为没有阴极保护或阴极保护被部分屏蔽。因此，CP 无法有效控制 SCC。目前，还没有在近中性 pH 值条件下预防和减缓 SCC 的 CP 标准。然而，普遍认为如果 CP 电位达到标准要求的范围[例如，-850mV（Cu/CuSO$_4$）]，或者无涂层屏蔽 CP 电流，就不会发生该条件下的 SCC（National Association of Corrosion Engineers，2002）。而且，CP 应在涂层剥离附近提供持续充足的保护以防止 SCC 和腐蚀。

在整个管道上给予足够的阴极保护电位以防止 SCC 是非常重要的，但是应避免过度阴极保护导致涂层降解和在碱性环境中形成高 pH 环境中的 SCC。由于氢气气泡可能会阻塞阴极保护电路，在过度阴极保护下，涂层下易发生析氢反应和氢富集的副作用。此外，一旦氢原子渗透到钢中，将导致钢脆化和发生氢致开裂。同时，应考虑管道 CP 电位的季节性波动，以最大限度地降低管道发生季节性开裂的风险。

（3）温度。有结果表明，温度显著影响高 pH 值环境下 SCC（Fessler，1979）。然而，与高 pH 值环境下管线的 SCC 相比，温度对近中性 pH 值环境的管道 SCC 的影响较小（National Energy Board，1996）。降低温度能够减缓开裂速度、降低开裂的可能性，以及提高涂层性能，从而降低 SCC 发生的可能性。由于超过 90% 高 pH 值环境 SCC 和 60% 近中性 pH 值环境 SCC 发生在管线温度最高的泵站附近，因此可以采用安装冷却塔来控制管线温度，从而减少 SCC 的发生（Baker，2005）。

9.3 管道 SCC 的监测和检测

监测的定义是定期观察和记录项目中发生的活动,它是一个定期收集有关项目各方面信息的过程。对管道运行的监测包括收集管道运行、环境和其他条件变化的数据,以帮助预测潜在的威胁或后果。

为了观察季节变化,监测可以在某一特点时间沿线路的许多地点进行,也可以在不连续的地点进行。监测可以针对一系列的环境条件和操作参数。此外,可以监测这些参数随季节的变化,从而确定环境因素是否利于 SCC 的发生或是否仅在一年内的某些时候才会发生开裂。

9.3.1 在线检测

可以使用在线检测(ILI)来检测 SCC,但是管线壁厚损失需要使用与 ILI 技术不同的技术和分析方法来检测和评级。安排定期监测和使用 ILI 检测腐蚀情况是一种有效减缓和预防 SCC 的技术。开挖和实施在线检测确定的维修计划将减少 SCC 的发生。在线工具是使用各种无损检测方法来监测管道的情况。

在线检测的范围包括:
(1)金属损失检测。
(2)几何尺寸和弯曲检测。
(3)裂纹检测。
(4)地层运动和测绘检查。

通常,检测工具经化学清洗后立即运行,首先检测管道的变形和圆度不够等管道的直接损伤、不利于其他检验工具安全运行及妨碍缺陷的定位等情况。其次,在每个管段中进行高分辨率漏磁(MFL)检测,以确定是否存在金属损失、腐蚀和其他异常和/或不规则的冶金缺陷。最终,采用超声波探伤检测(UTCD),UTCD 是一种非常精密的设备,例如能够检测和测量 SCC 的纵向细微裂纹。UTCD 已被广泛用于评定临界 SCC,甚至亚临界的 SCC。

各种分辨率的管道在线检测设备和工具主要包含:
(1)漏磁检测(MFL,轴向和周向)。通过磁通量检测腐蚀和 SCC 的基本原理是使用强力磁铁使钢磁化,在腐蚀或金属损失的区域,磁场从钢中"泄漏"。在 MFL 检测工具中,在磁体的磁极之间放置磁探测器以检测漏磁场。分析人员通过泄漏场的图形,记录受损区域和评估金属损失的深度。多年来,MFL 检测工具一直被用于管道三维缺陷的检测,如腐蚀、缺陷和机械损伤。近年来,它已被用于检测纵向缺陷,如裂纹、纵向焊缝缺陷和窄轴向腐蚀。

有人试图采用 MFL 的横向磁场检测(TFI)来检测天然气管道的 SCC,但是尚未得到认可。影响 TFI 对 SCC 敏感性检测的最重要变量之一是裂纹开口的大小。一般情况下,较长的和较深的裂纹有较大的裂纹开口,并且随着环向应力水平的增加而增大。因此,在 TFI 运行过程中,将环向应力保持在最高的操作范围,可以提高 TFI 工具的灵敏度。

(2)超声波检测(UT)。超声波检测是使用高频的超声波检测缺陷或测量材料厚度。UT 已被广泛应用于输液管道的 SCC 检测,但在输气管道中的应用仍具有一定的挑战性,这主要是因为液体可以作为超声波传递到管壁的通道。UT 基本上可以给出准确的结果,而且检测的精度非常高。UT 主要包括超声裂纹检测、弹性波检测和电磁声发射。

用 UT 的剪切波是检测纵向缺陷的最好方法,会将剪切波引入环向方向。液体耦合器是最精确、最常用的检测裂纹的设备。目前,超声波在线检测在输液管道中应用最广泛,输送的流体是超声波传感器与管道壁之间的连接体。舵轮耦合工具和液体耦合工具等剪切超声波在线检测的工作原理和应用已有详细介绍(Baker,2005),这里不再赘述。超声波在线检测主要缺点是受尺寸限制,不适用于小口径管道。此外,只能在一定的阈值以上才能准确地检测出裂纹。

有关 MFL 和 UT 的其他详细信息,参见第 9.3.2 节。

(3)电磁超声法(EMAT)。EMAT 是 ILI 的最新技术,它利用管壁内表面的磁场产生超声脉冲(National Association of Corrosion Engineers,2000c)。该技术已经开始被用于管道检查。

(4)涡流探伤。涡流检测是一种只能用于导电材料的电磁无损检测技术。涡流检测不仅可以应用到裂纹检测,还可以对小型元器件的缺陷、尺寸变化和材料劣化进行快速检测。

(5)几何工具。几何工具包括超声波、机械臂或其他用于测量管道直径的机电设备。可以识别凹痕、变形,以及椭圆度的变化,有时也能检测到管道的弯曲度。超声波几何工具通过检测管道内壁的反射,作用类似于声呐和雷达,其分辨率与传感器的数量及其发射频率有关,在输液管道或输气管道中均可使用。机械几何工具是使用机械手臂附于管道的内表面上。通常,几何工具上的机械压力表的数量少于电磁或超声波设备上的传感器数量。因此,对内壁腐蚀或管道内表面的金属损耗的检测,几何工具不如电磁和超声波灵敏,因此不能作为低成本方法用于检测小缺陷。

(6)NOVA 探针。使用 NOVA 探针系统可以监测管道深度的环境条件,该系统有便携式和永久安装两种形式。这两种形式都可以检测管道与土壤的电位、土壤电阻率和土壤 pH 值等参数。永久探头通常安装在管道环境和 CP 监测系统(PECPMS)中的一部分。除了环境参数外,PECPMS 单元还可以监测空气温度、开路电位、开启和关闭的瞬时电位。

9.3.2 智能清管器

清管通常是为了清洗、配料、清污或检查。智能清管器已成为管道状态检测和评估的重要工具,并将成为管道维护的重要方法之一。

清管技术已有很长的应用历史,最早出现清管器的检索信息为 1959 年(Woodley,2011),使用 MFL 技术在管道上使用卡钳工具检测凹痕。1965 年,壳牌进行第一次清管器的商业化作业,该工具只有四个传感器,只检查了管道底部 90°的管壁,在清管器经过之前,通过挖掘并在管道上放置永久磁铁来确定清管器位置。早期的清管器为管道运营商提供服务,使他们能够更高效地进行维护。

到 1980 年,英国天然气公司根据 MFL 原理制造了自己的检查清管器,该检测为检测金属损耗提供了数据基础。MFL 是一种推断性的测量系统,其检测到的任何特征都会导致传感器周围磁场发生扰动，这种扰动与金属损耗的百分比有关。

超声清管技术是一种先进的检测方法，清管器源系统中装入一排超声探针用于检测剩余壁厚。MFL 只能推断出金属损失，而 UT 可以直接测量金属损失，因此 UT 是一种更为准确的工具。但是，UT 检测需要液体介质将声波传输到管道中，因此仅限于在输油管道中使用。如果在管道中有一个液体段塞，UT 也可以用于天然气管道，但该方法很难实现而且成本高。

MFL 清管对大面积的金属损失和小的金属凹坑很敏感，但对长且窄的轴向腐蚀区域相对不敏感。然而，TFI 清管器可用于已知或可能有该类缺陷的外部腐蚀管道。

由各种因素（例如 SCC）引起的轴向开裂是管道管理人员必须解决的另一问题。但是，MFL 和 UT 等检测工具都不能检测到这类 SCC 缺陷。TFI 在检测裂缝方面有一些成功经验，但通常仅适用于裂纹相对严重的区域。目前，已开发出新型超声波检测工具，其声波以一定的角度射入，而后在管道周围传播。该工具在检测裂纹方面已被证明非常成功，但仍然受限于需要在溶液介质中运行的事实。

1974 年，英国开发了一种名为弹性波的系统（EMAT）用于检测天然气管道中的裂纹。倾斜的 UT 探头将声波发射到管壁中（该探头由管线内输送的液体带动）。然而，该系统不便于维护保养且运行费用高昂。尽管 EMAT 工具检测裂纹尺寸仍然处于最初的探索期，但它是检测裂纹最新和最精确的方法。

9.3.3 静水压试验

静水压试验是一种替代 ILI 的方法，它已经被用于定位试验压力下的临界尺寸的应力腐蚀裂纹，如果实施恰当，可以确保在测试时消除这种临界缺陷。为保证管道的完整性，静水压试验是常用的技术。理想的检测过程包括充液（水或空气）、加压、脉冲测试（MAOP 浓度 139%，持续 0.5h）、压力测试（MAOP 浓度 125%，持续 4h）、泄漏测试（MAOP 浓度 110%，持续 44h）、脱水和干燥。

目前，静水压复试是定位管道 SCC 缺陷的唯一办法，但只能确定在运行条件下最接近 SCC 的部分。此外，静水压试验不能提供管线中是否存在其他裂缝或其严重程度的信息。根据管材的断裂韧性，裂缝导致管道的承载能力减小，当小于水压时，就会发生流体静力试验失效，水压试验破裂后影响的距离不大，破裂后应力水平迅速下降。

为确保管道运行的完整性（包括缺陷增长，如均匀腐蚀或点蚀、腐蚀疲劳或者应力腐蚀开裂），定期的水压试验也是一种常用的方法。通常，需选择一个压力范围，其最小压力确保管道的完整性，最大压力不能导致管道中非损伤性的失效。在选择压力范围时考虑的因素包括管道中缺陷的估计数量、这些缺陷的预估增长率和管道 MAOP/MOP 值。如果存在大量生长缓慢的缺陷，且管道的 MAOP/MOP 相对于 SMYS 较低，则可能需要选择一个相对较低的最大试验压力，以避免大量的静水压试验失效。此外，需要一个相对较高的最小试验压力，以避免快速增长的缺陷和高操作压力进行的频繁重复检测。

静水压试验的优点是可以消除轴向缺陷，无论几何形状如何，这些缺陷在试验压力下具有关键尺寸。它还可以发现管道的初期泄漏，以便能够检测。静水压试验将对管道中残留的亚临界缺陷的裂纹尖端施加压应力，从而发生钝化，以抑制腐蚀疲劳或 SCC 裂纹扩展

（Hohl 和 Knauf，1999）。

在静水压试验之后，亚临界裂缝留在管道中，可能比静水压试验失效时的尺寸要小。此外，静水压试验会导致这些亚临界缺陷的磨损从而引起的承压压力逆转，在管道运行期间失效或者在下一次静水压试验中管道压力较低。一般管道内部加压产生的最大轴向应力小于周向应力，静水压试验对周向缺陷无效。尽管水压试验可以定位泄漏点，但不能有效消除最终会产生泄漏的小缺陷。相比而言，静水压测试过程中管道必须停止运行，因此其成本远高于 ILI 测试方法。

尽管有效的静水压试验能够消除临界裂纹状缺陷和钝化亚临界裂纹尖端，以抑制 SCC 的进一步扩展，但静水试验压力的高应力强度可能导致裂纹尖端塑性变形。随着静水压试验压力的增大，管道可能会发生典型的塑性诱导裂纹生长或韧性撕裂（Zheng 等，1998）。这些通过静水压测试的接近临界的裂缝中，有一些可能会通过压力逆转现象对管道完整性造成直接威胁（Kiefner 和 Maxey，2000）。即使采用低于 SMYS 的静水试验压力，在应力腐蚀裂纹的某些尖端发生应力集中或应力—应变强度也是不可避免的。例如，聚焦离子束（FIB）显微镜的高分辨率成像表明，静水压试验可以在裂纹尖端附近诱导塑性变形（Li 等，2008）。因此，对经过静水压试验的管道进行寿命预测时，必须谨慎。

9.3.4 管道巡查

管道 SCC 的预防还依赖于对管道沿线的潜在故障点进行持续的检查。可能会使用飞机、陆地车辆或徒步巡逻、定期监测管道路线。这也能发现潜在的破坏性活动（如未经授权的挖掘和施工）。谷歌地图作为代替传统管道巡检的一种新方法。基于全球定位系统（GPS）和谷歌地图的管道巡检系统是目前国内外研究的热点。

9.4 缓解管道 SCC 风险

缓解是一个过程，旨在通过减少已确定的威胁的失败概率，或后果，或两者兼而有之，来减少风险。当计划和实施减少 SCC 的方法时，将进行工程评估以了解 SCC 缺陷的共性、SCC 的潜在机制和 SCC 的增长速率。缓解的时间周期取决于 SCC 的严重程度，并在工程评估的基础上确定。一般来说，减轻 SCC 所需的时间在 1~4 年之间。

一些缓解 SCC 的方法如下：

（1）开挖修复。一旦通过开挖知道了管道的状况，就可以选择合适的维修方法，并由现场工作人员对管道进行施工。然后采用有计划的维修方案，以保持修复后的状态。建模软件可以预测管道的腐蚀和裂纹扩展速率，这反过来可以用于制定 SCC 缓解策略。

含有 SCC 缺陷的管道可以使用 CSA Z662（Canadian Standards Association，2011）中给出的一种或多种方法进行修复，包括研磨和抛光修复、压力密封套、管道更换、钢筋增强套管、钢筋压缩增强修复套管、玻璃纤维增强修复套管、带压开孔和直接熔敷焊接。

（2）二次涂覆。对现有管道再次涂覆涂层可缓解管道 SCC。在选择修补涂料时必须考虑几个因素，包括适用的环境气候和条件、钢材的表面状况和处理方法、与现有涂层的相容性、设备要求、现场和管线的接触及涂对 CP 的渗透性（Canadian Energy Pipeline Association，2007）。管道再次涂覆涂料必须可抵抗阴极剥离，可牢固黏附在管道上，耐机械损伤，防止水分降解。此外，这些涂层即使真的脱落也不能屏蔽 CP。

（3）修复套筒。如果对管道开挖段进行的打磨导致其壁厚低于 MAOP/MOP 所要求的最小值，则可以安装修复套筒。使用修复套筒来减轻 SCC 时，地面区域应填充不可压缩的填充物。只有全包围的套筒，如加强型、含压型、螺栓型和复合加强型，才能用于修复 SCC（Baker，2005）。

（4）化学清洗和清管。SCC 可以通过诸如清管器之类的在线设备进行检测，以便从内部对管道进行检查和清洁。需要确保管道的内表面足够干净，以便成功地进行在线检测，同时尽量减少对正常运行的干扰。该方法使用专用的化合物，如超净剂和专门设计的在线清洗程序。清洗剂可以与柴油混合分批运行（包含清管器）。在每个接收站收集清管器、管道碎片和化学清洗剂，并进行分析，以确定获得的清洁度水平。确保管道内壁没有原油残留物，从而防止超声波传感器在探伤过程中发现潜在的危险异常现象。此外，干净的管壁可避免生锈及导致局部腐蚀的污垢。

用于化学清洗阶段的设备移动具有很大的挑战性，特别是考虑到每次清洗后必须用工具立即进行检测。这样严格的安全措施才能确保项目的成功执行。

对于不能清管的管线，即不能被标准智能清管器检测的管道，一些公司在研发上开辟了一个全新的方向。不能清管的管道可能是在操作压力下不能与标准清管器兼容，或者是只有一个入口点。不能清管的管道检查方法包括通过热水龙头进入管道流动的清管器或者采用机器人牵引车拖拽检查设备。检测模块可采用多种技术：漏磁、远场涡流、超声、飞行时间法，以及使用照相和激光光源的可视化技术（Woodley，2011）。

（5）低可塑性抛光（LPB）方法。LPB 方法将压缩残余应力引入碳钢中可视化减轻 SCC 并显著提高钢的机械强度（Kiefner 等，1994）。这是一种改进金属的方法，在几乎没有冷加工的情况下提供深层的、稳定的表面压应力，以提高耐损伤能力和耐应力腐蚀性能。

最基础的 LPB 工具是支撑在球形静压轴承中的一个圆球，利用机床的冷却液给轴承加压，使其有连续流动的液体来支撑圆球。圆球在正常状态下被加载到管线钢的表面，而液压缸则是在工具的主体中。圆球在钢的表面滚动，工具的路径和施加的法向压力被设计为创造一个压缩残余应力的分布。该压应力旨在对抗拉应力或优化耐疲劳和耐应力腐蚀性能。由于没有对圆球施加剪切力，它可以自由地向任何方向滚动。一旦圆球在钢材表面滚动，圆球的压力会导致钢发生塑性变形。由于钢材的体积限制了变形区域，变形区域在圆球通过后仍处于压缩状态。

LPB 是一种可靠且可重复的方法，可以在复杂的几何部件中产生深层压缩残余应力。LPB 可形成非常光滑的表面，有助于无损检测和检验。因此，采用 LPB 工艺来处理管道等部件可大大提高使用寿命。

参 考 文 献

American Society of Mechanical Engineers (2001) Managing System Integrity of a Gas Pipeline, ASME B31.8S-2001, ASME, New York.

Baker, M, Jr. (2005) Final Report on Stress Corrosion Cracking Study, Integrity Management Program Delivery

Order DTRS56 – 02 – D – 70036, Office of Pipeline Safety, U.S. Department of Transportation, Washington, DC.

Beavers, JA, Jaske, CE (1998) Near-neutral-pH SCC in pipelines: effects of pressurefluctuations on crack propagation, Corrosion 1998, Paper 98257, NACE, Houston, TX.

Beavers, JA, Johnson, JT, Sutherby, RL (2000) Materials factors influencing the initiation of near-neutral-pH SCC on underground pipelines, Proc. 4th International Pipeline Conference, Paper. 047, Calgary, Alberta, Canada.

Bickerstaff, R, Vaughn, M, Stoker, G, Hassard, M, Garrett, M, Online source, Review of sensor technologies for in-line inspection of natural gas pipelines, http: //netl. doe. gov/technologies/oil-gas/publications/Status Assessments/71702. pdf.

Canadian Energy Pipeline Association (2007) Stress Corrosion Cracking: Recommended Practices, 2nd ed. , CEPA, Calgary, Alberta, Canada.

Canadian Standards Association (2011) Oil and Gas Pipeline Systems, Z662-11, CSA, Reydale, Ontario, Canada.

Fessler, RR (1979) Stress corrosion cracking temperature effects, Proc. 6th Symposium on Line Pipe Research, Paper L30175, PRCI, Falls Church, VA.

Hohl, G, Knauf, G (1999) Field hydrotesting and its significance to modern pipelines, Proc. EPRG/PRCI 12th Biennial Joint Technical Meeting on Pipeline Research, Paper 32.

Khan, AJ (2012) Successful implementation of ECDA methodology, Mater. Perf. 51, 32-34.

Kiefner, JF, Maxey, WA (2000) Periodic hydrostatic testing or in-line inspection to prevent failures from pressure-cycle-induced fatigue, API's Annual Pipeline Conference Cybernetics Symposium, New Orleans, LA.

Kiefner, JF, Bruce, WA, Stephens, DR (1994) Pipeline Repair Manual, L51716, PRCI, Falls Church, VA.

Li, J, Elboujdaini, M, Gao, M, Revie, RW (2008) Investigation of plastic zones near SCC tips in a pipeline after hydrostatic testing, Mater. Sci. Eng. A 486, 496-502.

Materion (2011) Chloride stress corrosion cracking of high performance copper alloys, www. materion. com.

National Association of Corrosion Engineers (2000a) White Metal Blast Cleaning, Joint Surface Preparation Standard NACE 1/SSPC-SP 5, NACE, Houston, TX.

National Association of Corrosion Engineers (2000b) Near-White Metal Blast Cleaning, Joint Surface Preparation Standard NACE 2/SSPC-SP 10, NACE, Houston, TX.

National Association of Corrosion Engineers (2000c) In-Line Nondestructive Inspection of Pipelines, NACE, Houston, TX.

National Association of Corrosion Engineers (2002) Control of External Corrosion on Underground or Submerged Metallic Piping Systems, NACE Standard RPO 169-2002, NACE, Houston, TX.

National Association of Corrosion Engineers (2003) Methods for Sulfide Stress Cracking and Stress Corrosion Cracking Resistance in Sour Oilfield Environments, NACE MR 0175, NACE, Houston, TX.

National Association of Corrosion Engineers (2008) Pipeline External Corrosion Direct Assessment Methodology, NACE SP0502-2008, NACE, Houston, TX.

National Energy Board (1996) Stress Corrosion Cracking on Canadian Oil and Gas Pipelines, MH-2-95, NEB, Calgary, Alberta. Canada.

National Energy Board (2003) Guidance Notes for the National Energy Board Processing Plant Regulations, Section 40, Plant Hazard and Safety Management, NEB, Calgary, Alberta, Canada.

Nelson, BR (2002) Pipeline integrity: program development, risk assessment and data management, the 11th Annual GIS for Oil and Gas Conference, Houston, TX.

Parkins, RN, Greenwell, BS (1977) The interface between corrosion fatigue and stress corrosion cracking, Met. Sci. 11, 405-416.

Parkins, RN, Slattery, PW, Poulson, BS (1981) The effects of alloying additions to ferritic steels upon stress-corrosion cracking resistance, Corrosion 37, 650-659.

Pikas, J (2002) Direct assessment, data integration important in establishing pipeline integrity, 82nd Annual Gas Processors Association Convention, Dallas, TX.

Sullivan, J (2007) Pipeline integrity: enhancing integrity management, Enspiria Solutions Inc., http://www.esintial.com/Article%20pdfs/Pipeline%20Integrity.pdf.

Surkov, JP (1994) Corrosion crack initiation in gas pipelines, Phys. Met. Metallogr. 78, 102-104.

UK National Physical Laboratory (1982) Guide to Good Practice in Corrosion Control: Stress Corrosion Cracking, NPL, London.

Wikipedia, online source, Risk assessment, http://en.wikipedia.org/wiki/Risk assessment.

Woodley, D (2011) The origin of intelligent pigs, Pipeline Int. 10, 26-28.

Youzwishzen, OO, Van Aelst, A, Ehlers, PF, Nettel, A (2004) A statistical model for the prediction of SCC formation along a pipeline, Proc. 5th International Pipeline Conference, Paper IPC04-0267, Calgary, Alberta, Canada.

Zheng, W, Tyson, WR, Revie, RW, Shen, G, Brade, JEM (1998) Effects of hydrostatic testing on growth of stress-corrosion cracks, International Pipeline Conference, Vol. 1, Calgary, Alberta, Canada, pp. 459-472.

名词术语英文缩写及物理量符号解释

名词术语英文缩写及物理量符号	解释	名词术语英文缩写及物理量符号	解释
AD	阳极溶解	FIB	聚焦离子束
AF	针状铁素体	GBF	晶界铁素体
API	美国石油协会	GPS	全球定位系统
ASME	美国机械工程师协会	H_2S	硫化氢
BCC	体心立方	HAGB	大角度晶界
bcf	十亿立方英尺	HAZ	热影响区
BF	贝氏体铁素体	HE	氢脆
CCT	连续冷却转变	HIB	氢致鼓泡
CE	对电极	HIC	氢致开裂
CEPA	加拿大能源管道协会	HPCC	高性能复合涂层
CF	腐蚀疲劳	HSSCC	硫化氢应力腐蚀开裂
CGR	裂纹扩展速率	ICDA	内腐蚀直接评估
CP	阴极保护	IDQ	间断直接淬火
CO_2	二氧化碳	IEA	国际能源署
CSA	加拿大标准协会	IEAW	间接电弧焊
CSL	重合位置点阵	IGSCC	沿晶应力腐蚀开裂
DNV	挪威船级社	ILI	在线检查
DOS	敏感程度	IMP	完整性管理程序
DOT	交通运输部	IOB	铁氧化菌
DSAW	双埋弧焊	IRB	铁还原菌
EAC	环境促进开裂	ISO	国际标准组织
EAT	等效老化时间	LAGB	低角度晶界
EBT	电子束焊接	LAP	局部附加电位
ECDA	外部腐蚀直接评价	LEIS	局部电化学阻抗谱
EDX	能量色散 X 射线能谱分析	LPB	低塑性抛光
EMAT	电磁声换能器	MAG	金属活性气体
EMR	电阻焊	MAOP	最大允许工作压力
ESCM	电化学状态转换模型	MFL	漏磁
FBE	熔结环氧树脂	MIC	微生物腐蚀
FCC	面心立方	MIG	金属惰性气体
FEA	有限元分析	MnS	硫化锰

续表

名词术语英文缩写及物理量符号	解释	名词术语英文缩写及物理量符号	解释
M/A	马氏体/奥氏体	SVET	扫描振动电极技术
MOC	变革管理	TFI	横向现场检查
MOP	最大工作压力	TGSCC	穿晶应力腐蚀开裂
MPI	磁粉探伤	TM	热机械的
mpy	密耳每年	TMCP	热机械控制工艺
NACE	美国腐蚀工程师协会	UT	超声波工具
NDT	无损检测	UICD	超声波探伤
NEB	国家能源委员会	VSR	振动消除应力
NRTC	诺瓦研究技术中心	YPE	屈服点伸长
OPS	管道安全办公室		
PE	聚乙烯		
PECPMS	管道环境与阴极保护监测系统	a	裂纹长度
PIM	管道完整性管理	A_1	裂纹尖端区域
PRCI	国际管道研究理事会	A_2	裂缝前区域的面积
PSB	持续滑移带	b_a	阳极塔菲尔斜坡
PWHT	焊后热处理	b_c	阴极塔菲尔斜率
RE	参比电极	C	无源薄膜空间电荷层电容
ROW	通行权	C_{app}	氢表观溶解度
RP	滚动平面	c	颗粒初始深度
RRA	断面收缩率	da/dN	疲劳裂纹扩展速率
SAW	埋弧焊	D_{eff}	氢扩散率
SBD	基于应变的设计	D_1	氢的晶格扩散系数
SCC	应力腐蚀开裂	e	延伸率
SCCDA	应力腐蚀开裂直接评定	E	杨氏模量
SCE	饱和甘汞电极	$E°$	标准电极电位
SEM	扫描电子显微镜	E_a	阳极电位
SF	安全系数	E_{app}	外加电位
SHE	标准氢电极	E_{corr}	腐蚀电位
SKP	扫描开尔文探针	E_{corr1}	裂纹尖端的腐蚀电位
SMYS	规定最小屈服强度	E_{corr2}	裂纹尖端附近区域的腐蚀电位
SOB	硫化物氧化细菌	E_g	电偶电位
SPH	光滑粒子流体动力学	E_0	未活化点的电位
SRB	硫酸盐还原菌	E_{pi}	局部活化点的电位
SSC	硫化物应力开裂	E_{pit}	点蚀电位
SSCC	硫化物应力腐蚀开裂	f	频率
SSRT	慢应变速率拉伸	F	法拉第常数

续表

名词术语英文缩写及物理量符号	解释	名词术语英文缩写及物理量符号	解释
G	单个离子的形成自由能	N_T	氢捕集密度
H_{ave}	源位错平均深度	r	钢表面局部带电点到溶解层的距离
I_g	电流	r_0	原子半径
i_1	裂纹尖端的阳极电流密度	R	理想气体常数
i_2	裂纹尖端附近区域的阴极电流密度	$R_{ct,\sigma}^0$	不充氢钢的电荷转移电阻
i^0	交换电流密度	$R_{ct,\sigma}^H$	充氢钢的电荷转移电阻
i_a	阳极电流密度	q_i	电子电荷
i_a^*	膜破裂后的阳极电流密度	Q_F	两个连续的薄膜破裂事件之间通过的电荷
i_{corr}	腐蚀电流密度	s	应力
i_{corr1}	裂纹尖端腐蚀电流密度	t	时间
i_{corr2}	裂纹尖端附近区域的腐蚀电流密度	t_L	时滞
i_D	缺陷电流密度	t_0	被动膜破裂的开始时间
i_p	无源电流密度	T	温度
i_{pit}	点蚀电流密度	U	极限拉应力
i_N	非缺陷区域(即完整区域)的电流密度	V_H	钢中氢的平均体积
i_{total}	测量的总电流密度	V_m	钢基体摩尔体积
J_H	氢通量	W	晶粒厚度
$J_H L_H$	氢渗透速率	W_m	摩尔重量
k	常数	x	渗入钢中的氢原子数
k_B	玻尔兹曼常数	y	渗透应力钢的氢原子数
k_H	氢对钢阳极溶解速率的影响	Y/T	屈服强度/抗拉强度比
K_σ	应力对无氢阳极溶解的影响	z	再沉积指数
$K_{H\sigma}$	氢与应力协同作用对裂纹尖端阳极溶解的影响	$[H^+]$	溶液中氢离子浓度
K_{ISCC}	SCC 的最小阈值应力强度	$[H_{CP}^+]$	CP 存在下溶液中氢离子的浓度
K_{max}	最大应力强度因子	$[H_{ads}^0]$	不带电钢中吸附氢的次表面浓度
L	晶粒的初始尺寸和深度	$[H_{ads}]$	带电钢中吸附氢的次表面浓度
L_H	氢渗透试验试样厚度	ΔE	缺陷处搭接
M	相对原子质量	ΔG	自由能的变化
n	电极反应中交换的电子数	ΔK	应力强度因子
n_0	钢表面的位错数量	ΔK_{th}	应力强度因子阈值
n_d	位错堆积中位错的数目	ΔN	塑性变形过程中新位错的密度
N	失效应力循环次数	ΔP	超压
N_0	塑性变形前位错的初始密度	ΔS	熵变
N_{max}	最大位错密度	ΔU	内能变化

续表

名词术语英文缩写及物理量符号	解释	名词术语英文缩写及物理量符号	解释
$\Delta\mu$	充氢与不充氢条件下钢的化学势差	ε	应变
$\Delta\varphi_e^0$	钢在弹性变形过程中电化学腐蚀电位的变化	ε_F	钝化膜的断裂韧性
$\Delta\varphi_p^0$	钢在塑性变形过程中电化学腐蚀电位的变化	ε_r	水的介电常数
$\Delta\varphi_T^0$	拉伸试验中总腐蚀电位的变化	ε_p	塑性应变
$\Delta\tau$	硬化强度	$\dot{\varepsilon}$	应变率
α	电荷转移系数(阴极)	$\dot{\varepsilon}_{ct}$	裂纹尖端的应变率
β	电荷转移系数(阳极)	ρ	密度
β_c	阴极塔菲尔斜率	v_{th}	位错的最小迁移率
σ	压力	φ	电极电位
$\sigma_{0.2}$	施加应力水平导致总变形量的0.2%,并经常作为钢的应力近似值	φ^θ	标准平衡电极电位
		μ	化学势
σ_h	环向应力	i_p^∞	稳态氢渗透电流密度
σ_V	体积应力	I_Ψ	溶液与空气的面积比
σ_{ys}	屈服强度	ν	方位相关因素

国外油气勘探开发新进展丛书(一)

书号：3592
定价：56.00元

书号：3663
定价：120.00元

书号：3700
定价：110.00元

书号：3718
定价：145.00元

书号：3722
定价：90.00元

国外油气勘探开发新进展丛书(二)

书号：4217
定价：96.00元

书号：4226
定价：60.00元

书号：4352
定价：32.00元

书号：4334
定价：115.00元

书号：4297
定价：28.00元

国外油气勘探开发新进展丛书（三）

书号：4539
定价：120.00元

书号：4725
定价：88.00元

书号：4707
定价：60.00元

书号：4681
定价：48.00元

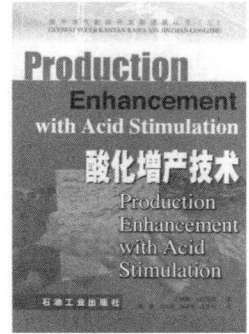

书号：4689
定价：50.00元

书号：4764
定价：78.00元

国外油气勘探开发新进展丛书（四）

书号：5554
定价：78.00元

书号：5429
定价：35.00元

书号：5599
定价：98.00元

书号：5702
定价：120.00元

书号：5676
定价：48.00元

书号：5750
定价：68.00元

国外油气勘探开发新进展丛书（五）

书号：6449
定价：52.00元

书号：5929
定价：70.00元

书号：6471
定价：128.00元

书号：6402
定价：96.00元

书号：6309
定价：185.00元

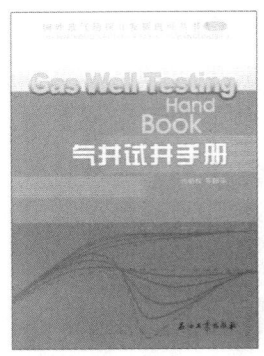

书号：6718
定价：150.00元

国外油气勘探开发新进展丛书（六）

书号：7055
定价：290.00元

书号：7000
定价：50.00元

书号：7035
定价：32.00元

书号：7075
定价：128.00元

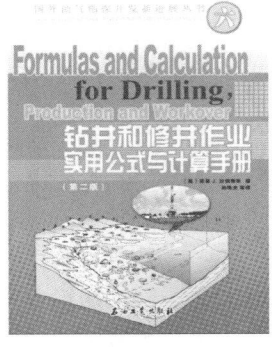

书号：6966
定价：42.00元

书号：6967
定价：32.00元

国外油气勘探开发新进展丛书（七）

书号：7533
定价：65.00元

书号：7802
定价：110.00元

书号：7555
定价：60.00元

书号：7290
定价：98.00元

书号：7088
定价：120.00元

书号：7690
定价：93.00元

国外油气勘探开发新进展丛书（八）

书号：7446
定价：38.00元

书号：8065
定价：98.00元

书号：8356
定价：98.00元

书号：8092
定价：38.00元

书号：8804
定价：38.00元

书号：9483
定价：140.00元

国外油气勘探开发新进展丛书（九）

书号：8351
定价：68.00元

书号：8782
定价：180.00元

书号：8336
定价：80.00元

书号：8899
定价：150.00元

书号：9013
定价：160.00元

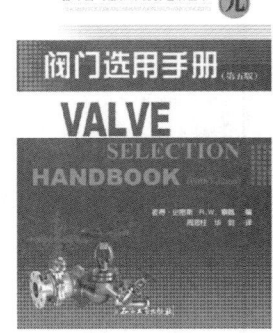
书号：7634
定价：65.00元

国外油气勘探开发新进展丛书(十)

书号：9009
定价：110.00元

书号：9989
定价：110.00元

书号：9024
定价：96.00元

书号：9322
定价：96.00元

书号：9576
定价：96.00元

书号：9574
定价：80.00元

国外油气勘探开发新进展丛书(十一)

书号：0042
定价：120.00元

书号：9943
定价：75.00元

书号：0732
定价：75.00元

书号：0916
定价：80.00元

书号：0867
定价：65.00元

书号：0732
定价：75.00元

国外油气勘探开发新进展丛书（十二）

书号：0661
定价：80.00元

书号：0870
定价：116.00元

书号：0851
定价：120.00元

书号：1172
定价：120.00元

书号：0958
定价：66.00元

书号：1529
定价：66.00元

国外油气勘探开发新进展丛书（十三）

书号：1046
定价：158.00元

书号：1167
定价：165.00元

书号：1645
定价：70.00元

书号：1259
定价：60.00元

书号：1875
定价：158.00元

书号：1477
定价：256.00元

国外油气勘探开发新进展丛书（十四）

书号：1456
定价：128.00元

书号：1855
定价：60.00元

书号：1874
定价：280.00元

管道应力腐蚀开裂

书号：2857
定价：80.00元

书号：2362
定价：76.00元

国外油气勘探开发新进展丛书（十五）

书号：3053
定价：260.00元

书号：3682
定价：180.00元

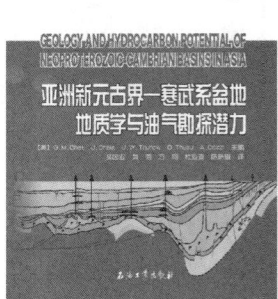

书号：2216
定价：180.00元

书号：3052
定价：260.00元

书号：2703
定价：280.00元

书号：2419
定价：300.00元

国外油气勘探开发新进展丛书(十六)

书号：2274
定价：68.00元

书号：2428
定价：168.00元

书号：1979
定价：65.00元

书号：3450
定价：280.00元

书号：3384
定价：168.00元

书号：5259
定价：280.00元

国外油气勘探开发新进展丛书(十七)

书号：2862
定价：160.00元

书号：3081
定价：86.00元

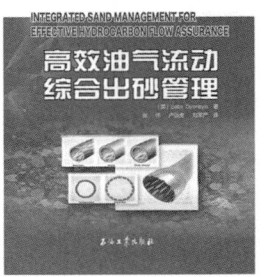

书号：3514
定价：96.00元

书号：3512
定价：298.00元

书号：3980
定价：220.00元

国外油气勘探开发新进展丛书（十八）

书号：3702
定价：75.00元

书号：3734
定价：200.00元

书号：3693
定价：48.00元

书号：3513
定价：278.00元

书号：3772
定价：80.00元

书号：3792
定价：68.00元

国外油气勘探开发新进展丛书（十九）

书号：3834
定价：200.00元

书号：3991
定价：180.00元

书号：3988
定价：96.00元

书号：3979
定价：120.00元

书号：4043
定价：100.00元

书号：4259
定价：150.00元

国外油气勘探开发新进展丛书（二十）

书号：4071
定价：160.00元

书号：4192
定价：75.00元

书号：4770
定价：118.00元

书号：4764
定价：100.00元

书号：5138
定价：118.00元

书号：5299
定价：80.00元

国外油气勘探开发新进展丛书（二十一）

书号：4005
定价：150.00元

书号：4013
定价：45.00元

书号：4075
定价：100.00元

书号：4008
定价：130.00元

书号：4580
定价：140.00元

国外油气勘探开发新进展丛书(二十二)

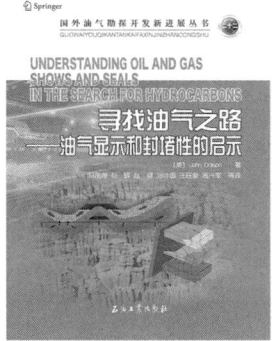

书号：4296
定价：220.00元

书号：4324
定价：150.00元

书号：4399
定价：100.00元

书号：4824
定价：190.00元

书号：4618
定价：200.00元

书号：4872
定价：220.00元

国外油气勘探开发新进展丛书(二十三)

书号：4469
定价：88.00元

书号：4673
定价：48.00元

书号：4362
定价：160.00元

国外油气勘探开发新进展丛书(二十四)

书号：4466
定价：50.00元

书号：4773
定价：100.00元

书号：4729
定价：55.00元

书号：4658
定价：58.00元

书号：4785
定价：75.00元

书号：4659
定价：80.00元

书号：4900
定价：160.00元

书号：4805
定价：68.00元

书号：5702
定价：90.00元